电路基础

主　编　谢金祥

主　审　董启宏

北京理工大学出版社
BEIJING INSTITUTE OF TECHNOLOGY PRESS

内 容 简 介

本书是按照教育部《高职高专教育专业人才及培养目标规格》、《关于全面提高高等职业教育教学质量的若干意见》的精神，结合高职高专教学改革要求编写，体现了以"实用"、"够用"为前提，以应用为目的的高等职业教育特色。主要内容包括电路的基本概念和基本定律、直流电路的一般分析、正弦交流电路、三相交流电路、非正弦周期电路、磁路与变压器电路、动态电路的时域分析、实验与实训。每章附有教学要求、小结、习题、阅读与应用，有利于学生的自学和拓展知识。

本书可作为电子、通信、计算机、自控类高职高专教材，可供成人教育及民办高校相应专业师生使用，还可供从事相关专业的技术人员参考。

版权专有　侵权必究

图书在版编目（CIP）数据

电路基础/谢金祥主编 . —北京：北京理工大学出版社，2008. 6
（2020. 9 重印）
ISBN 978 - 7 - 5640 - 1536 - 7

Ⅰ. 电⋯　Ⅱ. 谢⋯　Ⅲ. 电路理论　Ⅳ. TM13

中国版本图书馆 CIP 数据核字（2008）第 084572 号

出版发行／北京理工大学出版社
社　　址／北京市海淀区中关村南大街 5 号
邮　　编／100081
电　　话／（010）68914775（办公室）　68944990（批销中心）　68911084（读者服务部）
网　　址／http：// www. bitpress. com. cn
经　　销／全国各地新华书店
印　　刷／涿州市新华印刷有限公司
开　　本／787 毫米 ×960 毫米　1/16
印　　张／17. 5
字　　数／357 千字
版　　次／2008 年 6 月第 1 版　　2020 年 9 月第 17 次印刷　　责任校对／陈玉梅
定　　价／46. 00 元　　　　　　　　　　　　　　　　　　　　　责任印制／王美丽

图书出现印装质量问题，本社负责调换

前　言

本书由北京理工大学出版社策划，组织全国部分高职高专电子信息类专业系列教材编审专家和部分资深教师于 2007 年 10 月 28 日在武汉评议、讨论通过。

本书在编写中遵循教育部《高职高专教育专业人才及培养目标规格》、《关于全面提高高等职业教育教学质量的若干意见》的精神，结合高职高专教学改革要求，注重素质教育、注重实践能力和创新能力的培养，在内容选取上，以"实用"、"够用"为前提，以应用为目标，体现高等职业教育特点。

本书在编写中突出了以下几个方面的特点。

（1）突出了高等职业教育的特色。根据高等职业教育的职业岗位群所需的知识和技能要求，选取内容上，注重基本理论和基本分析方法，注重职业素质和创新能力培养，淡化或删除复杂的理论分析。

（2）理论和实践应用相结合，拓宽学生的视野。学习理论是为了应用，是指导实践活动，因此在每章节后以"阅读与应用"的形式，列举了大量的工程应用实例，既拓宽学生的知识，又能使学生明确所学知识的应用，明确学习目标，激发学习兴趣，调动学生学习的积极性。

（3）将理论教学和实践教学融为一体，既是理论学习的参考书，又是实验实训指导书。在实验实训项目的选取上，充分调研了各学校实验实训设备，精心挑选了 12 个项目，锻炼学生的实践能力和工程技能，配备一定难度的思考题，有利于培养学生的发散性思维能力和创新能力。

（4）每章开始有教学要求，章后有本章小结和习题，梳理了教学重点，便于学生自学和检验，培养了学生的自学能力，为培养高职学生终身学习能力打下了基础。

本书在编写中参考借鉴了不少同行编写的优秀教材，并从中受到教益和启发，在此向各位编者表示衷心的感谢！

本书由武汉软件工程职业学院谢金祥任主编，并负责全书的统稿工作。编写人员还有武汉软件工程职业学院耿晶晶、刘新灵，武汉铁路职业技术学院苏雪、熊旻燕，湖北交通职业技术学院刘文涛。第 1 章由刘新灵编写；第 2 章由耿晶晶编写；第 3 章和第 4 章由谢金祥编写；第 5 章由苏雪编写；第 6 章和第 8 章部分由熊旻燕编写；第 7 章由刘文涛编写。

本书由武汉软件工程职业学院董启宏副教授任主审，他对教材提出了不少宝贵的修改建议，在此谨表示诚挚的谢意！

由于编者水平有限，书中错误及欠妥之处在所难免，恳请读者批评指正。

编　者

目　录

第1章　电路的基本概念和基本定律

教学要求： 理解电路模型、电路的基本物理量、电压源和电流源、电位的基本概念，明确元件在 u、i 关联方向下建立的支路电流电压约束方程（伏安关系式），掌握基尔霍夫定律及其应用，掌握用电位分析电路的方法及其应用特点。

1.1　电路模型

1.1.1　电路的基本构成

所谓的电路就是人们为了某种需要，将电器设备或元器件按一定方式连接起来的整体，它提供了电流流通的路径。

1. 电路的作用

电路在生活中无处不在，而且结构形式繁多，但在实际生活中常把电路的作用主要归纳为两种：

（1）进行能量的传输、分配和转换，如电力系统的供电线路。发电厂通过发电机将其他形式的能量转换成电能，再通过输电线、变压器等，将电能输送到千家万户，通过用户电器设备将电能转换成其他形式能量。

（2）进行信息的传递、处理，如电视机、收音机等，通过天线将接收到的信号，经过选频器、变频、中频放大、解调、功率放大等内部电路，将接收到的信号处理成图像或声音等。

2. 电路的基本组成

手电筒电路是电路中最简单的例子，它由干电池、小灯泡、连接导体（手电筒壳）和开关组成，如图 1-1 所示。

图 1-1 中干电池用来提供电能，其主要作用是将化学能转换成电能。小灯泡则用来消耗电能，它可以将电能转换为其他形式的能量。连接导体是一个桥梁，可以将干

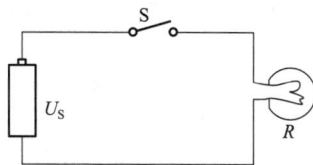

图 1-1　手电筒实际电路

电池和小灯泡连接在一起，构成通路。

通过手电筒的电路，可以看出，电路的基本组成有电源（干电池）、负载（小灯泡）和传输设备（手电筒壳和开关等）。它们的作用如下：

（1）电源，是电路中能量的来源，可以对外提供电能或信号，它主要是将其他形式的能量转换成电能。如发电机可以将机械能转换成电能，干电池可以将化学能转换成电能等。

（2）负载，即用电设备，它可以将电能或电信号转变成其他形式的能量。如白炽灯将电能转换成光能，电动机将电能转换成机械能，电炉将电能转换成热能等。

（3）传输设备，如连接导体、开关、测量监控仪表等，用来传输电能和传递电信号。

1.1.2　电路模型

1. 电路模型的概念

由各种实际元件连接起来而组成的电器系统称为实际电路，如上面所举的手电筒实际电路，但是生活中实际电路的元件种类繁多，为了分析方便常用一些模型来代替实际电器元件和设备的外部功能，这种由模型组成的电路称为电路模型，组成电路模型的元件称为理想元件。对于理想元件来说，它只是将实际元件理想化，也就是只考虑实际元件的主要电磁性能，而忽略其次要电磁性能。如发电机、变压器、电灯和电动机等，它们在通电时产生的电磁效应往往比较复杂。例如，灯泡在通过电流时，不仅要发热和发光，还会产生微弱的磁场；电感线圈在通过电流时，不仅要产生磁场，线圈还会发热。由于实际电路元件中的各种电磁现象交织在一起，给分析电路问题带来很大的困难，因此采用了一种办法，即将实际电路元件理想化，就是将实际元件用一个理想电路元件或几个理想电路元件的组合来代替它。

2. 常见的理想元件

（1）理想电阻元件。它反映将电能转换为其他形式能量，即消耗电能的主要的电磁性质，属于耗能元件。如电灯、电炉等，用符号"R"表示，如图1-2（a）所示。

（2）理想电感元件。它反映将电能转换为磁场能量并储存起来的主要的电磁性质，属于储能元件。如各种线圈等，用符号"L"表示，如图1-2（b）所示。

（3）理想电容元件。它反映将电能转换为电场能量并储存起来的主要的电磁性质，也属于储能元件。如电容器等，用符号"C"表示，如图1-2（c）所示。

（4）理想电源。提供电能，如干电池，发电机等，如图1-2（d）所示。

图1-2　理想元件电路模型

（a）理想电阻元件；（b）理想电感元件；（c）理想电容元件；（d）理想电压源

例如一个灯泡在正常工作时，如果忽略通电时产生的微弱磁场，便可以用一个理想电阻元件来表示；一个电容器，如果忽略其泄漏电流等，便可以用一个理想电容元件来表示；一个电感线圈，如果忽略其导线电阻，便可以用一个理想电感元件来表示。

将手电筒实际电路进行抽象后得到的电路模型如图1-3所示。

其中 U_S 是电压源，表示干电池，R_0 是电源内阻，S 为开关，R 为电阻元件，表示小灯泡。为了研究方便，今后书中未加特别说明时，所指电路均指电路模型，元件均指理想元件。

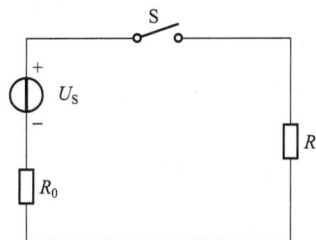

图1-3 手电筒电路模型

1.2 电路的基本物理量

电流、电压和电功率等是描述电路特性的主要物理量，进行电路分析时，首先就是要掌握电路中的电流、电压和电功率的分析方法。

1.2.1 电流

在物理学中已讲过电流的定义，即电荷的定向移动形成电流。由于电荷有正电荷和负电荷之分，故习惯上将正电荷运动方向规定为电流的方向。电流的大小常用电流强度来表示，所谓的电流强度，指单位时间内通过导体横截面的电荷量，通常电流强度简称为电流，用符号 i 表示，其数学表达式为

$$i = \frac{dq}{dt} \tag{1-1}$$

式中，dq 表示 dt 时间内通过导体横截面的电量，单位为库仑（C）。

在国际单位制中电流的单位是安培（简称安），符号是 A。当电流为 1 安培（A）时，表示 1 秒（s）内通过导体横截面的电荷量是 1 库仑（C）。此外，还有千安（kA）、毫安（mA）或微安（μA）等。它们与 A 的关系如下：

$$1\ kA = 10^3\ A,\ 1\ mA = 10^{-3}\ A,\ 1\ μA = 10^{-6}\ A$$

由式（1-1）可知，若 $\frac{dq}{dt}$ 的比值为定值，这种电流称为恒定电流，也称直流，记为 dc 或 DC，即电流的大小和方向不随时间变化，常用符号 I 表示。若电流的大小和方向随时间变化而变化，则这种电流称为交变电流，简称交流，记为 ac 或 AC，常用符号 i 表示。

1.2.2 电压

1. 电压

由物理学中可知，单位正电荷在电场力的作用下由电场中一点移动到另一点所做的功称为电压。

电压的定义公式为

$$u = \frac{\mathrm{d}W}{\mathrm{d}q} \tag{1-2}$$

$\mathrm{d}q$ 表示电荷量，单位为库仑（C）；$\mathrm{d}W$ 表示移动过程中电荷量所做的功，单位是焦耳（J）。

在国际单位制中电压单位为伏特（V）。若电压为 1 伏（V），则表示把 1 库仑（C）的正电荷从一点移动到另一点，所做的功为 1 焦耳（J）。此外，电压的单位有时也会用到千伏（kV）、毫伏（mV）。其换算关系如下：

$$1 \ \mathrm{kV} = 10^3 \ \mathrm{V}$$
$$1 \ \mathrm{mV} = 10^{-3} \ \mathrm{V}$$

2. 欧姆定律

在物理学中介绍过欧姆定律，其表达式为

$$u = Ri \tag{1-3}$$

或

$$U = RI \tag{1-4}$$

值得说明的是，该公式指通过电阻的电流和电阻两端的电压为同一方向。也就是说，电流是从加在电阻两端电压的高电位流入，从低电位流出的。

例 1.1 如图 1-4 所示，已知 $R = 10 \ \mathrm{k\Omega}$，$U = 50 \ \mathrm{V}$，求电流 I。

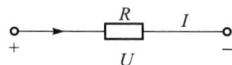

解 由式（1-4）$I = \dfrac{U}{R} = \dfrac{50}{10 \times 10^3} = 5 \times 10^{-3} \ \mathrm{A}$

图 1-4　例 1.1 图

1.2.3 功率和电能

1. 功率

在分析电路时，除了要分析电流和电压外，功率也是一项重要的指标。

单位时间内电路吸收（或释放）的能量称为功率，一般用 P 表示，国际单位为瓦特（W）。其定义为

$$P = \frac{\mathrm{d}w}{\mathrm{d}t} \tag{1-5}$$

将式（1-1）和式（1-2）代入式（1-5），可得

$$P = ui \tag{1-6}$$

若 u，i 为直流，则上式可表示成

$$P = UI \tag{1-7}$$

2. 电能

在一段时间 dt 内，电场力移动单位正电荷所做的功 dW 称为电场能，简称电能。电能的国际单位为焦耳，简称焦（J）。其与电功率的关系为

$$dW = P(t)dt$$

$$W(t) = \int_0^t dW = \int_0^t P(t)dt = Pt \tag{1-8}$$

由上式可见电能的大小不仅与功率有关，还与做功的时间有关。

日常生活中常用"度"衡量所使用电能的多少，它表示功率为 1 kW 的用电设备 1 小时所消耗的电能，即

$$度 = 千瓦 \times 小时$$

例 1.2 房间内接有 220 V 的电灯一盏，已知流过电灯的电流为 0.455 A，若电灯工作 12 小时则可消耗电能多少？

解 电灯的功率

$$P = UI = 220 \times 0.455 \approx 100 \text{ W} = 0.1 \text{ kW}$$

电灯消耗的电能

$$W = Pt = 0.1 \times 12 = 1.2 \text{ kW/h}$$

1.3 电流和电压的参考方向

1.3.1 电流的参考方向

在分析电路时，习惯上将正电荷运动的方向规定为电流方向，但电流的实际方向常常很难判断，这是因为有的电路中电流的实际方向常随时间变化，为了分析方便，引入了电流参考方向，通过实际方向和参考方向关系来判断电流，即假定某一方向作为电流的参考方向，若电流的实际方向和参考方向相同，则电流为正值（$i > 0$），如图 1-5（a）所示；如果电流的实际方向和参考方向相反，则电流为负值（$i < 0$），如图 1-5（b）所示。

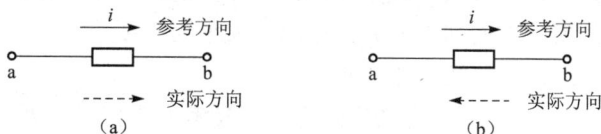

图 1-5 电流实际方向和参考方向

（a）电流参考方向和实际方向相同；（b）电流参考方向和实际方向相反

电流的参考方向可以任意选取，其表示方式常用箭头，有时也用双下标来表示，如 i_{ab} 表明该电流的参考方向由 a 指向 b。若对同一支路选取了不同的电流参考方向，则电流的数值上相差一个负号。如 $i_{ab} = -i_{ba}$。没有定义参考方向时的电流正负号没有意义。

例 1.3　如图 1-6 所示，a、b、c 三个元件，其电流分别为 i_a、i_b、i_c，当 $i_a = -1$ A，$i_b = 2$ A，$i_c = -3$ A 时，判断电流的真实方向。

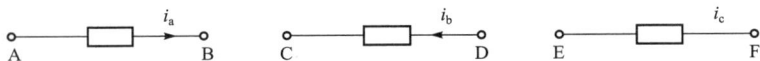

图 1-6　例 1.3 图

解：当 $i_a = -1$ A 时，电流小于 0，表明电流的实际方向和参考方向相反，则 i_a 的真实方向由 B 流向 A；

当 $i_b = 2$ A 时，电流大于 0，表明电流的实际方向和参考方向相同，则 i_b 的真实方向由 D 流向 C；

当 $i_c = -3$ A 时，电流小于 0，但由于该元件没有标明参考方向，因此无法判断电流的真实方向。

1.3.2　电压的参考方向

在分析电路时，不仅要规定电流的参考方向，同样也需要规定电压的参考方向。在元件或电路中两点间可以任意选定一个方向作为电压的参考方向。用" + "、" - "号标在元件或电路的两端，" + "号表示高电位端，" - "号表示低电位端。当 $u > 0$ 时，表明电压的参考方向和实际方向相同；当 $u < 0$ 时，表明电压的参考方向和实际方向相反。

同样，电压的参考方向也可以用实线箭头或双下标来表示，例 u_{ab} 表示电压参考方向由 a 指向 b。同理，没有标明电压参考方向的电压的正、负号没有意义。

在分析电路时，由于人为地设定了电流和电压的参考方向，且二者参考方向任意选定，因此为了分析方便，常将电流和电压的参考方向为同一方向时，称为关联参考方向（电流参考方向的箭头，由电压参考方向的" + "极指向" - "极）；反之称为非关联参考方向。

例 1.4　如图 1-7 所示，电路中电流和电压的参考方向已经规定，试写出各元件的电流和电压的实际方向，并指明电压和电流是关联还是非关联参考方向。

解：图 1-7（a）中 $U > 0$，表明电压的实际方向和参考方向相同，大小为 9 V；

$I > 0$，表明电流的实际方向和参考方向相同，大小为 3 A。

U 和 I 参考方向一致，为关联参考方向。

图 1-7（b）中 $U > 0$，表明电压的实际方向和参考方向相同，大小为 9 V；

$I < 0$，表明电流的实际方向和参考方向相反，大小为 3 A。

U 和 I 参考方向不一致，为非关联参考方向。

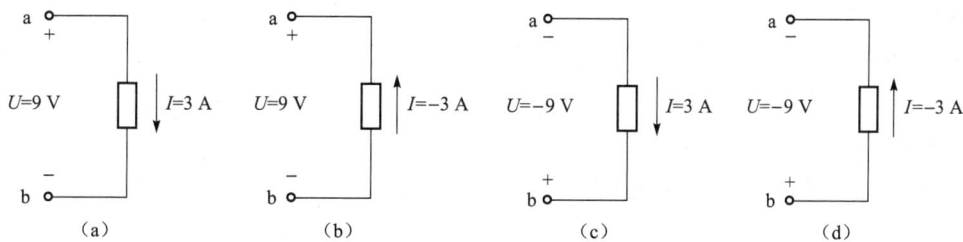

图 1 - 7　例 1.4 图

图 1 - 7（c）中 $U<0$，表明电压的实际方向和参考方向相反，大小为 9 V；
$I>0$，表明电流的实际方向和参考方向相同，大小为 3 A。
U 和 I 参考方向不一致，为非关联参考方向。
图 1 - 7（d）中 $U<0$，表明电压的实际方向和参考方向相反，大小为 9 V；
$I<0$，表明电流的实际方向和参考方向相反，大小为 3 A。
U 和 I 参考方向一致，为关联参考方向。

1.3.3　功率和参考方向的关系

当某元件或支路的电流和电压为关联参考方向时，由 $p=ui$ 或 $P=UI$ 若计算出 $P>0$，表示电路中元件吸收功率；若 $P<0$，表示电路中元件发出功率。

如果选定某元件或支路中电流和电压的方向为非关联参考方向，则公式变为

$$p=-ui \text{ 或 } P=-UI \tag{1-9}$$

此时计算出 $P>0$，仍表示电路中元件吸收功率；若 $P<0$，仍表示电路中元件发出功率。

例 1.5　试分析图 1 - 8 中元件为吸收还是发出功率。

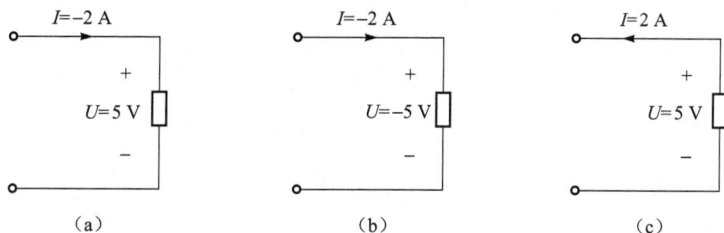

图 1 - 8　例 1.5 图

解　图 1 - 8（a）中，电流和电压为关联参考方向，$P=UI=5\times(-2)=-10$ W <0，表示元件发出功率；

图 1 - 8（b）中，电流和电压为关联参考方向，$P=UI=(-5)\times(-2)=10$ W >0，表

示元件吸收功率；

图 1-8（c）中，电流和电压为非关联参考方向，$P = -UI = -5 \times 2 = -10$ W <0，表示元件发出功率。

例 1.6 如图 1-9 所示，已知 $U_1 = 3$ V，$U_2 = -2$ V，$U_3 = -4$ V，$U_4 = 5$ V，$U_5 = -6$ V，$I_1 = 2$ A，$I_2 = -3$ A，$I_3 = 4$ A。求各元件功率，并说明是吸收还是发出功率。

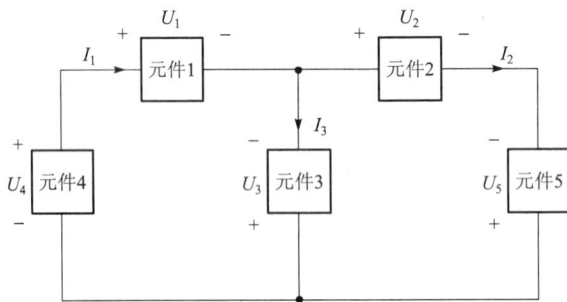

图 1-9　例 1.6 图

解　对于元件 1，电压和电流是关联参考方向，其功率为
$$P_1 = U_1 I_1 = 3 \times 2 = 6 \text{ W} > 0 \text{（吸收功率）}$$
对于元件 2，电压和电流是关联参考方向，其功率为
$$P_2 = U_2 I_2 = (-2) \times (-3) = 6 \text{ W} > 0 \text{（吸收功率）}$$
对于元件 3，电压和电流是非关联参考方向，其功率为
$$P_3 = -U_3 I_3 = -[(-4) \times 4] = 16 \text{ W} > 0 \text{（吸收功率）}$$
对于元件 4，电压和电流是非关联参考方向，其功率为
$$P_4 = -U_4 I_1 = -5 \times 2 = -10 \text{ W} < 0 \text{（发出功率）}$$
对于元件 5，电压和电流是非关联参考方向，其功率为
$$P_5 = -U_5 I_2 = -[(-6) \times (-3)] = -18 \text{ W} < 0 \text{（发出功率）}$$

根据能量守恒定律，对于一个电路来说，在任意时刻，一部分元件吸收的功率一定等于其他元件发出的功率，或者说，整个电路的功率的代数和为 0。

$$\sum P = 0 \tag{1-10}$$

由上例可证明得 $\sum_{k=1}^{5} P_k = P_1 + P_2 + P_3 + P_4 + P_5 = 6 + 6 + 16 - 10 - 18 = 0$ W

1.4　电压源和电流源

在电路中常常会用到电源，如电池、发电机等，它们在电路中主要提供电能。在电路分析中根据电源的特性常将电源分成两种：一种是电压源，另一种是电流源。

1.4.1　电压源

1. 理想电压源的定义

实际生活中经常用到的干电池就属于电压源。若将新的干电池放入半导体收音机或者手电筒中，不管负载是否发生了变化，其端电压保持不变。而随着干电池的使用，当有电流输出时电池本身会发热，此时电池的端电压小于输出电流为零时的端电压，这种电源叫做实际电压源。

由于实际电压源存在着内阻，因此实际电压源的端电压会随着输出电流的增大而降低，内阻越小，电源的端电压越接近恒定值。在理想情况中，忽略实际电压源的内阻，可以将其近似地看成是理想电压源。

如果一个二端元件接到任一电路后，不管其外部电路如何，该元件的两端始终能保持定值 U_S 或一定时间的函数 $u_S(t)$，则此二端元件称为理想电压源，简称电压源。

常见的电压源有交流电压源和直流电压源。

电压源的图形符号如图 1-10 所示。

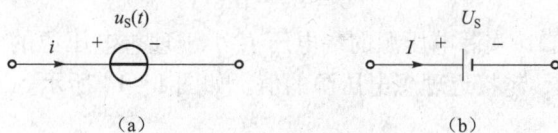

图 1-10　理想电压源

（a）电压源的一般表示；（b）直流电压源

图 1-10（a）为电压源的一般表示，若 $u_S(t)$ 为恒定值 U_S，则称为直流电压源，如图 1-10（b）所示。

2. 电压源的主要特点

（1）不管其外部电路如何，电压源的端口电压 u 始终保持定值 U_S 或一定时间的函数 $u_S(t)$。

（2）通过电压源的电流，不由电压源决定，由其所连接的外电路决定。

图 1-11 为理想电压源的伏安特性曲线，可以看出它是一条与横轴（i）平行的直线，由此表明，理想电压源的端电压与流经它的电流大小、方向无关。

例 1.7　如图 1-12 所示，有一直流电压源 $U_S = 10$ V，外接有电阻 R_L，求当 R_L 为 2 Ω 和 5 Ω 时，流过电压源的电流为多少？

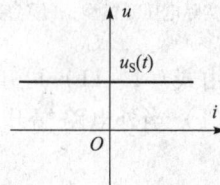

图 1-11　理想电压源
伏安特性曲线

解 （1）如图 1 - 12（a），当 $R_L = 2$ Ω 时，流过电压源的电流

$$I = \frac{U_S}{R_L} = \frac{10}{2} = 5 \text{ A}$$

（2）如图 1 - 12（b），当 $R_L = 5$ Ω 时，流过电压源的电流

$$I = \frac{U_S}{R_L} = \frac{10}{5} = 2 \text{ A}$$

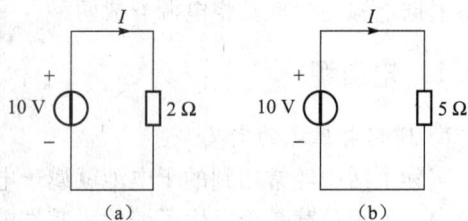

由此可见流过电压源的电流由外部电路决定。

图 1 - 12　例 1.7 图

3. 实际电压源

由于理想电压源的内阻很小，可忽略不计，因此电压源不能短路。如若短路则会产生很大的电流，从而损坏电源设备。

严格地讲，理想电压源在实际生活中是不存在的，它只是抽象出来的一种理想化电源。而对于实际电压源可以用一个理想电压源 U_S 和内阻 R_S 的串联组合来表示，如图 1 - 13 所示。

当实际电压源与外电路相连接后，由全电路欧姆定律可知

$$U = U_S - IR_S \tag{1 - 11}$$

由式（1 - 11）可知，实际电压源的端电压 U 小于理想电压源的电压 U_S，当内阻 R_S 越小时，输出的电压越大，越接近理想电压源的值。如图 1 - 14 所示。

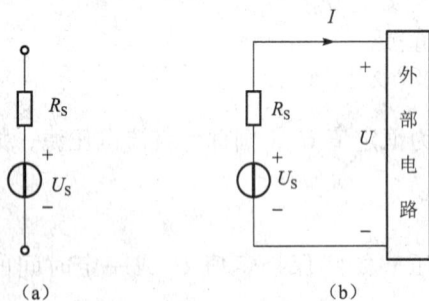

图 1 - 13　实际电压源模型图

（a）实际电压源模型；（b）接有外部电路的实际电压源

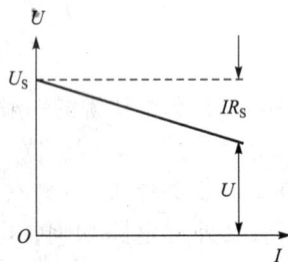

图 1 - 14　实际电压源的伏安特性曲线图

由式（1 - 11）可知：

（1）当外电路端开路时，$I = 0$，实际电压源的端电压 $U = U_{OC} = U_S$，U_{OC} 称为开路电压。

（2）当外电路端短路时，$U = 0$，实际电压源的电流 $I = I_{SC} = \frac{U_S}{R_S}$，$I_{SC}$ 称为短路电流。

（3）当外电路正常工作时，电压 $U = U_S - IR_S$。

1.4.2 理想电流源

1. 理想电流源的定义

电压源可以向电路提供恒定的电压，而另一种电源可以向电路提供恒定的电流。如光电池，其在具有一定照度的光线照射下，将被激发产生一定值的电流。这种电源称之为实际电流源。理想电流源是实际电流源抽象出来的一种理想化元件。

如果一个二端元件接到任一电路后，不管其外部电路如何，由该元件流入电路的电流能保持为定值 I_S 或一定时间的函数 $i_s(t)$，则此二端元件称为理想电流源，简称电流源，如图 1 – 15 所示。$i_s(t)$ 为常数 I_S 时，电流源为直流电流源。

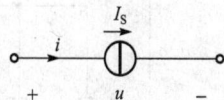

图 1 – 15 理想电流源

2. 电流源的主要特点

（1）无论其外部电路如何，其端口电压为何值，电流源的电流始终保持不变。

（2）电流源两端的电压不由电流源本身决定，而是由本身的输出电流和其外部电路决定。图 1 – 16 为理想电流源的伏安特性曲线，可以看出它是一条平行于 u 轴的直线。由此表明，理想电流源的端电压与电流源本身无关。

例 1.8 如图 1 – 17 所示，有一理想电流源 $I_S = 2$ A，外电路接有电阻 R，求当 R 为 2 Ω 和 5 Ω 时，电流源的端电压为多少？

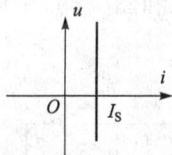

图 1 – 16 理想电流源的伏安特性曲线

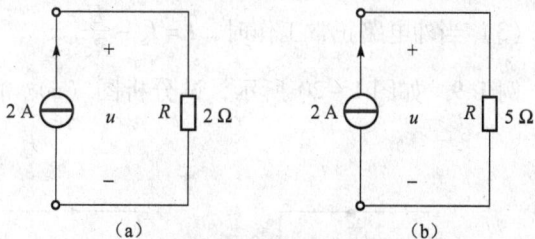

图 1 – 17 例 1.8 图

解 （1）当 $R = 2$ Ω 时，电流源的端电压为 $U = I_S R = 2 \times 2 = 4$ V

（2）当 $R = 5$ Ω 时，电流源的端电压为 $U = I_S R = 2 \times 5 = 10$ V

由此可见，电流源的端电压由电流源的输出电流和其外部电路共同决定。

3. 实际电流源

理想电流源在实际生活中也是不存在的，它也是抽象出来的一种理想化电源。对于实际电流源可以由一个理想电流源 I_S 和内阻并联的电路组合来表示，如图 1 – 18 所示。

当实际电流源与外电路相连接后，由电路可得出

$$I = I_S - \frac{U}{R_S} \qquad (1-12)$$

由式（1-12）可知，实际电流源的输出到外电路的电流 I 小于理想电流源的电流 I_S，当内阻 R_S 越大时，输出的电流越大，越接近理想电流源的值。如图 1-19 所示。

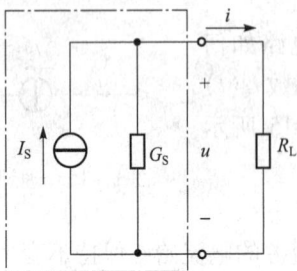

图 1-18　实际电流源的模型

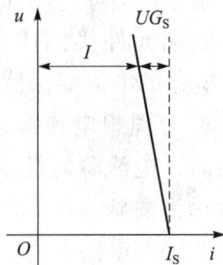

图 1-19　实际电流源的伏安特性曲线

由式（1-12）可知

(1) 当外电路端开路时，$I = 0$，实际电流源的端电压 $U = IR_S = U_{OC}$，U_{OC} 称为开路电压。

(2) 当外电路端短路时，$U = 0$，实际电流源的电流 $I = I_{SC}$，I_{SC} 称为短路电流。

(3) 当外电路正常工作时，$I = I_S - \dfrac{U}{R_S}$。

例 1.9　如图 1-20 所示，试分析图（a）、图（b）中电压源和图（c）中电流源元件功率。

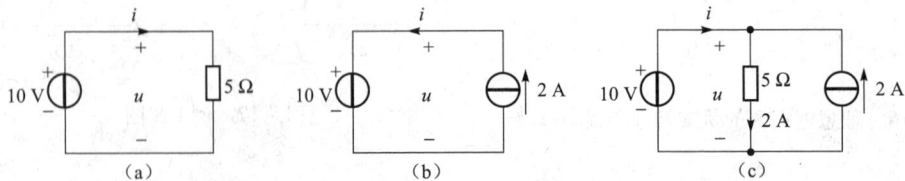

图 1-20　例 1.9 图

解　（a）$U = 10 \text{ V}$，$I = \dfrac{10}{5} = 2 \text{ A}$

流过电压源的电流由与它相连的外电路决定，电压源的电压、电流为非关联参考方向，功率为

$$P_U = -UI = -20 \text{ W}$$

（b） $U = 10$ V，$I = 2$ A

流过电压源的电流由与它相连的外电路（电流源）决定。电压源的电压、电流为关联参考方向，功率为

$$P_U = UI = 10 \times 2 = 20 \text{ W}$$

（c）电流源的端电压由与之相连的电压源决定。电流源的电压、电流为非关联参考方向，功率为

$$P_I = -UI = -10 \times 2 = -20 \text{ W}$$

1.5 基尔霍夫定律

前几节里研究了几种基本电路元件的电压和电流的关系，这都属于元件约束关系。而当若干电路元件构成一个整体电路后，各元件还要受到电路结构的约束关系。这就是本节要介绍的基尔霍夫定律。

基尔霍夫定律是由德国物理学家基尔霍夫于 1847 年提出。该定律包括两条内容：一条称作基尔霍夫电流定律，主要描述电路中节点处支路电流的约束关系，英文缩写为 KCL；另一条称作基尔霍夫电压定律，主要描述电路回路中各元件电压降的约束关系，英文缩写为 KVL。

在叙述基尔霍夫定律之前，先介绍几个表述电路结构的名词。

1.5.1 相关的电路名词

（1）支路 电路中每一个二端元件称为一个分支。通过同一电流，且含有一个或一个以上元件的分支称为支路。图 1-21 中 a1b，ab，a2b 都是支路。其中支路 a1b 和 a2b 中含有电源，称为有源支路；支路 ab 中没有电源，称为无源支路。

（2）节点 3 条或 3 条以上支路的连接点称为节点。常用加重的黑点表示，并标以字母或数字。图 1-21 中有两个节点，分别为 a，b。

（3）回路 电路中任意一个由支路构成的闭合路径称为回路。图 1-21 中共有 3 个回路，分别为 a1ba，ab2a，a1b2a。

（4）网孔 回路内部不包含支路的回路称为网孔。图 1-21 中共有 2 个网孔，分别为 a1ba，ab2a，而 a1b2a 回路中因为内部包含支路 ab，故不是网孔。一般在电路中，网孔的个数小于回路的个数。

（5）二端网络 电路中由两个端钮和外部相连接的网络称为二端网络，如图 1-22 所示。

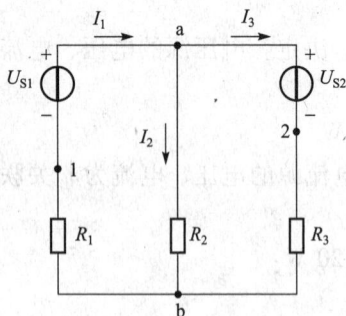

图 1-21 电路名词示意图

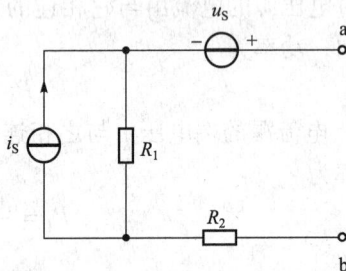

图 1-22 二端网络

1.5.2 基尔霍夫电流定律

1. 基尔霍夫电流定律（KCL）

基尔霍夫电流定律又称为基尔霍夫第一定律，定律内容如下：

在任一时刻，流入（或流出）任一节点的所有支路电流的代数和恒等于零。或者说，在任何时刻，流入任一节点的电流的总和必等于流出该节点的电流的总和。

如图 1-21 中节点 a，根据 KCL 可得

$$I_1 - I_2 - I_3 = 0 \quad 或 \quad I_1 = I_2 + I_3$$

写成一般形式，即

$$\sum I = 0 \tag{1-13}$$

对于交变电流则

$$\sum i = 0 \quad 或 \quad \sum i_{流出} = \sum i_{流出} \tag{1-14}$$

注意：应用 KCL 时，首先要指定支路电流的参考方向，如规定流入节点的支路电流为负值，流出该节点的支路电流为正值，或反之。

例 1.10 如图 1-23 所示为某一电路的一个节点 a，已知 $I_1 = 3\,A$，$I_2 = 6\,A$，$I_4 = 4\,A$，求 I_3。

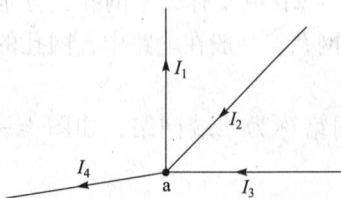

图 1-23 例 1.10 图

解 根据基尔霍夫电流定律，设流入节点电流为"-"，流出节点电流为"+"，则由式（1-13）可知

$$I_1 - I_2 - I_3 + I_4 = 0$$

所以 $\quad I_3 = I_1 + I_4 - I_2 = 3 + 4 - 6 = 1\,A$

2. KCL 的广义应用

通常基尔霍夫电流定律主要用于节点，但也可推广应用于广义节点，即电路中由几个节点围成的任意假设

的封闭面。

如图 1－24 所示，S 为一封闭面（也称为广义节点），由此可列出 KCL 方程为

$$I_1 + I_2 + I_3 = 0$$

对闭合面中 a，b，c 三个节点处列 KCL 方程，设流入节点电流为"－"，流出节点电流为"＋"，得

对于 a 节点：$-I_1 + I_a - I_c = 0$

对于 b 节点：$-I_2 + I_b - I_a = 0$

对于 c 节点：$-I_3 - I_b + I_c = 0$

将上三式相加得 $I_1 + I_2 + I_3 = 0$

由此例表明 KCL 可应用于广义节点。

3. 基尔霍夫电流定律的物理意义

基尔霍夫电流定律具体反映的是电荷守恒定律和电流连续性原理在电路中任一节点处的应用。所谓的电荷守恒定律，是指电荷既不能创造，也不能消灭。基于这条定律，对电路中某一支路的横截面来说，流入横截面多少电荷即刻又从该横截面流出多少电荷，这就是电流的连续性原理。对电路中的节点，流入节点多少电荷即刻又从该节点流出多少电荷，因此 KCL 是成立的。

1.5.3　基尔霍夫电压定律

1. 基尔霍夫电压定律（KVL）

基尔霍夫电压定律又称为基尔霍夫第二定律，定律的内容描述如下：

在任何时刻，沿任一闭合回路绕行一周，各支路（或元件）的电压降的代数和恒等于零，即

$$\sum U = 0 \qquad (1-15)$$

对于交变电压有

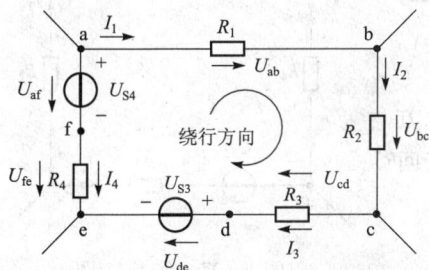

$$\sum u = 0 \qquad (1-16)$$

如图 1－25 给出了某一电路中的一个回路，其电流、电压的参考方向以及回路的绕行方向在图上已经标出。

根据 KVL 可列出下列方程：

$$U_{ab} + U_{bc} + U_{cd} + U_{de} - U_{fe} - U_{af} = 0$$

$$(1-17)$$

图 1－24　基尔霍夫电流定律的广义应用

图 1－25　基尔霍夫电压定律说明

或

$$U_{ab} + U_{bc} + U_{cd} + U_{de} = U_{af} + U_{fe} \qquad (1-18)$$

由上式可见，电路中两点间的电压值是确定的。

例如，从 a 点到 e 点的电压，无论沿路径 abcde 还是沿路径 afe，两节点间的电压值是相同的，也就是说两点间电压与路径的选择无关。

所以，基尔霍夫电压定律实质上是电压与路径无关性质的反映。如果把各元件的电压和电流约束关系式代入，对于图 1-25 所示电路，可以写出 KVL 的另一种表达式。如将 $U_{ab} = I_1 R_1$，$U_{bc} = I_2 R_2$，$U_{cd} = I_3 R_3$，$U_{de} = U_{S3}$，$U_{fe} = I_4 R_4$，$U_{af} = U_{S4}$ 代入式（1-17）并整理可得

$$I_1 R_1 + I_2 R_2 + I_3 R_3 - I_4 R_4 = U_{S4} - U_{S3}$$

上式体现了基尔霍夫电压定律各元件电压之间的约束关系。

2. 应用定律所遵循的步骤

（1）指定各元件（或各支路）电压的参考方向。若是电阻元件，先标出电流的参考方向，并按照关联参考方向确定电阻上电压的参考方向。

（2）确定回路绕行方向，凡电压参考极性和回路绕行方向一致者取正号，否则取负号。

（3）根据基尔霍夫电压定律列写电压方程。

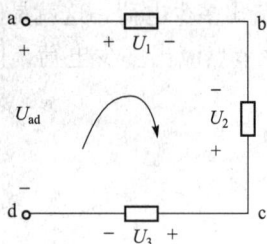

图 1-26 基尔霍夫电压
定律的广义应用

3. 基尔霍夫电压定律的广义应用

KVL 不仅适用于闭合回路中，而且还可以将其推广于广义回路中，用于求开路电压。

如图 1-26 所示，元件并未构成一闭合回路，但可以将其假想成一闭合回路，即 abcda，这样由此方向列出方程得

$$U_{ab} + U_{bc} + U_{cd} - U_{ad} = 0$$

将 3 个元件电压代入后可得

$$U_{ad} = U_1 - U_2 + U_3$$

因此求出开路电压。

例 1.11 如图 1-27 所示电路，各电流参考方向如图中所示。已知 $I_1 = -2$ A，$I_4 = -1$ A，$I_5 = 2$ A，$I_6 = -3$ A，$U_{S1} = 6$ V，$U_{S3} = 10$ V，$R_1 = 2$ Ω，$R_2 = 1$ Ω，$R_3 = 2$ Ω。求 R_4 和各段电路电压 U_{AB}、U_{BC}、U_{CD}、U_{DA}、U_{AC}。

解 图中虽然没有标出各个电阻上的电压参考方向，但实际中常认定电流参考方向与电压参考方向关联。

根据 KVL，沿回路 ABCDA 绕行一周，则

$$U_{S1} + I_1 R_1 - I_2 R_2 - I_3 R_3 + U_{S3} + I_4 R_4 = 0$$

整理得

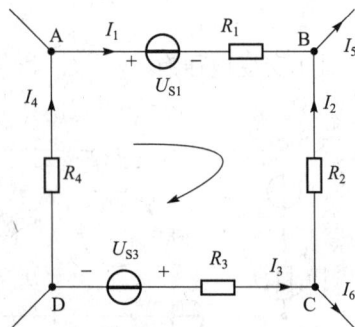

图 1-27 例 1.11 图

$$I_4 R_4 = I_3 R_3 - I_1 R_1 - U_{S3} - U_{S1} + I_2 R_2$$

对 B、C 节点列 KCL 方程

$$I_1 + I_2 = I_5$$

得

$$I_2 = I_5 - I_1 = 2 - (-2) = 4 \text{ A}$$

$$I_3 = I_6 + I_2 = (-3) + 4 = 1 \text{ A}$$

故

$$R_4 = 6 + (-2) \times 2 - 4 \times 1 - 1 \times 2 + 10 = 6 \ \Omega$$

$$U_{AB} = U_{S1} + I_1 R_1 = 6 + (-2) \times 2 = 2 \text{ V}$$

$$U_{BC} = -I_2 R_2 = -4 \times 1 = -4 \text{ V}$$

$$U_{CD} = U_{S3} - I_3 R_3 = 10 - 1 \times 2 = 8 \text{ V}$$

$$U_{DA} = -I_4 R_4 = -1 \times 6 = -6 \text{ V}$$

$$U_{AC} = U_{AB} + U_{BC} = 2 - 4 = -2 \text{ V}$$

1.6　电路的工作状态

电路在工作时，会出现几种不同的工作状态，本节主要讨论电路在开路、短路和在额定状态工作时的特征。

1.6.1　开路

要保证电路正常工作，必须要求电路构成一个闭合路径，然而闭合路径中的任何一处都有可能断开，从而导致电路无法工作，这种情况称之为开路状态，也就是说电源与负载未构成闭合路径，此时电流 $I = 0$，断开处的电压称为开路电压，用 U_{OC} 来表示。开路有时也称为断路。

如图 1 - 28 所示，当开关 S 未接通时，电路中负载不工作，电流 $I = 0$，电源的端电压即为开路电压 U_{OC}。

在实际生活中用开关控制电灯的亮与灭，当合上开关后灯泡不亮，说明电路中有开路（断路），即电路中某一处断开了，没有电流通过。

开路特点：开路状态电流为零，负载不工作 $U = IR = 0$，而开路处的端电压 $U_O = U_S$。

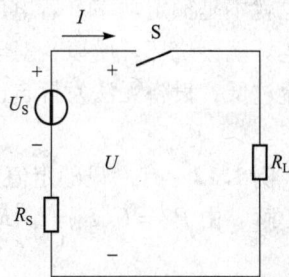

1.6.2　短路

图 1 - 28　电路开路图

电路中的某两点没有经过负载而直接由导线连在一起时的状态，称为短路状态。此导线称为短路线，流过短路线的电流称为短路电流，用 I_{SC} 表示。

短路可分为有用短路和故障短路。例如，在测量电路中的电流时常将电流表串联到电路

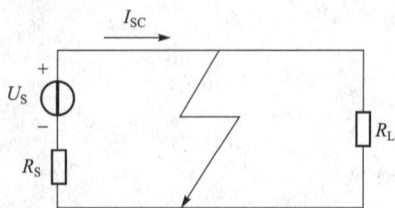

图 1-29 电路故障短路图

中，为了保护电流表，在不需要用电流表测量时，用闭合开关将电流表两端短路，这种做法称为有用短路；由于接线不当，或线路绝缘老化损坏等情况，使电路中本不应该连接的两点相连，造成电路故障的情况称为故障短路（见图 1-29），其中最为严重的是电源短路。

如实际生活中用开关控制电灯的亮与灭时，当合上开关时，电源保险丝很快被烧坏，这是因为电路中有短路（俗话中的电线相碰），造成电流急剧增大，从而烧毁了保险丝。

电路在短路时，由于电源内阻很小，此时电流 $I_{SC} = \dfrac{U_S}{R_S}$ 将很大，其瞬间放热量很大，从而大大超过线路正常工作时的发热量，不仅能烧毁绝缘层，而且有可能使金属熔化，引起可燃物燃烧进而发生火灾。因此在实际工作中要经常检查电器设备的使用情况和导线的绝缘情况，避免短路故障的发生。

1.6.3 额定工作状态

实际的电路元件和电器设备所能承受的电压和电流都有一定的限度，其工作电压、电流、功率都有一个正常的使用数值，这一数值常被称为设备的额定值。

电器设备在额定值时的工作状态称为额定工作状态。在电器设备的铭牌上都有额定值，如额定电压（U_N）、额定电流（I_N）、额定功率（P_N）、额定容量（S_N）等。如一盏电灯上标注的电压是 220 V，功率 100 W，这就是额定值，也就是说电灯在电压为 220 V（额定电压）下工作，电灯的额定功率为 100 W。若电压低于 220 V，则电灯的功率达不到 100 W，这也就不是额定功率。若电压高于 220 V，则电灯的功率会超出 100 W，如果超出最大功率，则电灯就会烧坏。所以，对于电器设备来说，电压、电流过高，都会使设备烧坏，而电压、电流过低，设备无法发挥自己的能力。最为合理地使用电器设备，就是让其工作在额定工作状态。

例 1.12 有一只额定值为 5 W，500 Ω 的电阻，求其额定电压和额定电流。

解 由 $P_N = U_N I_N = I_N^2 R_N$ 得

$$I_N = \sqrt{\frac{P_N}{R_N}} = \sqrt{\frac{5}{500}} = 0.1 \text{ A}$$

$$U_N = I_N R_N = 0.1 \times 500 = 50 \text{ V}$$

在电路分析时，也会用到过载和欠载。当实际电流或功率大于额定值时称为过载；小于额定值时称为欠载。

如一般导线最高允许工作温度为 65 ℃，如果导线流过的电流超过了安全电流，就叫导线过载。此时，过高的温度，会使绝缘迅速老化甚至于线路燃烧。

发生过载的主要原因有导线截面选择不当，实际负载已超过了导线的安全电流；还有"小马拉大车"现象，即在线路中接入了过多的大功率设备，超过了配电线路的负载能力。如公共建筑物或者居住场所的照明线路中，有可能出现导线或电缆长时间处于过载状态，这些线路中都应采取过载保护。

1.7　电路中电位的分析与计算

1.7.1　电位及参考点的概念

在电路分析中，常常会用到电位这个概念。某点的电位就是指该点到参考点的电压，如 a 点电位，即 a 点到参考点的电压，用符号 V_a 表示。所谓的参考点即零电位点。在电路分析中可将电路中任一点作为参考点。

在某一电路中，若选定 0 点作为参考点（即 $V_0 = 0$ V），则 a 点电位 $V_a = U_{a0}$，如图 1 - 30 所示。

电路中的 0 点为参考点，则有 $V_a = U_{a0}$，$V_b = U_{b0}$。

$$U_{ab} = U_{a0} + U_{0b} = U_{a0} - U_{b0} = V_a - V_b \qquad (1-19)$$

由上式可知，电路中 a 点到 b 点的电压等于 a 点电位与 b 点电位之差。

例 1.13　如图 1 - 31 所示，若电路中以 C 点为参考点，求 V_A、V_B、V_C 和 U_{AC}。若改为 B 点为参考点，则 V_A、V_B、V_C 和 U_{AC} 又为多少？

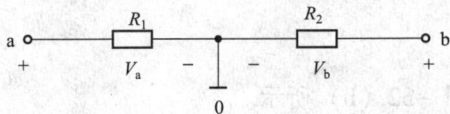

图 1 - 30　电位图

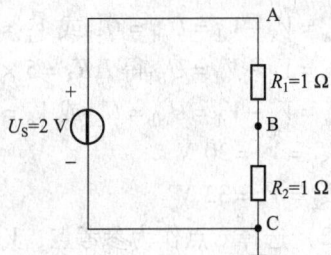

图 1 - 31　例 1.13 图

解　以 C 点为参考点，则 $V_C = 0$ V，$V_A = V_A - V_C = U_{AC} = 2$ V，$V_B = V_B - V_C = U_{BC} = 1$ V，$U_{AC} = V_A - V_C = 2 - 0 = 2$ V

若 B 点为参考点，则 $V_B = 0$ V，$V_A = V_A - V_B = U_{AB} = 1$ V，$V_C = U_{CB} = -1$ V，

$$U_{AC} = V_A - V_C = 1 - (-1) = 2 \text{ V}$$

可见，电路中参考点可以任意选定，参考点选定后，电位也就确定了，若参考点发生了变化，各点电位也随之发生改变，但任意两点间的电压却不发生改变。

在同一电路中，只能选取一个参考点，在工程上一般选大地作为参考点。在电子线路中也常选一条指定的公共线——"地线"作为参考点，它是许多元件的汇聚处，并与机壳相连，通常用符号"⊥"表示。在检修电子线路时，常需要测量各点对"地"的电位，来判断电路的工作是否正常。

1.7.2 电路中各点电位的分析

电路中某点的电位，就是该点电位与参考点电位之间的电压差。因此，计算电位的方法，与计算两点间电压的方法完全一样。

例1.14 如图 1-32 所示电路中，若 $R_1 = 5\ \Omega$，$R_2 = R_3 = 4\ \Omega$，$I_1 = 2\ A$，$I_2 = 3\ A$。当选择 d 点作为参考点，求电路中各点电位；若参考点改为 c 点，再求各点电位。

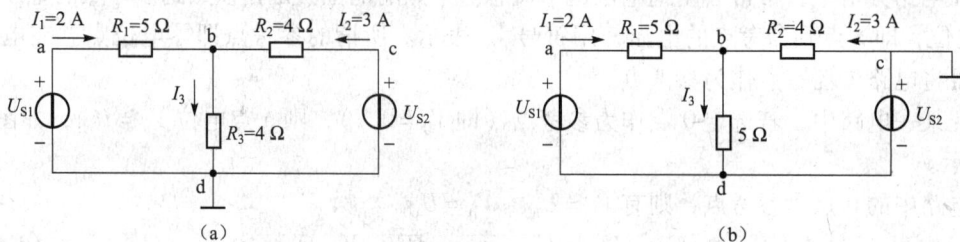

图 1-32 例1.14 图

解　（1）选择 d 点作为参考点，$V_d = 0\ V$，如图 1-32 （a）所示。

由 KCL 可知 $I_3 = I_1 + I_2 = 2 + 3 = 5\ A$

$V_a = V_a - V_d = U_{ad} = U_{S1}$ 或 $V_a = U_{ab} + U_{bd} = I_1 R_1 + I_3 R_3 = 2 \times 5 + 5 \times 4 = 30\ V$

$V_b = V_b - V_d = U_{bd}$ 得 $I_3 R_3 = 5 \times 4 = 20\ V$

$V_c = V_c - V_d = U_{cd} = U_{S2}$ 或 $V_c = U_{cb} + U_{bd} = I_2 R_2 + I_3 R_3 = 3 \times 4 + 5 \times 4 = 32\ V$

$U_{S1} = V_a = 30\ V$

$U_{S2} = V_c = 32\ V$

（2）选择 c 点作为参考点，$V_c = 0\ V$，如图 1-32 （b）所示。

$I_3 = 2 + 3 = 5\ A$

$V_a = V_a - V_c = U_{ac}$ 得 $V_a = U_{ac} = I_1 R_1 - I_2 R_2 = 2 \times 5 - 3 \times 4 = -2\ V$

$V_b = V_b - V_c = U_{bc}$ 得 $V_b = U_{bc} = -I_2 R_2 = -3 \times 4 = -12\ V$

$V_d = V_d - V_c = U_{dc}$ 得 $V_{dc} = U_{dc} = -I_3 R_3 - I_2 R_2 = -5 \times 4 - 3 \times 4 = -32\ V$

$U_{S1} = V_a - V_d = 30\ V$

$U_{S2} = V_c - V_d = 32\ V$

此例再次说明：电路中各点的电位与参考点有关，参考点发生变化，电位随之变化，但任意两点间的电压值却不随着参考点的变化而变化。

1.7.3 等电位点

所谓等电位点，就是指电路中电位相同的点，如图1-33所示。

由图解得

$$V_a = \frac{20}{6+4} \times 4 = 8 \text{ V}, \quad V_b = \frac{20}{9+6} \times 6 = 8 \text{ V}$$

由上式可知 a、b 两点的电位相等，因此称它们为等电位点。

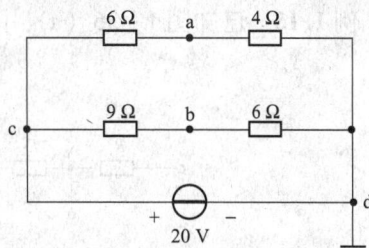

图1-33 等电位点

等电位点具有以下特点：虽然各点之间没有直接相连，但电压等于零。若用导线或电阻元件将等电位点连接起来，因其中没有电流通过，因而不影响电路原有工作状态。

1.7.4 电子线路的习惯画法

在电子线路中，为了分析方便，通常有一个习惯的画法，将电源不在电路中画出，而改用电位标出，如图1-34所示。

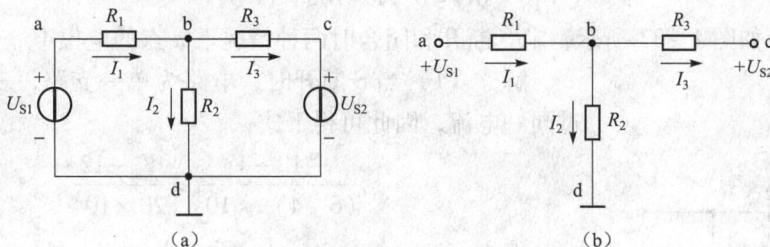

图1-34 电子线路习惯画法
(a) 电路图；(b) 习惯画法

在电子线路中常将图1-34（a）画成图1-34（b）的形式。对于图1-34（b）的电源，在节点 a、c 处标出数值和极性。

图1-35为一些电子线路在电路中的常见画法。

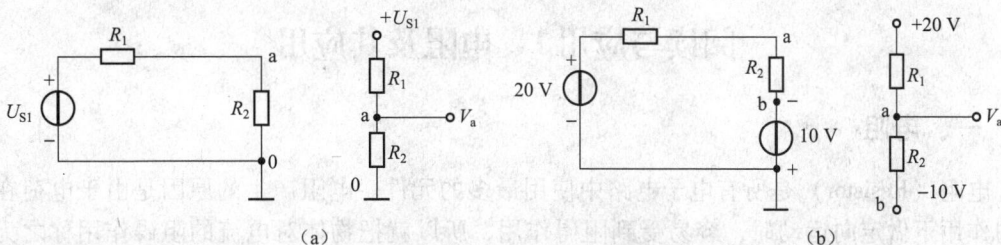

图1-35 一些电子线路中常见画法

例 **1.15** 已知图 1 - 36（a）中 $U_{S1} = 12$ V，$U_{S2} = 10$ V，$R_1 = R_2 = 100$ Ω，求 V_C 和 U_{cb}。

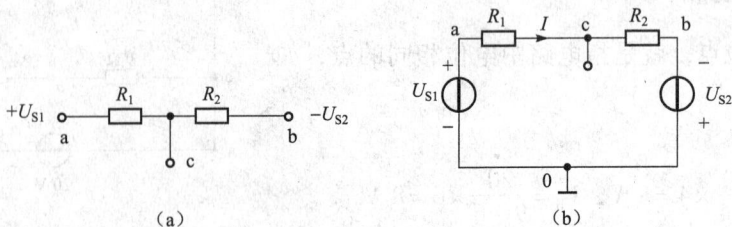

图 1 - 36 例 1.15 图

解 将图 1 - 36（a）改画为图 1 - 36（b）所示，图（b）中 0 为参考点，设电流参考方向如图所示，并以电流参考方向为回路绕行方向，列出 KVL 方程得

$$(R_1 + R_2) I - U_{S1} - U_{S2} = 0$$

$$I = \frac{U_{S1} + U_{S2}}{R_1 + R_2} = \frac{12 + 10}{100 + 100} = 0.11 \text{ A}$$

$$V_C = U_{CO} = IR_2 - U_{S2} = 0.11 \times 100 - 10 = 1 \text{ V}$$

$$U_{cb} = IR_2 = 0.11 \times 100 = 11 \text{ V}$$

例 **1.16** 如图 1 - 37 所示，求 S 断开和闭合时两种情况下 a 点的电位 V_a。

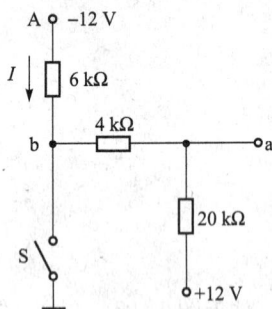

图 1 - 37 例 1.16 图

解 （1）当 S 断开时，电路为单一支路，三个电阻上流过同一电流，因此可得下式：

$$\frac{-12 - V_a}{(6+4) \times 10^3} = \frac{V_a - 12}{20 \times 10^3}$$

得 $V_a = -4 \text{ V}$

（2）当 S 闭合时，则 $V_b = 0$ V，4 kΩ 和 20 kΩ 电阻上流过同一电流。因此

$$\frac{V_b - V_a}{4 \times 10^3} = \frac{V_a - 12}{20 \times 10^3}$$

得 $V_a = 2 \text{ V}$

阅读与应用1 电阻及其应用

一、电阻

电阻（Resistor）是所有电子电路中使用最多的元件。电阻产生的原因是由于电荷在电场力作用下做定向运动时，容易受到阻碍作用，所以就把物体对电流的阻碍作用称之为电阻。常用符号"R"来表示，在国际单位制中，电阻的单位是 Ω（欧姆），此外还有 kΩ

（千欧）、MΩ（兆欧）。其关系为

$$1 \ M\Omega = 1 \ 000 \ k\Omega \ , \ 1 \ k\Omega = 1 \ 000 \ \Omega$$

　　电阻的主要物理特征是可以将电能转换成热能，这是因为物体内部存在大量的自由电子，当电压施加于物体的两端时，电荷会产生移动，在电荷流动过程中，电荷可能会遭遇到类似机械的摩擦力般的阻力，这种情况会使电能转换成热能，因此可说电阻是一种耗能元件。电阻在电路中通常主要职能就是阻碍电流流过，应用于限流、分流、降压、分压、负载与电容配合作滤波器及阻抗匹配等，对信号来说，交流与直流信号都可以通过电阻。

　　对于电阻来说，其本身的特性，如尺寸、形状与材质等都会影响它的阻值。如银、铜、铝等金属材料，当温度升高时，电阻值也将增大；对于某些半导体材料和电解液等，电阻值反而随着温度的升高而降低；对于康铜、锰铜等则随着温度变化时电阻值变化比较小。

二、电阻元件

　　在电路理论中，分析电阻时常将其考虑成电阻元件，即理想化模型。在电阻元件中，又将其分成线性电阻元件和非线性电阻元件两种。图 1-38 为线性电阻元件的伏安特性曲线，由此可以看出，对于线性电阻元件来说其伏安特性曲线是 u、i 平面上的一条直线，其直线的斜率就是电阻值 R。

　　而对于非线性电阻元件来说，其伏安特性曲线不再是一条直线，其阻值 R 随着 u、i 的变化而变化，如图 1-39 所示。

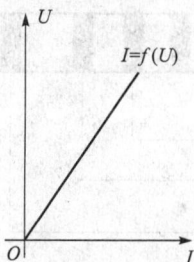

图 1-38　线性电阻伏安特性曲线图　　　　　图 1-39　非线性电阻伏安特性曲线图

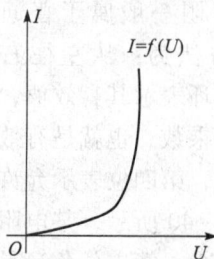

三、电阻的主要参数

1. 标称阻值

标称在电阻器上的电阻值称为标称值。单位 Ω、kΩ、MΩ。

标称值是根据国家制定的标准系列标注的，不是生产者任意标定的，不是所有阻值的电阻器都存在。

2. 允许误差

电阻器的实际阻值对于标称值的最大允许偏差范围称为允许误差。误差代码为 F、G、

J、K 等。

3. 额定功率

额定功率指在规定的环境温度下，假设周围空气不流通，在长期连续工作而不损坏或基本不改变电阻器性能的情况下，电阻器上允许的消耗功率。常见的有 1/16 W、1/8 W、1/4 W、1/2 W、1 W、2 W、5 W、10 W。

4. 阻值和误差的标注方法

（1）直标法。将电阻器的主要参数和技术性能用数字或字母直接标注在电阻体上。如 5.1 kΩ 5%。

（2）文字符号法。将文字、数字两者有规律组合起来表示电阻器的主要参数。例如 0.1 Ω = Ω1 = 0R1，3.3 Ω = 3 Ω3 = 3R3，3K3 = 3.3 kΩ

（3）色标法。用不同颜色的色环来表示电阻器的阻值及误差等级。普通电阻一般用 4 环表示，精密电阻用 5 环表示。

（4）贴片电阻标注方法。前两位表示有效数，第三位表示有效值后加零的个数，0 ~ 10 Ω 带小数点电阻值表示为 ×R×，R××。

例如：471 = 470 Ω，105 = 1 M，2 R2 = 2.2 Ω

四、色环电阻识别法

1. 四色环电阻识别

四色环电阻一般属于普通电阻，其识别方法为：从左往右第一、第二位色环表示其有效值，第三位色环表示乘数，也就是有效值后面 0 的个数，第四位表示允许的偏差。如图 1 -40 所示，某电阻第一位色环是红色，第二位色环是紫色，第三位色环是黄色，第四位色环是银色。

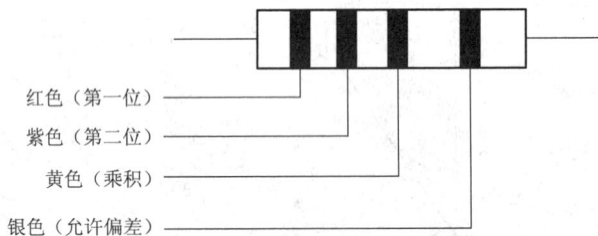

红色（第一位）
紫色（第二位）
黄色（乘积）
银色（允许偏差）

图 1 -40　电阻四色环识别法

根据表 1 -1 可知该电阻的阻值为 270 000 Ω，允许偏差为 ±10%。

表 1 -1　普通精度电阻器色环颜色与数值对照表

色环 颜色	第一色环	第二色环	第三色环	第四色环
	电阻值第一位 有效数字	电阻值第二位 有效数字	有效数后 0 的 个数（倍乘）	电阻值精度 /%
黑	—	0	×10^0 Ω	±1
棕	1	1	×10^1 Ω	±2

色环颜色	第一色环 电阻值第一位 有效数字	第二色环 电阻值第二位 有效数字	第三色环 有效数后0的 个数（倍乘）	第四色环 电阻值精度 /%
红	2	2	$\times 10^2 \ \Omega$	±3
橙	3	3	$\times 10^3 \ \Omega$	±4
黄	4	4	$\times 10^4 \ \Omega$	
绿	5	5	$\times 10^5 \ \Omega$	±0.5
蓝	6	6	$\times 10^6 \ \Omega$	±0.2
紫	7	7	$\times 10^7 \ \Omega$	±0.1
灰	8	8	$\times 10^8 \ \Omega$	
白	9	9	$\times 10^9 \ \Omega$	
金	—	—	$\times 10^{-1} \ \Omega$	±5
银	—	—	$\times 10^{-2} \ \Omega$	±10
无色	—	—		±20

表1-2 精密电阻器色环颜色与数值对照表

色环颜色	第一色环 电阻值第一位有效数字	第二色环 电阻值第二位有效数字	第三色环 电阻值第三位有效数字	第四色环 有效数后0的个数（倍乘）	第五色环 电阻值数度/%
黑	0	0	0	$\times 10^0 \ \Omega$	—
棕	1	1	1	$\times 10^1 \ \Omega$	±1
红	2	2	2	$\times 10^2 \ \Omega$	±2
橙	3	3	3	$\times 10^3 \ \Omega$	—
黄	4	4	4	$\times 10^4 \ \Omega$	
绿	5	5	5	$\times 10^5 \ \Omega$	±0.5
蓝	6	6	6	$\times 10^6 \ \Omega$	±0.25
紫	7	7	7	$\times 10^7 \ \Omega$	±0.1
灰	8	8	8	$\times 10^8 \ \Omega$	
白	9	9	9	—	
金	—	—	—	$\times 10^{-1} \ \Omega$	
银	—	—	—	$\times 10^{-2} \ \Omega$	

2. 五色环电阻识别

五色环电阻识别一般为精密电阻，其识别方法为：从左往右第一、二、三位色环表示其有效值，第四位色环表示乘数，即有效值后面 0 的个数，第五位表示其允许偏差。如图 1-41 所示，某一电阻第一位色环是黄色，第二位色环是紫色，第三位色环是黑色，第四位色环是棕色，第五位色环是棕色。根据表 1-1 可知，该电阻的阻值为 4 700 Ω，允许偏差为 ±1%。

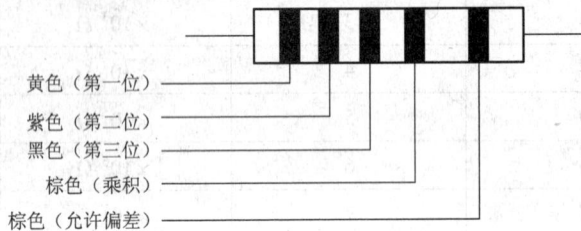

黄色（第一位）
紫色（第二位）
黑色（第三位）
棕色（乘积）
棕色（允许偏差）

图 1-41　电阻五色环识别法

3. 使用色标法确定第一环的方法

在使用色标法读取电阻值时，对于初学者很难确定色环电阻的第一环。

（1）四环电阻

因表示误差的色环只有金色或银色，所以色环中的金色或银色环一定是第四环。

（2）五环电阻

首先从阻值范围判断，对于一般电阻，其范围在 0 ~ 10 MΩ，如果读出的阻值超过这个范围，则可能是第一环选错了。其次从误差环的颜色判断：表示误差的色环颜色有银、金、紫、蓝、绿、红、棕，如果靠近电阻器端头的色环不是误差颜色，则可确定为第一环。

五、电阻的分类及应用

1. 电阻的分类

（1）按阻值特性：固定电阻、可调电阻、敏感电阻。对于不能调节的，称之为固定电阻，可以调节的，称之为可调电阻。如收音机音量调节旋钮。

（2）按制造材料：碳膜电阻、金属膜电阻、线绕电阻等。

（3）按安装方式：插件电阻、贴片电阻等。

2. 电阻的类别与应用

（1）精密金属膜电阻器

这种电阻器所采用的材料为特殊合金。结构上常把电阻体密封在陶瓷或金属外壳内，有时外壳内要抽气或充以惰性气体。

这种电阻器的特点是精度高，温度系数小，稳定性高，精度可达 ±0.5% ~ ±0.01%，功率为 0.125 ~ 0.5 W，其体积比相同功率的金属膜电阻要大。此种电阻器用于精密测量仪器中。

（2）块金属膜电阻器

这种电阻器是将厚度为 $1 \sim 3$ μm 的平面形镍铬系合金材料作电阻元件，黏结在玻璃基片上而成，并采用光刻法使电阻膜形成迂回途径。为了防止温度和湿度的影响，再涂敷一层环氧树脂。

它的性能稳定，电流噪声小，体积小。由于它是平面结构，因而响应快并且高频性能有所改善。电阻温度系数很小，甚至可达 $1 \times 10^{-6}/℃$ （在 $0 \sim +60$ ℃ 范围内），精度可达 0.001%，是当前最精密的电阻器之一。

阅读与应用 2　电源及其应用

在本章中介绍了电路中常见的电源元件——电压源和电流源，这两种都可以独立地对电路提供能量，因此称为独立电源。还有一种电源不能独立向电路提供能量，它受到其他支路的电压或电流的控制，这种电源称之为受控源。

一、受控源

受控源由两部分组成，一部分称为控制支路，有一对输入端钮，输入控制的电压或电流；另一部分是受控支路，有一对输出端钮，输出被控制的电压或电流，输出端主要是受控源。理想的受控源常分成以下四种：（a）为电压控制电压源（VCVS），（b）为电压控制电流源（VCCS），（c）为电流控制电压源（CCVS），（d）为电流控制电流源（CCCS），其中 u_1，i_1 分别为控制电压和控制电流，其中 μ 称为转移电压比，g 为转移电导，r 为转移电阻，β 为转移电流比，如图 $1-42$ 所示。

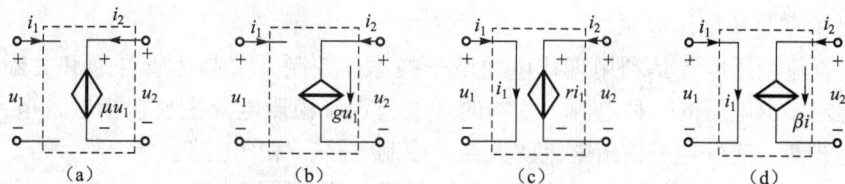

图 $1-42$ 受控源的四种电路模型
（a）电压控制电压源；（b）电压控制电流源；
（c）电流控制电压源；（d）电流控制电流源

实际上受控源是有源器件的电路模型，如晶体管、电子管、场效应管、运算放大器等。

二、实际电源特点及应用

随着电子技术发展，电子系统的应用领域越来越广泛，电子设备的种类也越来越多，对电子仪器和设备的要求也越来越高，在性能上，要求更加安全可靠；在功能上，也要不断地增加；在体积上，要求日趋小型化。而且在使用上自动化程度越来越高。这就使得电路中提供电能的元件——电源，对其要求也越来越高。

稳压电源是电子设备中常见的电源，它以输出电压相对稳定，越来越受到人们的青睐。日常工作中，电子工程师通常根据稳压电源中稳压器的稳定对象，把稳压器分为直流稳压器和交流稳压器两种，并且直流稳压器输出电压是直流，交流稳压器输出电压是交流。因此，可以把稳压电源按稳压器的类型分为直流稳压电源和交流稳压电源两大类。

1. 交流稳压电源

（1）参数调整型稳压电源

优点：结构简单，可靠性高，抗干扰能力强。

缺点：能耗大，噪声大，笨重，造价高。

（2）开关型稳压电源

优点：稳压性好，控制功能强。

缺点：电路复杂，价格较高。

交流稳压电源被广泛地应用于计算机、医疗电子仪器、通信广播设备、工业电子设备、数控机床、自动生产线等现代高科技产品的稳压和保护。

2. 直流稳压电源

化学电源和开关型稳压电源都属于直流稳压电源。

（1）化学电源

日常生活所用的干电池、铅酸蓄电池、镍镉、镍氢、锂离子电池均属于化学电源。随着科学技术的发展，又产生了智能化电池；在充电电池材料方面，美国研制人员发现锰的一种碘化物，用它可以制造出便宜、小巧、放电时间长，多次充电后仍保持性能良好的环保型充电电池。

（2）开关型直流稳压电源

开关型直流稳压电源是利用现代电力电子技术，控制开关晶体管开通和关断的时间比率，维持稳定输出电压的一种电源。基本的开关型直流稳压电源主要包括输入电网滤波器、输入整流滤波器、逆变器、输出整流滤波器、控制电路、保护电路。

开关型直流稳压电源的优点：体积小，重量轻，稳定可靠。缺点：相对于线性直流稳压电源的波纹较大。

下面介绍几种开关型直流稳压电源。

① AC/DC电源。该类型电源也称一次电源，它自电网取得能量，经过高压整流滤波得到一个直流高压，供DC/DC变换器在输出端获得一个或几个稳定的直流电压，功率从几瓦至几千瓦均有产品，用于不同场合。

② DC/DC电源。在通信系统中也称二次电源，它是由一次电源或直流电池组提供一个直流输入电压，经DC/DC变换以后在输出端获得一个或几个直流电压。

DC/DC变换器将一个固定的直流电压变换为可变的直流电压，这种技术被广泛应用于无轨电车、地铁列车、电动车的无级变速和控制，同时使上述控制获得加速平稳、快速响应的性能，并同时收到节约电能的效果。

直流稳压电源常用于实验室、电子设备、自动测试设备、电子检验设备、生产流水线设备及轻纺、医疗、宾馆、广播电视、通信设备等各种需要电压稳定的场合。

电子设备的发展促进了电源的发展，从事电源研究和生产的人员也在不断地研究，稳压电源的品种和类型也将越来越多。总而言之，电力电子及电源技术因应用需求不断向前发展，新技术的出现又会使许多应用产品更新换代，还会开拓更多更新的应用领域。

本 章 小 结

1. 电路模型是由理想元件构成的电路。在电路理论分析中，采用电路模型来代替实际电路进行分析和研究。本章主要介绍了电阻、电感、电容等基本的理想元件模型。

2. 在实际电路中常常用到电流、电压、电位、功率等物理量。在电路分析中，对于元件电流、电压首先要标明其参考方向，对于没有标明参考方向的电路，计算出的正、负值没有意义。

在电路中功率也有正、负之分，若功率为正，表明该元件吸收功率，若功率为负，表明该元件提供功率。

3. 电路分析中经常用到两种电源，一种是电压源，一种是电流源。

（1）理想电压源的主要特点

① 端电压是恒定值或一个确定的时间函数；

② 流过理想电压源的电流由外部电路决定；

③ 电压源不可短路。

（2）理想电流源的特点

① 电流源的电流是恒定值或一个确定的时间函数；

② 理想电流源的端电压由外电路决定；

③ 电流源不可开路。

4. 基尔霍夫定律中包含基尔霍夫电流定律和基尔霍夫电压定律。

（1）基尔霍夫电流定律（KCL）$\sum I = 0$ 或 $\sum i = 0$

它描述了电路中节点处支路电流的约束关系，它不仅适用于电路中的具体节点，而且还适用于任一广义节点。

在列 KCL 方程时，应先选定各支路电流的参考方向。

（2）基尔霍夫电压定律（KVL）$\sum U = 0$ 或 $\sum u = 0$

它描述电路回路中各元件电压降的约束关系，它不仅适用于电路中任一闭合回路，还可应用于广义回路。

在列 KVL 方程时，应先选定各元件电压的参考方向和回路的绕行方向。

5. 电路中的工作状态常有开路和短路，在实际生活中要防止电路发生故障短路的现象。每个电器元件都有额定值，在工作时要保证元器件工作在额定状态。

6. 在电路计算中常常用到电位的概念。在计算电位时，要注意标明参考方向，参考方向一旦确定，电位也随之确定，若参考方向发生改变，则电位也随之发生变化，但两点之间的电压之差却不随着参考点变化而变化。

习 题 1

1-1 图 1-43 是电路的某一部分，试判断 U、I 是否为关联参考方向。判断图（a）中 $U>0$，$I>0$；图（b）中 $U>0$，$I<0$ 时功率情况；以及图（a）中 $U>0$，$I<0$；图（b）中 $U>0$，$I>0$ 时功率情况。

图 1-43 习题 1-1 图

1-2 如图 1-44 所示，求题中各元件的功率，并说明是吸收还是发出功率。

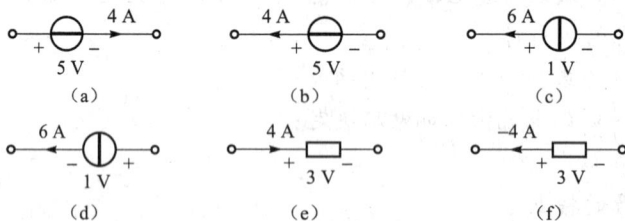

图 1-44 习题 1-2 图

1-3 求图 1-45 中各有源支路的未知量。

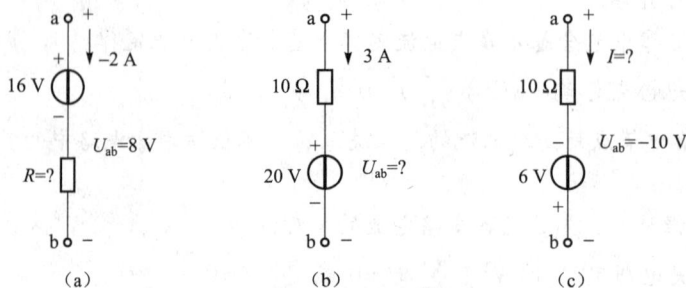

图 1-45 习题 1-3 图

1-4 如图1-46所示，求电压 U_{AB}、U_{BC}、U_{CD}。

1-5 如图1-47所示，试求题中各电压源、电流源和电阻的功率。

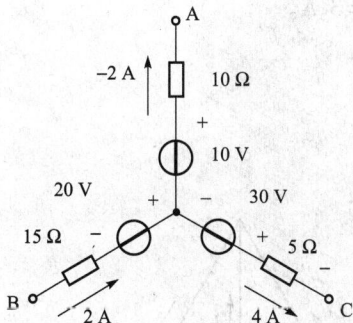

图 1-46 习题 1-4 图

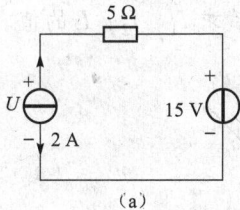

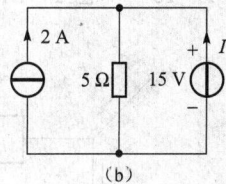

图 1-47 习题 1-5 图

1-6 如图1-48所示，求电路中的电压 U，并分别讨论其功率平衡。

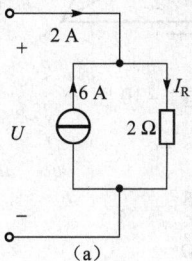

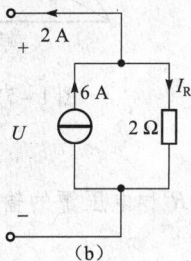

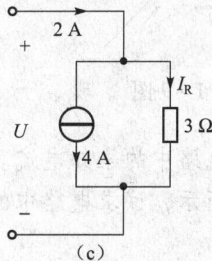

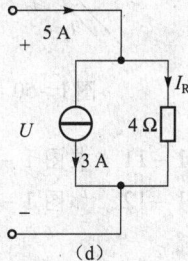

图 1-48 习题 1-6 图

1-7 试校核图1-49中电路所得解答是否满足功率平衡（提示：求解电路以后，校核所得结果的方法之一是核对电路中所有元件的功率平衡，即元件发出的总功率应等于其他元件吸收的总功率）。

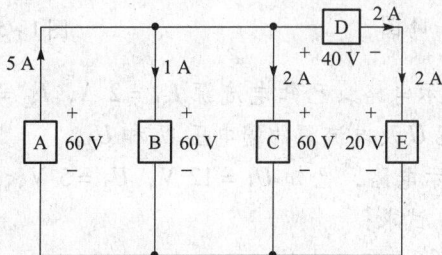

图 1-49 习题 1-7 图

1-8 一电阻元件的铭牌上标有"300 Ω，5 W"，试求其允许通过的电流和两端的电压。

1-9 如图1-50所示，已知$I_1 = 1$ A，$I_2 = -2$ A，$I_3 = 3$ A。

(1) 求I_4。

(2) 若$I_5 = 0$，在求I_6，I_7，I_8。

1-10 如图1-51所示，试求I_1，I_2，I_3的值。

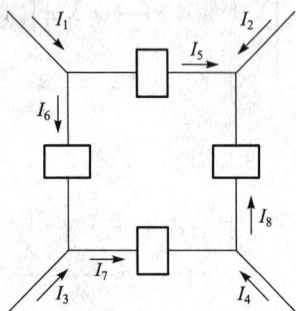

图1-50 习题1-9图

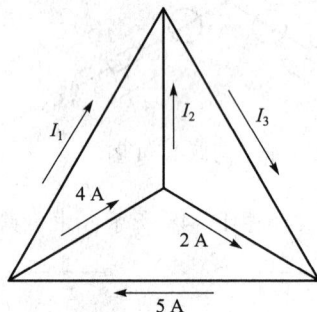

图1-51 习题1-10图

1-11 求图1-52电路中的未知电流。

1-12 如图1-53所示，试求电路中的电阻R和电压源的输出功率。

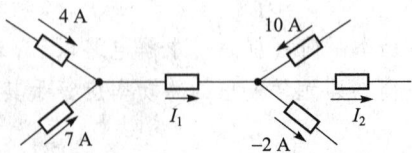

图1-52 习题1-11图

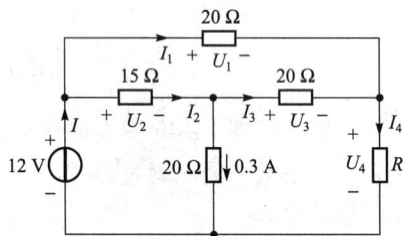

图1-53 习题1-12图

1-13 如图1-54所示电路，已知电流源$I_{S1} = 2$ A，$I_{S2} = 1$ A，$R = 5$ Ω，$R_1 = 1$ Ω，$R_2 = 2$ Ω，试求电流I、电压U及电流源的端电压U_1和U_2。

1-14 如图1-55所示电路，已知$U_1 = 12$ V，$U_2 = 5$ V，$R_1 = 4$ Ω，$R_2 = 2$ Ω，$R_3 = 1$ Ω，$R_4 = 4$ Ω，$R_5 = 10$ Ω。试求：

(1) 开关S打开时a点和b点的电位。

(2) 开关S闭合后a点和b点的电位及R_5中电流。

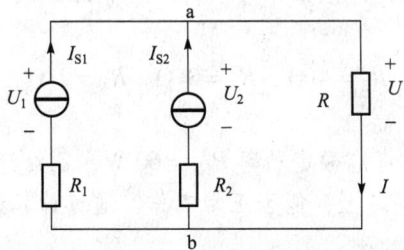

图 1-54 习题 1-13 图

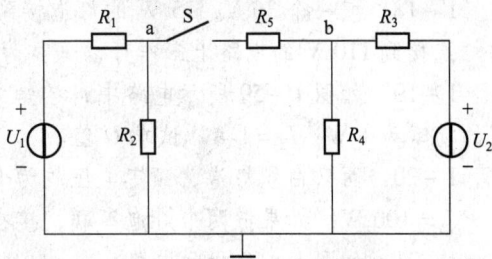

图 1-55 习题 1-14 图

1-15 求图 1-56 电路中，开路电压 U_{ab}。

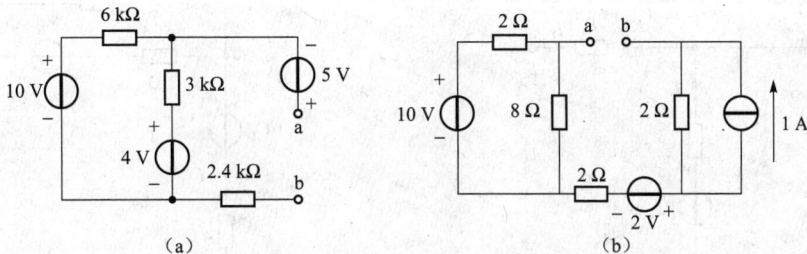

（a）

（b）

图 1-56 习题 1-15 图

1-16 求图 1-57 电路中 a 点的电位。

1-17 如图 1-58 所示电路中，已知 $I_1 = 5$ A，$I_2 = 1$ A，试求电压源 U_S 以及流经电压源的电流 I。

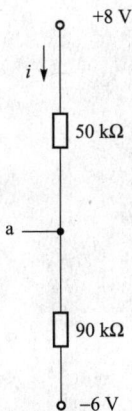

图 1-57 习题 1-16 图

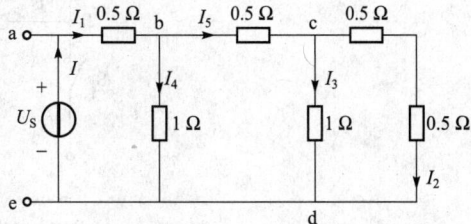

图 1-58 习题 1-17 图

1-18 把一个 36 V, 15 W 的灯泡接到 220 V 的线路上工作可以吗？若把 220 V, 60 W 的灯泡接到 110 V 的线路上工作可以吗？为什么？

1-19 如图 1-59 所示电路中，已知 $R_1 = 1\ \Omega$, $R_2 = 4\ \Omega$, $R_3 = 3\ \Omega$, $R_4 = 2\ \Omega$, U_S 发出的功率为 1 W, $I_2 = 1$ A。试求 U 值。

1-20 两只白炽灯泡，额定电压均为 110 V，甲灯泡额定功率 $P_{N1} = 60$ W，乙灯泡的功率 $P_{N2} = 100$ W，如果把两个灯泡串联，接在 220 V 电源上，能否正常工作？通过计算说明。

1-21 如图 1-60 所示电路，求：

（1）a 点电位和 4 Ω 电阻中电流 I；

（2）若将 b 点也接地，a 点电位及电流 I。

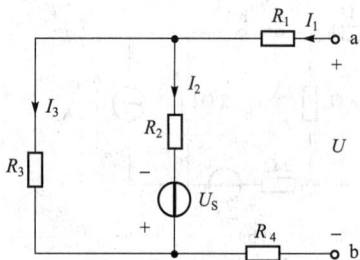

图 1-59 习题 1-19 图

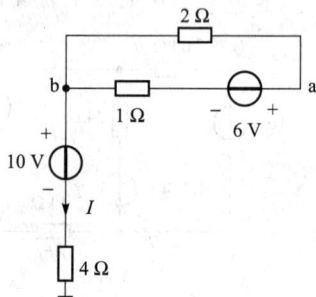

图 1-60 习题 1-21 图

1-22 如图 1-61 所示电路中，求：

（1）当开关 S_1、S_2 均打开时 A 点和 B 点的电位；

（2）S_1 闭合，S_2 打开时 A 点和 B 点的电位；

（3）S_1、S_2 均闭合时 A 点和 B 点的电位。

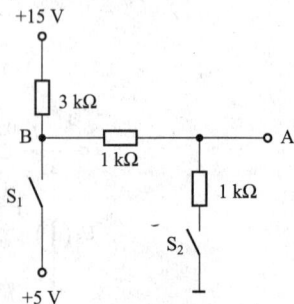

图 1-61 习题 1-22 图

第2章 直流电路的一般分析

教学要求：能熟练地应用支路电流法和叠加定理求网络的支路电流和电压；能熟练地运用戴维南定理和诺顿定理求含独立电源二端网络的等效电路；熟练掌握节点电压法，能系统地列出网孔的节点电压方程；掌握负载获得最大功率的条件和最大功率的计算。

电路的结构形式各异，总体上可分为两大类：简单电路、复杂电路。简单电路，其结构只有一个回路，即使由多个回路构成，也可以用串、并联方法化简成单回路电路进行分析和计算。反之，复杂电路即无法用串、并联方法化简成单回路电路，或者能化简，但简化过程烦琐。本章的重点就是在于找到分析复杂电路的方法。

除按电路结构可分为简单电路与复杂电路，依据电路中元件参数特性还可分为线性电路和非线性电路，当电路中 R、L、C 元件参数均为常数时这种电路即为线性电路。本章着重讨论复杂线性电路的一般方法，如电源的等效变换法，叠加定理和戴维南定理，节点电压法等。

2.1 电阻电路及连接方式

2.1.1 等效网络的定义

"等效"是电路分析中极为重要的概念之一，电路的等效变换分析方法是电路分析中常用的一种方法。

根据电路的结构，当一个电路只有两个端钮与外部相连接时，就称作二端网络，或一端口网络。每一个二端元件，如电阻、电容等，便是二端网络的最简单形式。

图 2 - 1 所示为二端网络的一般符号。流过二端网络的端钮电流、端钮间电压分别叫做端口电流 I，端口电压 U，图中给出的 U、I 参考方向对二端网络为关联参考方向。

如果有两个结构和元件参数完全不同的二端网络 B 和 C，如图 2 - 2 所示，若 B 与 C 有完全相同的电压、电流关系（即给 B 加电压 U，产生电流 I，给 C 加电压 U，产生的电流 I 与 B 的电流 I 相等），则称 B 与 C 是互为等效的二端网络。

图 2 - 1 二端网络

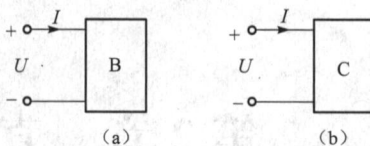

图 2 - 2 二端网络的等效

这就是电路等效的一般定义。注意，两个等效的网络的内部结构和元件参数虽不相同，但对外部而言，它们的影响完全相同，即有完全相同的电压、电流关系。等效网络互换后，它们的外部情况不变，"等效"是指"对外等效"。

相互等效的两个电路在电路分析中可以相互代换，代换前后对 B 和 C 以外的电路中的电压、电流等参数不产生任何影响，如图 2 - 3 所示，若 B 与 C 等效，则对 A 电路来说，用图（a）与用图（b）求 A 中的各电量效果相同。

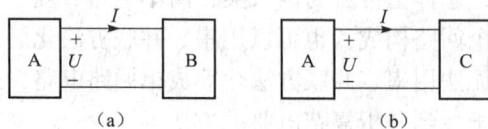

图 2 - 3 等效二端网络可相互代换

这种等效在实际应用中可经常见到。例如，额定值为 220 V、1 kW 的白炽灯和额定值为 220 V、1 kW 的电炉，虽然二者结构和性能完全不同，但是，对 220 V 电源来说，从电源获得的电流和功率完全相等。

2.1.2 电阻的串联

图 2 - 4（a）所示是三个电阻串联的电路模型，它可等效成图 2 - 4（b）所示的电路模型。由图 2 - 4（a）知：串联就是几个元件依次按顺序首尾相接，中间没有分岔的一种连接形式。

电阻串联电路有以下几个特点（参考图 2 - 4）。

（1）由 KCL 可知，通过各电阻的电流为同一电流。

（2）由 KVL 可知，外加电压等于各个电阻上电压之和，即

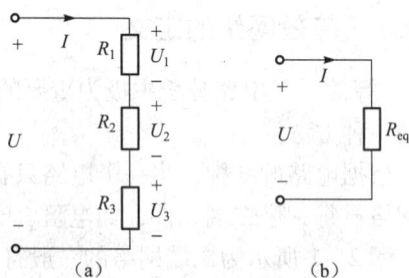

图 2 - 4 电阻的串联及等效电阻
(a) 电阻串联电路；(b) 等效电路

$$U = U_1 + U_2 + U_3 = IR_1 + IR_2 + IR_3 \tag{2-1}$$

（3）电源供给的功率等于各个电阻所消耗的功率之和，即

$$P = IU_1 + IU_2 + IU_3 = IU \tag{2-2}$$

根据二端网络对外等效的定义，对图 2-4（a）有

$$U = I(R_1 + R_2 + R_3) \tag{2-3}$$

对图 2-4（b）有

$$U = IR_{eq} \tag{2-4}$$

对比式（2-3）和式（2-4），知

$$R_{eq} = R_1 + R_2 + R_3 \tag{2-5}$$

以上是由三个电阻串联构成电路的等效电阻，同理可推导出由 n 个电阻串联构成电路的

等效电阻：

$$R_{eq} = R_1 + R_2 + \cdots + R_n = \sum_{i=1}^{n} R_i \tag{2-6}$$

式（2-6）指出：电阻串联，其等效电阻等于各串联电阻之和。

依据式（2-6）还可推导出，电阻串联时，每电阻上的电压分别为

$$U_1 = IR_1 = \frac{R_1}{R_{eq}}U$$

$$U_2 = IR_2 = \frac{R_2}{R_{eq}}U$$

$$\vdots \tag{2-7}$$

$$U_n = IR_n = \frac{R_n}{R_{eq}}U$$

式（2-7）说明，在串联电路中，外加电压一定时，各电阻端电压的大小与它的电阻值成正比。式（2-7）称为电压分配公式。应用此公式时，注意各电阻上电压的参考方向。

如果进一步将式（2-7）两边同乘以电流 I，则有

$$P = UI = I^2 R_1 + I^2 R_2 + \cdots + I^2 R_n \tag{2-8}$$

式（2-8）说明，n 个电阻串联时吸收的总功率等于各个电阻吸收功率之和。

$$P_1 : P_2 : \cdots : P_n = R_1 : R_2 : \cdots : R_n \tag{2-9}$$

式（2-9）说明：电阻串联时电阻值大消耗的功率大。电阻的功率与它的电阻值成正比。

根据电阻串联电路的特性，电阻串联有诸多应用。电压表测量电压的原理就是其一；需要扩大电压表的量程时，可将电压表与电阻串联；还有当负载的额定电压低于电源电压时，可以利用串联一个电阻来分压；为调节电路中的电流大小，通常可在电路中串联一个变阻器。

例 2.1　有一量程 U_g 为 100 mV，内阻 R_g 为 1 kΩ 的电压表。如欲将其改装成量程为 $U_1 = 1$ V，$U_2 = 10$ V，$U_3 = 100$ V 的电压表，试问应采用什么措施？

解 欲扩大电压表量程，可将该电压表与适当电阻串联，如图2-5所示，当量程为1 V时，根据串联电阻分压特性，可得

$$\frac{U_1}{U_g} = \frac{R_g + R_1}{R_g}$$

则

$$R_1 = \left(\frac{U_1}{U_g} - 1\right) R_g = \left(\frac{1}{100 \times 10^{-3}} - 1\right) \times 1 \times 10^3 = 9 \text{ k}\Omega$$

当 R_1 阻值为 9 kΩ 时，即可满足量程 $U_1 = 1$ V。

同理当量程为 10 V 时

$$\frac{U_2}{U_g} = \frac{R_g + (R_1 + R_2)}{R_g}$$

$$R_1 + R_2 = \left(\frac{U_2}{U_g} - 1\right) R_g = \left(\frac{10}{100 \times 10^{-3}} - 1\right) \times 1 \times 10^3 = 99 \text{ k}\Omega$$

$$R_2 = 99 - R_1 = 90 \text{ k}\Omega$$

当量程为 100 V 时 $\quad \dfrac{U_3}{U_g} = \dfrac{R_g + (R_1 + R_2 + R_3)}{R_g}, \quad R_3 = 900 \text{ k}\Omega$

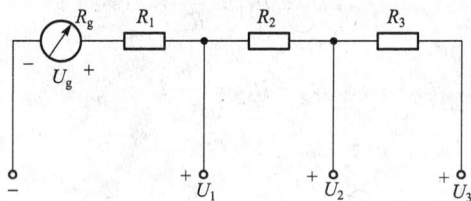

图 2-5 例 2.1 电路图

2.1.3 电阻的并联

图 2-6（a）所示是三个电阻并联的电路模型，其等效电路为图 2-6（b）。由图（a）知：并联就是几个元件首和首相接，尾与尾相接，各电阻分别构成一条支路的连接方式。

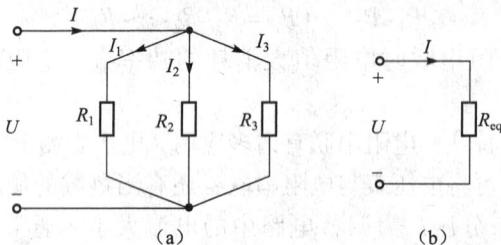

图 2-6 电阻的并联及等效电阻

（a）电阻并联电路；（b）等效电路

电阻并联有如下几个特点。

（1）由图 2 – 6（a）可知，各电阻上的电压相等。

（2）根据 KCL，总电流等于各支路电流之和，即

$$I = I_1 + I_2 + I_3 = \frac{U}{R_1} + \frac{U}{R_2} + \frac{U}{R_3}$$

$$= U\left(\frac{1}{R_1} + \frac{1}{R_2} + \frac{1}{R_3}\right)$$

$$= \frac{U}{R_{eq}} \tag{2-10}$$

式中，$\dfrac{1}{R_{eq}} = \dfrac{1}{R_1} + \dfrac{1}{R_2} + \dfrac{1}{R_3}$

（3）电阻并联时总的消耗功率等于各电阻上消耗的功率之和，即

$$P = UI = I_1 U + I_2 U + I_3 U = P_1 + P_2 + P_3 \tag{2-11}$$

若推广到一般情况：n 个电阻并联，等效电阻的倒数等于各个电阻的倒数之和。即 n 个电导并联，等效电导等于各个电导之和。

即

$$\frac{1}{R_{eq}} = \frac{1}{R_1} + \frac{1}{R_2} + \cdots + \frac{1}{R_n} = \sum_{i=1}^{n} \frac{1}{R_i} \tag{2-12}$$

$$G_{eq} = G_1 + G_2 + \cdots + G_n = \sum_{i=1}^{n} G_i \tag{2-13}$$

式中，R_i、G_i 分别为相并联的第 i 个电阻、电导，n 为相并联电阻、电导的个数。

电阻并联分流与电阻值成反比，即电阻值越大，分得的电流越小。同理也可推导出电阻并联时，电阻值越大消耗功率越小。

$$P = UI = \frac{U^2}{R_1} + \frac{U^2}{R_2} + \cdots + \frac{U^2}{R_n} \tag{2-14}$$

$$P_1 : P_2 : \cdots : P_n = \frac{1}{R_1} : \frac{1}{R_2} : \cdots : \frac{1}{R_n} = G_1 : G_2 : \cdots : G_n \tag{2-15}$$

并联电路的最大特点是具有分流作用，其主要应用在扩大电流表的量程。

例 2.2 图 2 – 7 所示电路是一个扩大电流表量程的电路，图中 R_g 是一只最大量程 $I_g = 5$ mA 的基本电流表表头的内阻，其值等于 50 Ω，R_1、R_2、R_3 分别是电流表 10 mA、50 mA、100 mA 挡的分流电阻，求 R_1、R_2、R_3 的阻值。

解 电路中，通过的最大电流即量程。

当 $I = 10$ mA 时，$I_R = I - I_g = 5$ mA，根据并

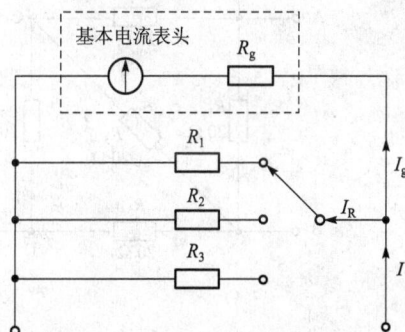

图 2 – 7 例 2.2 电路图

联电路的分流特性，得

$$\frac{I_R}{I_g} = \frac{R_g}{R_1}$$

则

$$R_1 = \frac{R_g}{I_R} I_g = \frac{50}{5} \times 5 = 50 \ \Omega$$

同理，当 $I = 50$ mA 时，$I_R = I - I_g = 45$ mA

则

$$R_2 = \frac{R_g}{I_R} I_g = \frac{50}{45} \times 5 = \frac{50}{9} \ \Omega$$

当 $I = 100$ mA 时，$I_R = I - I_g = 95$ mA

$$R_3 = \frac{R_g}{I_R} I_g = \frac{50}{95} \times 5 = \frac{50}{19} \ \Omega$$

2.1.4 电阻的混联

电阻的混联电路是串联与并联的组合，实际电路中更多见的是混联，单独的串联和并联并不多见。混联电路可以用串、并联公式化简，图 2-8 给出了混联电路的结构连接图，从等效电路看，两个端子的等效电阻为

$$R_{eq} = R_3 + R_4 + \frac{R_1 R_2}{R_1 + R_2} \qquad (2-16)$$

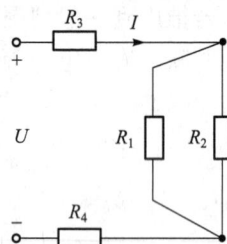

图 2-8 电阻的混联

对于电阻混联电路的等效电阻计算方法，要仔细观察，寻找窍门。判别出各电阻之间的连接关系是至关重要的，因为在电路分析中，往往给出的电路不能完全直观地看出各个元件之间的连接关系。下面通过例题示范对这类问题的分析方法。

例2.3 求图 2-9（a）所示电路中 A、B 之间的等效电阻。

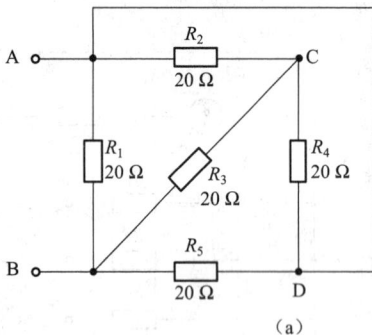

（a）

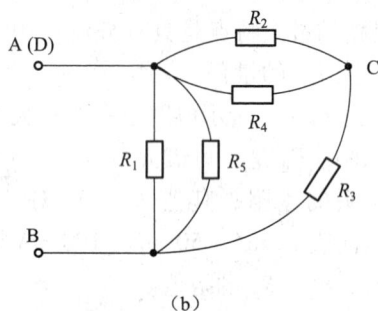

（b）

图 2-9 例2.3 电路图

解　分析这样的电路,可以按照如下步骤进行。

(1) 将电路中有分支的连接点依次用字母或数字编排顺序,如图中 A、B、C、D。

(2) 把短路线两端的点画在同一点上,即把短路线无穷缩短或伸长,若有多个接地点,也可用短路线相连。

(3) 依次把电路元件画在各点之间,再观察元件之间的连接关系。

图 2-9 (a) 的电路改画后如图 2-9 (b) 所示,由此可直观地看出 A、B 两点间的等效电阻 R_{AB}:

R_2 并联 R_4 后与 R_3 串联, $R_{234} = \dfrac{R_2 \times R_4}{R_2 + R_4} + R_3 = \dfrac{20 \times 20}{20 + 20} + 20 = 30 \ \Omega$

R_1 和 R_5 并联　 $R_{15} = \dfrac{R_1 \times R_5}{R_1 + R_5} = 15 \ \Omega$

R_{AB} 为 R_{234} 和 R_{15} 并联等效电阻,

即

$$R_{AB} = \frac{R_{234} R_{15}}{R_{234} + R_{15}} = \frac{30 \times 15}{30 + 15} = 10 \ \Omega$$

在计算电路的等效电阻时,关键在于识别电路中各电阻的串、并联关系,其工作大致可分成以下几步。

(1) 根据串并联特点分析电路元件的串并联规律。串联电路所有元件流过同一电流;并联电路所有元件承受同一电压。

(2) 连接导线可伸缩,所有无阻导线连接点可用节点表示。

(3) 等位点间可短接。

(4) 在不改变电路连接关系的前提下,可根据需要改画电路,以便更清楚地表示出各电阻的串并联关系。

(5) 逐点用文字代替变化,按照顺序简化电路,最后计算出等效电阻。

2.2　电压源、电流源的电路及等效变换

2.2.1　电源的联结

如图 2-10 (a) 所示,由 3 个理想电压源串联组成的二端网络 N,根据电路等效的定义,可以用一个电压源等效替代,如图 2-10 (b) 所示。由 KVL,该电压源的电压为 $U_S = U_{S1} + U_{S2} + U_{S3}$。

注意:等效时要先确定等效电压源 U_S 的参考极性。若要将电压源并联,则并联的电压源必须极性相同、电压值相等。否则,不允许并联在一起。

如图 2-11 (a) 所示,由 3 个理想电流源并联组成的二端网络 N,可以用一个电流源等效替代,如图 2-11 (b) 所示。由 KCL,该电流源的电流为 $I_S = I_{S1} + I_{S2} + I_{S3}$。

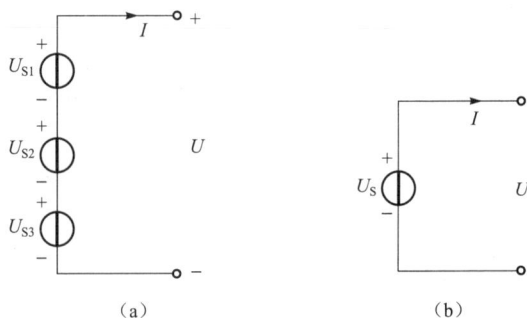

图 2 – 10　电压源的串联

（a）电压源串联电路；（b）等效电路

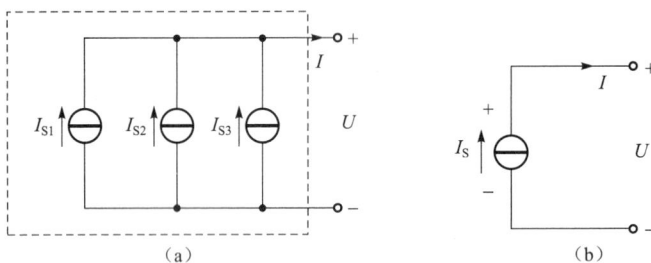

图 2 – 11　电流源的并联

（a）电流源并联电路；（b）等效电路

　　注意：等效时要先确定等效电压源 I_S 的参考极性。若要将电流源串联，则串联的电流源必须极性相同、电流值相等。否则，不允许串联在一起。

　　根据电压源的基本特征，电压源 U_S 与其他元件并联，由外部特性等效的概念可知，该并联电路可以用一个等效的电压源来替代，端口电压值由电压源决定为 U_S，端口电流值 I 由电压源与外部电路共同决定。如图 2 – 12 所示，图（a）可以等效为图（b）。但需注意的是图（b）中的 U_S 与图（a）电路的 U_S 含义完全不同。

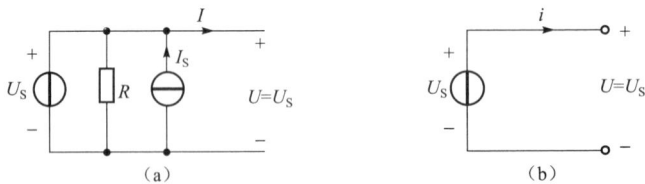

图 2 – 12　电压源与其他元件的并联

（a）电压源与其他元件并联电路；（b）等效电路

同理，根据电流源的基本特征，电流源 I_S 与其他元件串联，由外部特性等效的概念可知，该串联电路可以用一个等效的电流源来替代，端口电流值由电流源决定为 I_S，端口电压值 U 由电流源与外部电路共同决定。如图 2－13 所示，图（a）可以等效为图（b）。但需注意的是图（b）中的 I_S 与图（a）电路的 I_S 含义完全不同。

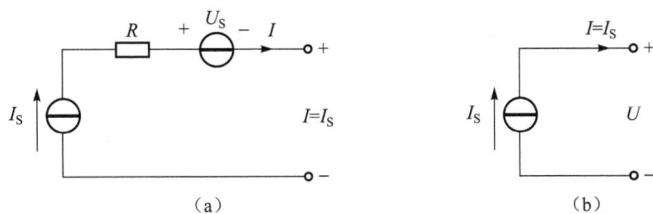

图 2－13　电流源与其他元件的串联

（a）电流源与其他元件串联电路；（b）等效电路

例 2.4　如图 2－14（a）所示电路，将其化简为最简等效电路。

解　根据电压源的基本特征，电压源 U_S 与其他元件并联，并联电路可以用一个等效的电压源来替代，如图 2－14（a）可等效为图 2－14（b）。根据电流源的基本特征，电流源 I_S 与其他元件串联，串联电路可以用一个等效的电流源来替代，如图 2－14（b）可以等效为图 2－14（c）。

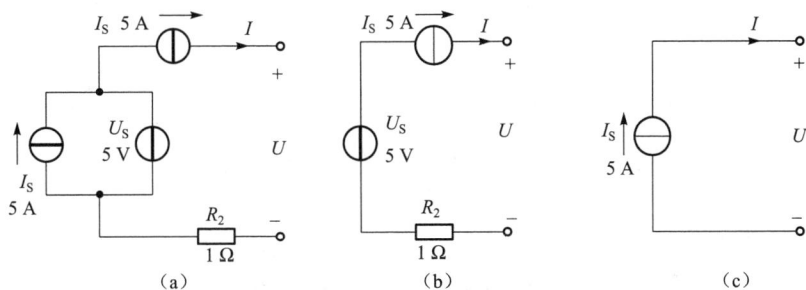

图 2－14　例 2.4 电路图

2.2.2　实际电源模型的等效变换

我们已经知道，在某些情况下，实际电源适宜用实际电压源的模型表示，另一些情况下则适宜用实际电流源的模型表示。对于外电路来说，只要电源的外特性一样，则用哪一种模型来表示，所起的作用都是一样的。这就是说，实际电源既可以用电压源模型表示，也可以用电流源模型表示。

只要两种模型具有相同的伏安关系（VAR），即满足前述的等效条件，所以二者可以等效互换。

如图 2-15（a）所示的实际电压源，可用理想电压源串联电阻来表示，其 VAR 为 $U = U_S - RI$，此为回路 KVL 方程。方程两边同除 R，得 $\dfrac{U}{R} = \dfrac{U_S}{R} - I$，移项，得 $I = \dfrac{U_S}{R} - \dfrac{U}{R} = I_S - \dfrac{U}{R}$ 此即图 2-15（b）的 VAR，它是实际电流源，为理想电流源并联电阻。图 2-15（b）为节点的 KCL 形式。

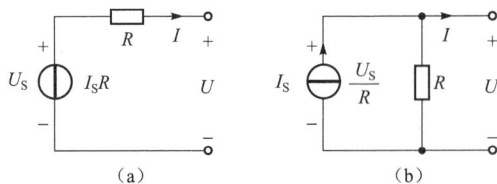

图 2-15 实际电压源与电流源的等效转换

（a）实际电压源电路模型；（b）实际电流源电路模型

实际电压源与实际电流源的物理意义不同，但从等效角度看，两者端口具有相同的 VAR，是可以互换的两电路，即如图 2-16（a）实际电压源，电压值为 U_S，内阻为 R_S，可以等效为图 2-16（b）实际电流源，电流值为 $I_S = \dfrac{U_S}{R_S}$，内阻不变为 R_S，电流源方向与原电压源参考方向相反。

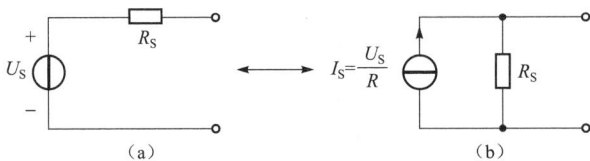

图 2-16 实际电压源等效为实际电流源

（a）实际电压源模型；（b）等效电流源模型

例 2.5 如图 2-17（a）、（b）电路，分别求含电流源和电压源的最简等效电路。

解 根据实际电压源和电流源等效变换的关系，可得到如图 2-17 所示电路。

实际电压源和电流源等效变化可以总结为：

（1）电压源串联电阻变换为电流源并联电阻：电流源为 $I_S = \dfrac{U_S}{R_S}$ 即电压源值除以串电阻值，并电阻 = 串电阻。

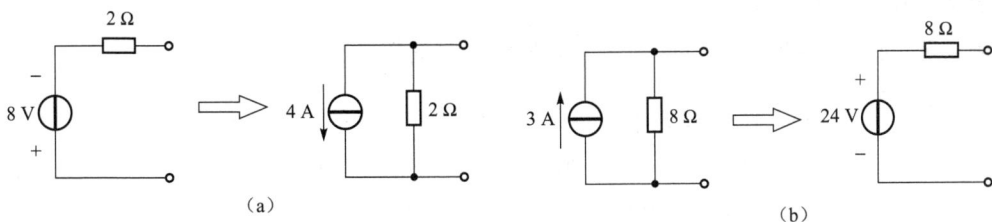

图 2 - 17 例 2.5 电路图

（2）电流源并联电阻变换为电压源串联电阻：电压源为 $U_S = I_S R_S$ 即电流源值乘以并电阻值，串电阻 = 并电阻。

另外，两种电源模型等效变换时，还应注意下列几个问题。

（1）两种实际电源之间的等效变换均指对外电路而言，而对电源内部电路并不等效。

（2）方向关系 U_S ⟷ I_S ，U_S 与 I_S 参考方向相反。

（3）理想电压源，理想电流源，不能互换。$I_S = \dfrac{U_S}{R_S} = \dfrac{u_S}{0} \rightarrow \infty$ ，$U_S = I_S \times \infty \rightarrow \infty$

（4）并联时转化为电流源处理方便。串联时转化为电压源处理方便。

例 2.6 求图 2 - 18（a）所示电路的电压源模型与电流源模型。

解 在图 2 - 18（a）中，R_1 与 U_S 并联，将 R_1 去掉后对端口 U 和 I 不产生任何影响，故图 2 - 18（a）所示电路可以等效成图 2 - 18（b）所示的电压源模型。

将图 2 - 18（b）变换成图 2 - 18（c）所示的电流源模型，则

$$I_S = \frac{U_S}{R} = \frac{U_S}{R_2} = \frac{5}{1} = 5 \text{ A}$$

$$R_0 = R_2 = 1 \ \Omega$$

这里再次强调，电源等效变换仅对电源以外的电路等效，对电源内部并不等效。例如，图 2 - 18（b）和（c）的电源模型，当 $I = 0$ 时，U 相等，但 R_2 上流过的电流和承受的电压

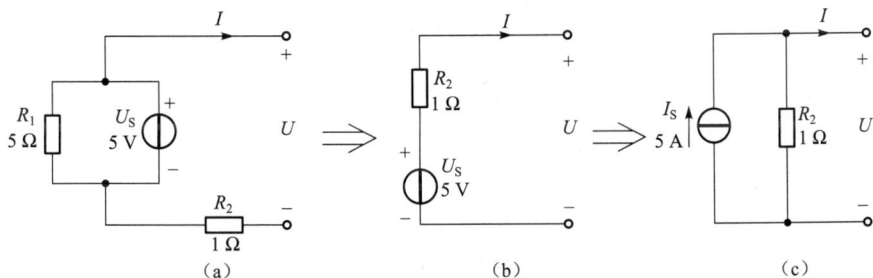

图 2 - 18 例 2.6 图

以及消耗的功率均不相等。

例2.7 如图2-19所示电路，求含电压源的最简等效电路。

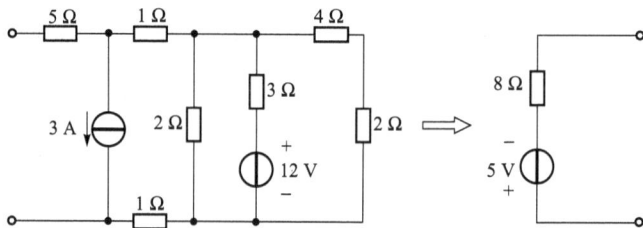

图2-19 例2.7图

解 解题步骤依次化简为如图2-20（a）、（b）、（c）、（d）、（e）、（f）所示。

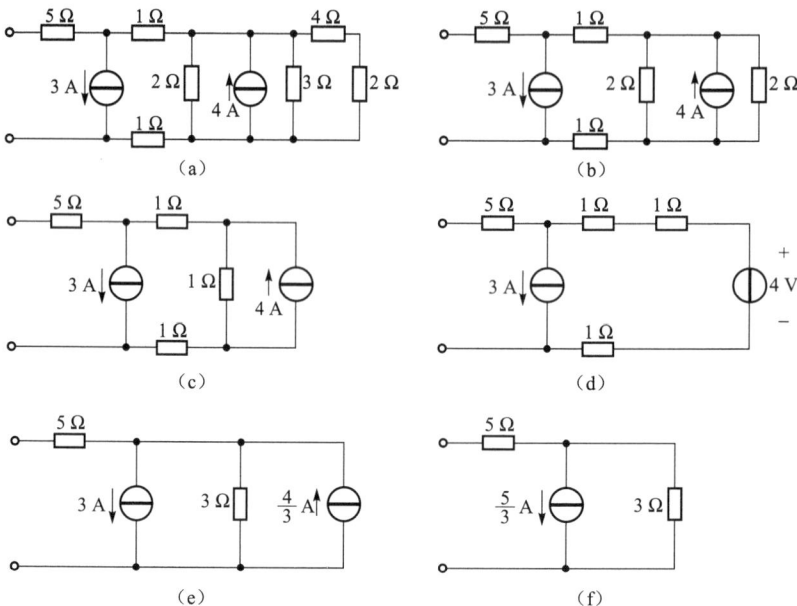

图2-20 例2.7解题步骤

例2.8 利用等效变换法，求图2-21（a）所示电路中的电流 I_1、I_2、I_3。

解 根据电源模型等效变换原理，可将图2-21（a）依次变换为图2-21（b）、（c）。根据图2-21（c）可得

$$I = \frac{6+3-3}{3+2+1} = 1 \text{ A}$$

从图2-21（a）变换到图2-21（c），只有ac支路未经变换，故知在图2-21（a）的

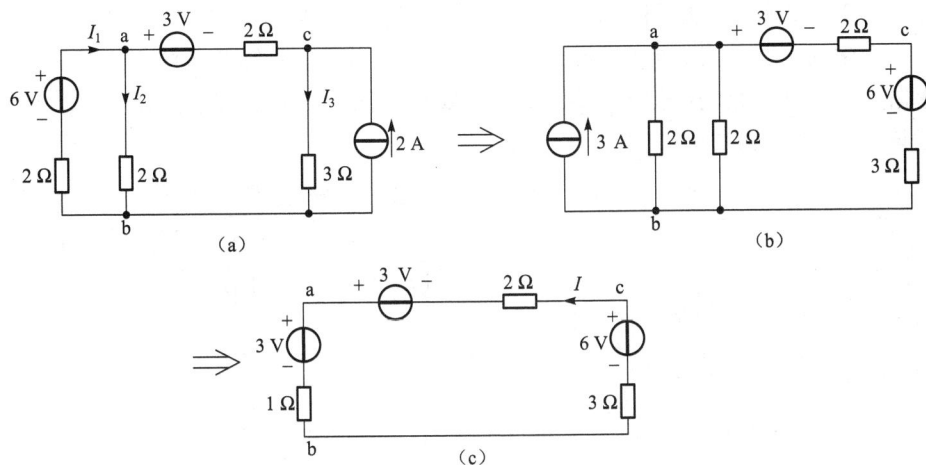

图 2 - 21　例 2.8 图

ac 支路中电流大小方向与已求出的 I 完全相同，即为 1 A，则 $I_3 = 2 - 1 = 1$ A。

为求 I_1 和 I_2，应先求出 U_{ab}。根据图 2 - 21（c），有 $U_{ab} = 3 + 1 = 4$ V

$$I_2 = \frac{U_{ab}}{2} = 2 \text{ A}$$

再根据图 2 - 21（a），有 $I_1 = I_2 - I = 1$ A

$$I_1 = \frac{6 - U_{ab}}{2} = 1 \text{ A}$$

所以得

$$I_1 = 1 \text{ A，} I_2 = 2 \text{ A，} I_3 = 1 \text{ A}$$

2.3　支路电流法

为了完成一定的电路功能，在一个实际电路中，人们总是将元件组合连接成一定的结构形式，于是就出现了上一章所讲的支路、节点、回路和网孔。当组成电路的元件不是很多，但又不能用串联和并联方法计算等效电阻时，这种电路称为复杂电路。图 2 - 22 是一个具体的例子，该电路有三条支路、两个节点、两个网孔，若以该电路各支路电流为未知量计算电路，最少要列三个方程。本节所讨论的分析方法就是以支路电流为计算对象的分析方法，称作支路电流法。

支路电流法是以完备的支路电流变量为未知量，根据各个元件上的 VAR 和电路各节点的 KCL、回路的 KVL 约束关系，建立数目足够且相互独立的方程组，求解出各个支路的电流，进而根据电路的基本关系求得其他未知量，如电压、功率、电位等。

下面以图 2-23 所示的电路为例，说明支路电流法的求解过程。

图 2-23 中的电路共有 3 条支路、2 个节点和 3 个回路。已知各电源电压值和各电阻的阻值，求解 3 个未知支路的电流 I_1、I_2、I_3，需要列出三个独立方程联立求解。所谓独立方程，是指该方程不能通过已列出的方程线性变换而来。

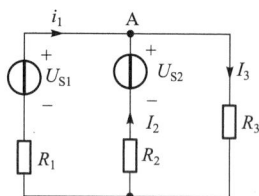

图 2-22 复杂电路举例

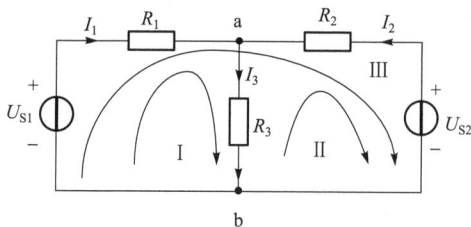

图 2-23 支路电流法图例

列方程时，必须先在电路图上选定各支路电流的参考方向，并标明在电路图中。根据 KCL，列出节点 a 和 b 的 KCL 方程为

$$-I_1 - I_2 + I_3 = 0 \qquad (2-17)$$

$$I_1 + I_2 - I_3 = 0 \qquad (2-18)$$

显然，式（2-17）与式（2-18）实际相同，所以只有 1 个方程是独立的，可见 2 个节点只能列出 1 个独立的电流方程。

可以证明：若电路中有 n 个节点，则应用 KCL 只能列出（$n-1$）个独立的节点电流方程。

其次，选定回路绕行方向，一般选顺时针方向，并标明在电路图中。根据 KVL，列出各回路的电压方程。

对于回路 I，可列出

$$I_1 R_1 + I_3 R_3 - U_{S1} = 0 \qquad (2-19)$$

对于回路 II，可列出

$$-I_2 R_2 + U_{S2} - I_3 R_3 = 0 \qquad (2-20)$$

对于回路 III，可列出

$$I_1 R_1 - I_2 R_2 + U_{S2} - U_{S1} = 0 \qquad (2-21)$$

从式（2-19）、式（2-20）与式（2-21）可以看出，这三个方程中的任何一个方程都可以从其他两个方程中导出，所以只有两个方程是独立的。这正好是求解三个未知电流所需要的其余方程的数目。

同样可以证明，对于 m 个网孔的平面电路，必含有 m 个独立的回路，且 $m = b - (n-1)$。网孔是最容易选择的独立回路。

总之，对于一个电路含有 n 个节点，m 个网孔，b 条支路，应用 KCL 可以列出（$n-1$）

个独立节点的电流方程，应用 KVL 可以列出 m 个网孔电压方程，而独立方程总数为 $(n-1)+m$，恰好等于支路数 b，所以方程组有唯一解。如图 2-23 所示，使用支路电流去求解时则必须列写 b 个相互独立的方程，联立式（2-17）、式（2-18）及式（2-19），即

$$\begin{cases} -I_1 - I_2 + I_3 = 0 \\ I_1 R_1 + I_3 R_3 - U_{S1} = 0 \\ -I_2 R_2 + U_{S2} - I_3 R_3 = 0 \end{cases}$$

解方程组就可以求得 I_1、I_2 和 I_3。

支路电流法的一般步骤如下。

（1）选定支路电流的参考方向，标明在电路中，b 条支路共有 b 个未知变量。

（2）根据 KCL 列出节点方程，n 个节点可列 $(n-1)$ 个独立方程。

（3）选定网孔绕行方向，标明在电路中，根据 KVL 列出网孔方程，网孔数就等于独立回路数，所以可列 m 个独立电压方程。

（4）n 个节点，m 个网孔，b 条支路的电路需要列出 b 个独立的方程，其中 $(n-1)$ 个节点电流方程，m 个回路方程，即 $b=(n-1)+m$。所以联立求解上述 b 个独立方程，求得各支路电流。

例 2.9 图 2-24 所示电路，用支路电流法求各支路电流。

解 由于电压源与电阻串联时电流相同，本电路仅需假设三条支路电流 I_1、I_2、I_3。

此时只需列出一个节点 a 的 KCL 方程

$$-I_1 + I_2 + I_3 = 0$$

按顺时针方向，列出两个网孔的 KVL 方程

$$2I_1 + 8I_3 - 14 = 0, \quad 3I_2 - 8I_3 + 2 = 0$$

联立以上三个式子，求解得

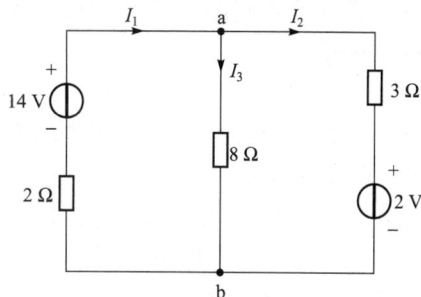

图 2-24 例 2.9 电路图

$$I_1 = 3\ \text{A}, \quad I_2 = -2\ \text{A}, \quad I_3 = 1\ \text{A}$$

还有一种情况，对于含有电流源的电路，从原理上讲也应列写 $(n-1)+m$ 个独立方程，这是因为虽然电流源支路的电流已知，而电流源的端电压是未知的，所以，电路的未知数仍然是 b 个。但是，我们是以各支路电流为未知量分析电路的，而电流源支路电流已知，若不要求计算电流源的端电压，则可以使方程数减少，从而使解方程的过程简化。

图 2-25 例 2.10 电路图

例 2.10 如图 2-25 所示电路，用支路电流法求各支路电流。

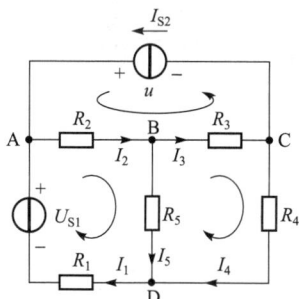

解 在图 2-25 所示电路中，节点数 $n=4$，网孔数 $m=3$，支路数 $b=6$。若以 I_1、I_2、I_3、I_4、I_5 和电流源电压 u 为未知量，需要列写 6 个方程。其方程为

节点 A $\qquad\qquad\qquad\qquad I_1 - I_2 + I_{S2} = 0$

节点 B $\qquad\qquad\qquad\qquad I_2 - I_3 - I_5 = 0$

节点 C $\qquad\qquad\qquad\qquad I_3 - I_4 - I_{S2} = 0$

网孔回路 ABDA

$$I_2 R_2 + I_5 R_5 + I_1 R_1 - U_{S1} = 0$$

网孔回路 BCDB

$$I_3 R_3 + I_4 R_4 - I_5 R_5 = 0$$

网孔回路 ABCA

$$I_2 R_2 + I_3 R_3 - U = 0$$

分析上述 6 个方程，可以发现，电流源电压 U 在前 5 个方程中并未出现，所以，只要将前 5 个方程联立求解，即可求出各支路电流。由此可总结出这样一条规律：若电路中有 k 条含有电流源的支路，则 KVL 方程减少 k 个就足可计算出各支路电流。

例 2.11 对如图 2-26 所示电路，用支路电流法求各支路电流及理想电流源上的端电压 U。

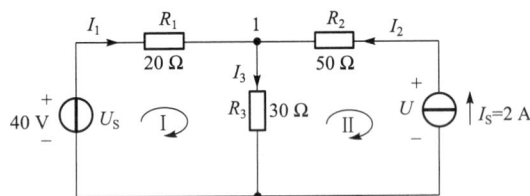

图 2-26 例 2.11 电路图

解 设各支路电流为 I_1，I_2，I_3，参考方向如图 2-26 所示，电流源端电压 U 的参考方向如图所示。

根据 KCL 和 KVL 列出下述方程：

节点 1 $\quad I_1 + I_2 - I_3 = 0$

回路 I $\quad I_1 R_1 + I_3 R_3 = U_S$

回路 II $\quad -I_2 R_2 - I_3 R_3 + U = 0$

其中 $I_2 = I_S$

联立方程

$$\left.\begin{array}{r} I_1 - I_3 = -I_2 = -I_S = -2 \\ 20I_1 + 30I_3 = 40 \\ -50 \times 2 - 30I_3 + U = 0 \end{array}\right\}$$

解得：$I_1 = -0.4\ \text{A}$，$I_3 = 1.6\ \text{A}$，$U = 148\ \text{V}$

2.4 节点电压法

与用独立电流变量来建立电路方程相类似，也可用独立电压变量来建立电路方程。在全

部支路电压中，只有一部分电压是独立电压变量，另一部分电压则可由这些独立电压根据 KVL 方程来确定。若用独立电压变量来建立电路方程，也可使电路方程数目减少。对于具有 n 个节点的连通电路来说，它的 $(n-1)$ 个节点对第 n 个节点的电压，就是一组独立电压变量。

用这些节点电压作变量建立的电路方程，称为节点方程。这样，只需求解 $(n-1)$ 个节点方程，就可得到全部节点电压，然后根据 KVL 方程可求出各支路电压，根据 VAR 方程可求得各支路电流。

2.4.1 节点电压

用电压表测量电子电路各元件端钮间电压时，常将底板或机壳作为测量基准，把电压表的公共端或"－"端接到底板或机壳上，用电压表的另一端依次测量各元件端钮上的电压。测出各端钮相对基准的电压后，任两端钮间的电压，可用相应两个端钮相对基准电压之差的方法计算出来。与此相似，在具有 n 个节点的连通电路（模型）中，可以选其中一个节点作为基准，其余 $(n-1)$ 个节点相对基准节点的电压，称为节点电压。

例如在图 2-27 电路中，共有 4 个节点，选节点 0 作基准，用接地符号表示，其余三个节点电压分别为 U_{10}、U_{20} 和 U_{30}。这些节点电压不能构成一个闭合路径，不能组成 KVL 方程，不受 KVL 约束，是一组独立的电压变量。任一支路电压是其两端节点电位之差或节点电压之差，由此可求得全部支路电压。

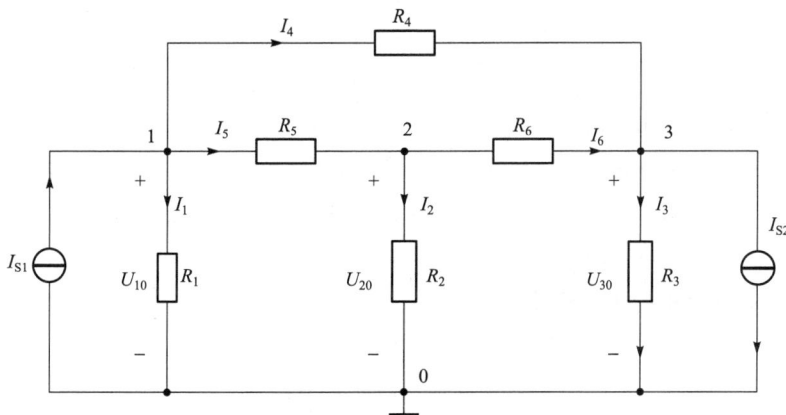

图 2-27 节点电位法示意图

图 2-27 所示电路各支路电压可表示为

$$U_1 = U_{10} = V_1 \qquad U_4 = U_{10} - U_{30} = V_1 - V_3$$
$$U_2 = U_{20} = V_2 \qquad U_5 = U_{10} - U_{20} = V_1 - V_2$$
$$U_3 = U_{30} = V_3 \qquad U_6 = U_{20} - U_{30} = V_2 - V_3$$

2.4.2 节点方程

下面以图 2-27 所示电路为例说明如何建立节点方程。

列出用节点电压表示的电阻 VAR 方程：

$$\left. \begin{aligned} I_1 &= \frac{V_1}{R_1} = G_1 V_1 \\[6pt] I_2 &= \frac{V_2}{R_2} = G_2 V_2 \\[6pt] I_3 &= \frac{V_3}{R_3} = G_3 V_3 \\[6pt] I_4 &= \frac{V_1 - V_3}{R_4} = G_4 (V_1 - V_3) \\[6pt] I_5 &= \frac{V_1 - V_2}{R_5} = G_5 (V_1 - V_2) \\[6pt] I_6 &= \frac{V_2 - V_3}{R_6} = G_6 (V_2 - V_3) \end{aligned} \right\} \tag{2-22}$$

对电路的三个独立节点列出 KCL 方程：

$$\left. \begin{aligned} I_1 + I_4 + I_5 &= I_{S1} \\ I_2 - I_5 + I_6 &= 0 \\ I_3 - I_4 - I_6 &= -I_{S2} \end{aligned} \right\}$$

将式（2-22）代入 KCL 方程中，经过整理后得到

$$\left. \begin{aligned} (G_1 + G_4 + G_5) V_1 - G_5 V_2 - G_4 V_3 &= I_{S1} \\ -G_5 V_1 + (G_2 + G_5 + G_6) V_2 - G_6 V_3 &= 0 \\ -G_4 V_1 - G_6 V_2 + (G_3 + G_4 + G_6) V_3 &= -I_{S2} \end{aligned} \right\}\text{节点方程} \tag{2-23}$$

式（2-23）可以概括为如下形式：

$$\left. \begin{aligned} G_{11} V_1 + G_{12} V_2 + G_{13} V_3 &= I_{S11} \\ G_{21} V_1 + G_{22} V_2 + G_{23} V_3 &= I_{S22} \\ G_{31} V_1 + G_{32} V_2 + G_{33} V_3 &= I_{S33} \end{aligned} \right\} \tag{2-24}$$

式（2-24）是具有三个独立节点的节点电位方程的一般形式，有如下规律。

（1）其中 G_{11}、G_{22}、G_{33} 称为节点自电导，它们分别是各节点全部电导的总和。此例中 $G_{11} = G_1 + G_4 + G_5$，$G_{22} = G_2 + G_5 + G_6$，$G_{33} = G_3 + G_4 + G_6$。

（2）G_{ij}（$i \neq j$）称为节点 i 和 j 的互电导，是节点 i 和 j 间电导总和的负值，此例中 $G_{12} = G_{21} = -G_5$，$G_{13} = G_{31} = -G_4$，$G_{23} = G_{32} = -G_6$。

（3）I_{S11}、I_{S22}、I_{S33} 是流入该节点全部电流源电流的代数和。此例中 $I_{S11} = I_{S1}$，$I_{S22} = 0$，$I_{S33} = -I_{S2}$。若是电压源与电阻串联的支路，则看成是已变换了的电流源与电导相并联的支路。当电流源的电流方向指向相应节点时取正号；反之，就取负号。

从上述推导可知，由独立电流源和线性电阻构成电路的节点方程，其系数很有规律，可以用观察电路图的方法直接写出节点方程。

由独立电流源和线性电阻构成的具有 n 个节点的连通电路，其节点方程的一般形式为

$$\left.\begin{aligned} G_{11}V_1 + G_{12}V_2 + \cdots + G_{1(n-1)}V_{n-1} &= I_{S11} \\ G_{21}V_1 + G_{22}V_2 + \cdots + G_{2(n-1)}V_{n-1} &= I_{S22} \\ &\vdots \\ G_{(n-1)}V_1 + G_{(n-2)}V_2 + \cdots + G_{(n-1)(n-1)}V_{n-1} &= I_{S(n-1)(n-1)} \end{aligned}\right\} \qquad (2-25)$$

根据以上分析，可归纳节点电位法的一般步骤如下。

（1）指定连通电路中任一节点为参考节点，用接地符号表示。标出各节点电压，其参考方向总是独立节点为"＋"，参考节点为"－"。

（2）用观察法列出（$n-1$）个节点方程。

（3）联立并求解方程组，得到各节点电位。

（4）选定支路电流和支路电压的参考方向，根据节点电位与支路电流的关系式，计算各支路电流或其他需求的电量。

例2.12　图 2-28 所示电路，用节点电位法求各支路电流。

解：该电路有 3 个节点，点 C 为参考节点，独立节点 A、B 分别设为 V_A、V_B，列节点电位方程为

$$\begin{cases} \left(\dfrac{1}{R_1} + \dfrac{1}{R_2}\right)V_A - \dfrac{V_B}{R_2} = I_S \\ \left(\dfrac{1}{R_2} + \dfrac{1}{R_3} + \dfrac{1}{R_4}\right)V_B - \dfrac{V_A}{R_2} = \dfrac{U_S}{R_3} \end{cases}$$

化简得

$$\begin{cases} 4V_A - 2V_B = 260 \\ -48V_A + 89V_B = 4\,680 \end{cases}$$

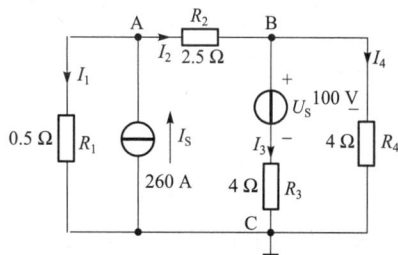

图 2-28　例 2.12 电路图

解方程组得

$$V_A = 125 \text{ V}, \quad V_B = 120 \text{ V}$$

根据图中标出的各支路电流的参考方向，可计算得

$$I_1 = \frac{V_A}{R_1} = 250 \text{ A}, \quad I_2 = \frac{V_A - V_B}{R_2} = 2 \text{ A}$$

$$I_3 = \frac{V_B - U_S}{R_3} = 5 \text{ A}, \quad I_4 = \frac{V_B}{R_4} = 30 \text{ A}$$

例2.13 图2-29所示电路，用节点电位法求解电流 I_1，I_2，I_3。

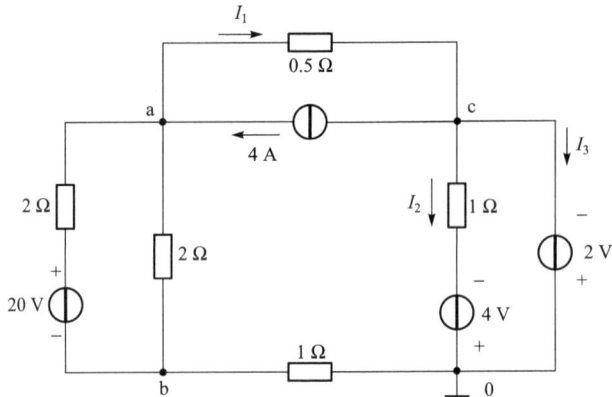

图2-29 例2.13电路图

解 该电路有4个节点，以0为参考节点，独立节点a、b、c的电位分别设为 V_a、V_b、V_c。因为c节点与参考节点0之间仅连接理想电压源，则 $V_c = -2\text{ V}$，再分别列写节点a、b的节点电位方程：

节点a：$\left(\dfrac{1}{2} + \dfrac{1}{2} + \dfrac{1}{0.5}\right)V_a - \left(\dfrac{1}{2} + \dfrac{1}{2}\right)V_b - \dfrac{1}{0.5}V_c = \dfrac{20}{2} + 4$

节点b：$-\left(\dfrac{1}{2} + \dfrac{1}{2}\right)V_a + \left(\dfrac{1}{2} + \dfrac{1}{2} + \dfrac{1}{1}\right)V_b = -\dfrac{20}{2}$

联立，化简得

$$\begin{cases} 3V_a - V_b - 2V_c = 14 \\ -V_a + 2V_b = -10 \\ V_c = -2 \end{cases}$$

解得 $V_a = 2\text{ V}$，$V_b = -4\text{ V}$，$V_c = -2\text{ V}$

$$I_1 = \frac{V_a - V_c}{0.5} = \frac{2 - (-2)}{0.5} = 8\text{ A}$$

$$I_2 = \frac{V_c + 4}{1} = \frac{-2 + 4}{1} = 2\text{ A}$$

对节点c，有

$$\sum I = -I_1 + 4 + I_2 + I_3 = 0$$
$$I_3 = I_1 - 4 - I_2 = 8 - 4 - 2 = 2\text{ A}$$

例2.14 图2-30所示电路，用节点电位法求两个电压源中的电流 I_1 及 I_2。

解 该电路有4个节点，以0为参考节点，独立节点电位分别设为 V_a、V_b、V_c。节点b

与参考节点 0 之间仅连接理想电压源，则 $V_b = 20\text{ V}$。节点 a 与 c 之间也连接有理想电压源，有 $V_c - V_a = 10\text{ V}$。用 5 V 理想电压源的电流 I_1，作为未知变量来列写节点方程。节点 a、c 的方程分别为

节点 a：$\left(\dfrac{1}{1} + \dfrac{1}{0.5}\right)V_a - \dfrac{1}{0.5}V_b = -I_1$

节点 c：$-\dfrac{1}{1}V_b + \left(\dfrac{1}{1} + \dfrac{1}{2}\right)V_b = I_1$

联立化简，还要增加两个辅助方程

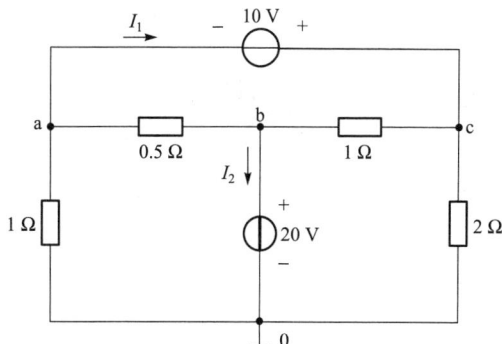

图 2 - 30 例 2.14 电路图

$$V_b = 20\text{ V}$$
$$V_c - V_a = 10\text{ V}$$

联立这四个式子，解得

$$V_a = 10\text{ V}, \quad V_b = 20\text{ V}, \quad V_c = 20\text{ V}, \quad I_1 = 10\text{ A}$$

再列写节点 b 的节点电位方程，此时 20 V 的电压源可看成是电流源，有

$$-\dfrac{1}{0.5}V_a + \left(\dfrac{1}{0.5} + \dfrac{1}{1}\right)V_b - \dfrac{1}{1}V_c = -I_2$$

$$I_2 = 2V_a - 3V_b = （2 \times 10 - 3 \times 20 + 20）= -20\text{ A}$$

所以，两个电压源中的电流 $I_1 = 10\text{ A}$，$I_2 = -20\text{ A}$。

节点电位法的注意事项如下。

（1）选择参考点时，其一，原则上选择任何一个节点均可以，但习惯上使参考点与尽可能多的节点相邻，这样，求出各节点电位后计算支路电流较方便；其二，若电路含有理想电压源支路，应选择理想电压源支路所连的两个节点之一作参考点，这样，另一点的电位等于理想电压源电压，使方程数减少。若二者发生矛盾，应优先考虑第二点。

（2）与理想电流源串联的电阻对各节点电位不产生任何影响，这是因为理想电流源的等效内阻为无穷大的缘故。

（3）与理想电压源并联的电阻两端电压恒定，对其他支路电流不产生任何影响，故也不影响各节点电位的大小。

（4）前面所讨论的是具有三个和三个以上节点的电路，若电路中仅有两个节点（如图 2 - 31 所示电路），应用节点电位法最为简单，该电路的电位方程为

$$\left(\dfrac{1}{R_1} + \dfrac{1}{R_2} + \dfrac{1}{R_4}\right)V_A = \dfrac{U_{S1}}{R_1} - \dfrac{U_{S2}}{R_2} + I_{S3} + \dfrac{U_{S3}}{R_4}$$

$$V_A = \dfrac{\dfrac{U_{S1}}{R_1} - \dfrac{U_{S2}}{R_2} + I_{S3} - \dfrac{U_{S4}}{R_4}}{\dfrac{1}{R_1} + \dfrac{1}{R_2} + \dfrac{1}{R_4}}$$

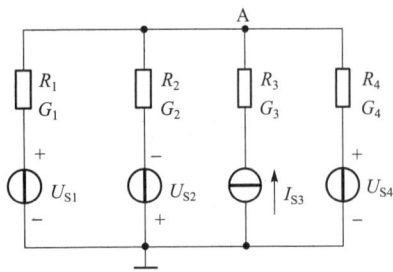

图 2 – 31　弥尔曼定理电路图

可直接计算出 V_A，这一特殊情况下的节点电位法称作弥尔曼定理。其一般式为

$$V_A = \frac{\sum_{i=1}^{n}(U_{Si}G_i + I_{Si})}{\sum_{i=1}^{n}G_i} \qquad (2-26)$$

分子为流入节点 A 的等效电流源之和，分母为节点 A 所连接各支路的电导之和。

例 2.15　用节点电位法求图 2 – 32 所示电路中各支路电流。已知 $U_{S1} = 6$ V，$U_{S2} = 8$ V，$I_S = 0.4$ A，$R_1 = 0.1$ Ω，$R_2 = 6$ Ω，$R_3 = 10$ Ω，$R = 3$ Ω。

解　设 0 点为参考点，则节点电压为 U_{10}，

$$U_{10} = \frac{\dfrac{U_{S1}}{R_1} + \dfrac{U_{S2}}{R_2} + I_S}{\dfrac{1}{R_1} + \dfrac{1}{R_2} + \dfrac{1}{R_3}} = \frac{\dfrac{6}{1} - \dfrac{8}{6} + 0.4}{\dfrac{1}{1} + \dfrac{1}{6} + \dfrac{1}{10}} = 4 \text{ V}$$

由欧姆定律及 KVL 得

$$I_1 = \frac{U_{S1} - U_{10}}{R_1} = 20 \text{ A}$$

$$I_2 = \frac{U_{S2} - U_{10}}{R_2} = \frac{8+4}{6} = 2 \text{ A}$$

$$I_3 = \frac{U_{10}}{R_3} = \frac{4}{10} = 0.4 \text{ A}$$

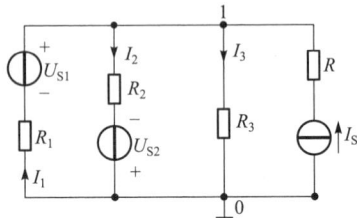

图 2 – 32　例 2.15 电路图

2.5　叠加定理

叠加性是自然界的一条普遍规律。例如，在力学中，两个分力的合力等于分力的矢量叠加。对于线性电路，当电路中有多个激励时，总响应同样是各个激励分别产生的响应的线性叠加。

叠加定理是分析线性电路的一个重要定理，下面以图 2 – 33 所示电路说明线性电路的叠加性。

图 2 – 33（a）电路，由弥尔曼定理得

$$U_{ab} = \frac{\dfrac{U_S}{R_1} + I_S}{\dfrac{1}{R_1} + \dfrac{1}{R_2}} = \frac{R_2}{R_1 + R_2}U_S + \frac{R_1 R_2}{R_1 + R_2}I_S \qquad (2-27)$$

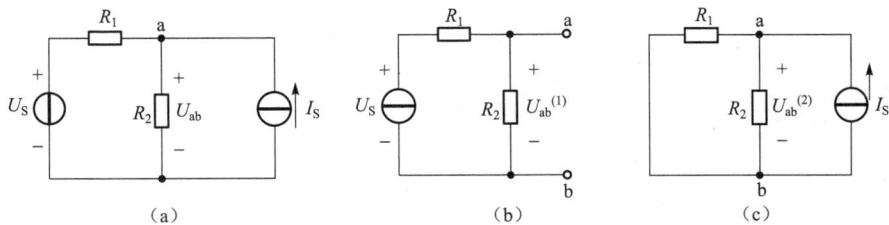

图 2 - 33 叠加定理图例

（a）电路图；（b） U_S 单独作用时；（c） I_S 单独作用时

由式（2 - 27）可以看出， U_{ab} 由两项组成，其中第一项 $U_{ab}^{(1)} = \dfrac{R_2}{R_1 + R_2} U_S$ ，是当 $I_S = 0$ 时，电压源单独作用的结果，它与 U_S 成正比关系，如图 2 - 33（b）所示；第二项 $U_{ab}^{(2)} = \dfrac{R_1 R_2}{R_1 + R_2} I_S$ ，是当 $U_S = 0$ 时，电流源单独作用的结果，它与 I_S 成正比关系，如图 2 - 33（c）所示。电路中其他各处的电压和电流也具有相同的性质，这就是电路的叠加性。

上述结论推广到一般情况，在含有多个激励源的线性电路中，任一支路的电流（或电压）等于各理想激励源单独作用在该电路时，在该支路中产生的电流（或两点间产生的电压）的代数和（叠加）。线性电路的这一性质称之为叠加定理。

应用叠加定理的注意事项如下。

（1）叠加定理仅适用于线性电路，不能用于非线性电路。

（2）将含有多个电源的电路，分解成若干个仅含有单个电源的分电路。并给出每个分电路的电流或电压的参考方向。在考虑某一电源作用时，其余的理想电源置为零，即理想电压源短路；理想电流源开路。其他元件的连接方式都不应有变动。

（3）叠加时要注意电流与电压的参考方向。叠加是代数量相加，当分量与总量的参考方向一致时，取"＋"号；与总量的参考方向相反时，则取"－"号。

（4）叠加定理不能用于计算电路的功率，因为功率是电流或电压的二次函数。

假设利用叠加定理来计算功率得

$$U = U_1 + U_2$$

$$I = I_1 + I_2$$

$$P = UI = U_1 I_1 + U_2 I_2 + U_1 I_2 + U_2 I_1$$

而实际上，单独作用时功率之和为 $P = UI = U_1 I_1 + U_2 I_2$

例 2.16 图 2 - 34（a）所示电路中，有电压源和电流源共同作用。已知 $U_S = 10 \text{ V}$ ， $I_S = 1 \text{ A}$ ， $R_1 = 2 \ \Omega$ ， $R_2 = 3 \ \Omega$ ， $R = 1 \ \Omega$ ，试用叠加定理求各支路电流。

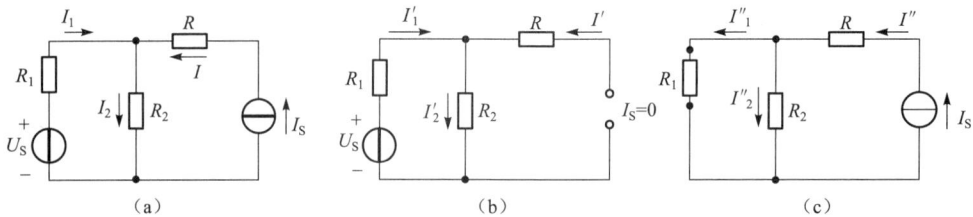

图 2 - 34 例 2.16 电路图

(a) 电路图；(b) U_S 单独作用时；(c) I_S 单独作用时

解 （1）首先将原电路分解成每一个电源单独作用时的电路模型。图 2 - 34（b）为电压源 U_S 单独作用时的电路模型。由于电流源不作用，即令 $I_S = 0$，所以电流源开路。图 2 - 34（c）为电流源单独作用时的电路模型。此时电压源 U_S 不作用，令 $U_S = 0$，所以电压源短路。图 2 - 34（a）电路中任一支路的电流（或电压）是电路（b）与电路（c）中相应支路电流（或电压）的叠加。并且要把待求量的参考方向标在图上，以便于叠加。

（2）按每一个电源单独作用时的电路模型求出每条支路的电流或电压。

由图 2 - 34（b）求出电压源单独作用时各支路电流。

因为电阻 R 开路，所以

$$I' = 0$$

$$I_1' = I_2' = \frac{U_S}{R_1 + R_2} = \frac{10}{2 + 3} = 2 \text{ A}$$

由图 2 - 34（c）求出电流源单独作用时各支路电流

$$I'' = I_S = 1 \text{ A}$$

又因为 R_1 和 R_2 并联，利用分流公式得

$$I_1'' = \frac{R_2}{R_1 + R_2} I_S = \frac{3}{2 + 3} \times 1 = 0.6 \text{ A}$$

$$I_2'' = \frac{R_2}{R_1 + R_2} I_S = \frac{2}{2 + 3} \times 1 = 0.4 \text{ A}$$

（3）各电源单独作用时电流或电压的代数和就是各支路的电流或电压值。

$$I = I' + I'' = 0 + 1 = 1 \text{ A}$$

$$I_1 = I_1' - I_1'' = 2 - 0.6 = 1.4 \text{ A}$$

$$I_2 = I_2' + I_2'' = 2 + 0.4 = 2.4 \text{ A}$$

例 2.17 利用叠加定理，求如图 2 - 35（a）所示电路中的电流 I_X。

解 画出各独立电源单独作用下的电路图，分别如图 2 - 35（b）、（c）、（d）、（e）所示，求单独作用时的响应。

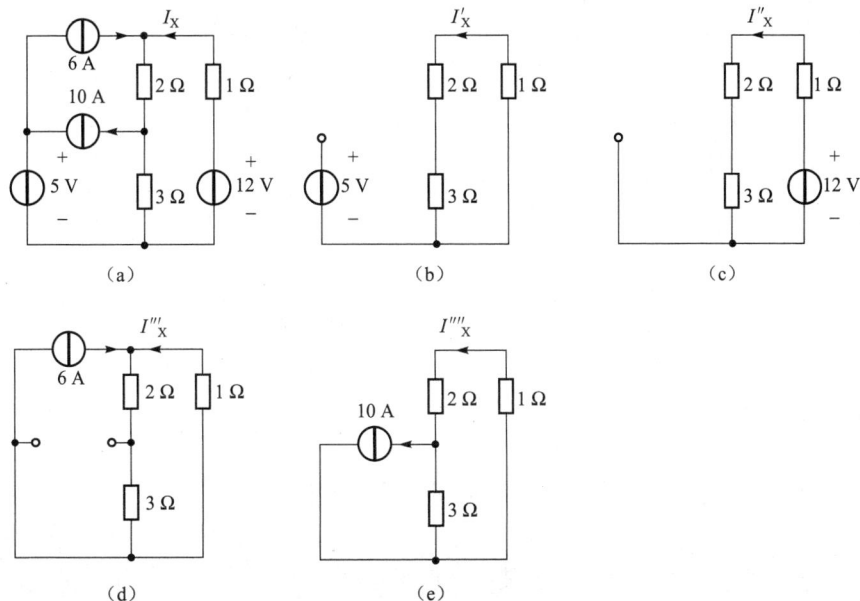

图 2 – 35 例 2.17 电路图

(a) 电路图；(b) 5 V 电压源单独作用时；(c) 12 V 电压源单独作用时；

(d) 6 A 电流源单独作用时；(e) 10 A 电流源单独作用时

由（b）图，$I_X' = 0$

由（c）图，$I_X'' = \dfrac{12}{6} = 2$ A

由（d）图，$I_X''' = \dfrac{-5 \times 6}{5 + 1} = -5$ A

由（e）图，$I_X'''' = \dfrac{-3 \times 10}{3 + 3} = -5$ A

由叠加性，$I_X = I_X' + I_X'' + I_X''' + I_X'''' = -8$ A

线性电路除具有叠加性外，还具有另一特性，即齐次性。当所有激励（电压源和电流源）都同时增大或缩小 K 倍（K 为实常数），电路响应（电压和电流）也将同样增大或缩小 K 倍，这就是齐性定理，它不难从叠加定理推导出来。应当指出，这里的激励是指独立电源，并且必须全部激励同时增大或缩小 K 倍，否则将导致错误。

可以将例 2.16 中的电压源由 10 V 增至 20 V，电流源由 1 A 增至 2 A，根据齐性定理，电路中的各支路电流就要同时增大两倍，不信？自己动手试试。

用齐性定理分析梯形电路非常方便。

例 2.18 如图 2 - 36 所示电路中，利用齐性定理，求出电路中各电流和电压。

解 利用线性电路的齐次性来求解，为此，先设 I_5 的数值，然后向前推算，设 $I_5 = 1$ A，按推算顺序可得

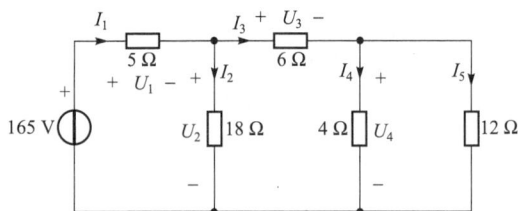

图 2 - 36　例 2.18 电路图

$$U_4 = 12 \text{ V}, \quad I_4 = U_4/4 = 3 \text{ A},$$
$$I_3 = I_4 + I_5 = 4 \text{ A}$$

$$U_3 = 6I_3 = 24 \text{ V}, \quad U_2 = U_3 + U_4 = 36 \text{ V}, \quad I_2 = U_2/18 = 2 \text{ A}$$
$$I_1 = I_2 + I_3 = 6 \text{ A}, \quad U_1 = 5I_1 = 30 \text{ V}, \quad U_S = U_1 + U_2 = 66 \text{ V}$$

现给定 $U_S = 165$ V，比 66 V 增大（165/65）约 2.5 倍，由齐次性，上述推得的各个电流、电压均要增大约 2.5 倍，例如，$I_5 = 2.5$ A，$U_1 = 75$ V。

2.6　戴维南定理

在线性电路分析中，往往只需计算某一支路的电压、电流、功率等物理量。此时，虽然可以用前面介绍的方法计算，但由于未知量较多，使计算过于烦琐。为了简化计算过程，可以把待求支路以外的部分电路等效成一个实际电压源或实际电流源模型，这种等效分别称作戴维南定理和诺顿定理。

2.6.1　二端网络

如图 2 - 37 所示，在线性电路中，待求支路以外的部分电路若含有独立电源就称作有源二端线性网络，用字母 N 表示。若不含有独立电源则称为无源二端网络，用字母 N_0 表示。

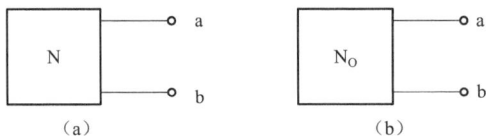

图 2 - 37　二端网络的表示符号

（a）有源二端网络；（b）无源二端网络

一个有源二端网络，不论它的简繁程度如何，当与外电路相连时，它就会像电源一样向外电路提供电能，因此，这个有源二端网络可以等效变换成一个电源。一个电源可以用两种电路模型表示：一种是理想电压源和电阻串联的实际电压源模型；另一种是理想电流源和电阻并联的实际电流源模型。这两种等效模型得出戴维南定理与诺顿定理。

2.6.2　戴维南定理

任意一个线性二端含源电路 N，对其外部电路而言，可以用一个理想电压源和电阻的串联组合来等效。该理想电压源的电压值等于线性有源二端网络的开路电压 U_{OC}，其串联电阻值为有源二端网络变成无源二端网络后的等效电阻 R_0，这就是戴维南定理，该电路模型称为戴维南等效电路。

戴维南定理的证明如下。

在单口网络端口上外加电流源 I，根据叠加定理，端口电压可以分为两部分。一部分由电流源单独作用（单口内全部独立电源置零）产生的电压 $U' = R_0 I$ 如图 2-38（b）所示，另一部分是外加电流源置零（$I = 0$），即单口网络开路时，由单口网络内部全部独立电源共同作用产生的电压 $U'' = U_{OC}$ 如图 2-38（c）所示。由此得到

$$U = U' + U'' = R_0 I + U_{OC} \tag{2-28}$$

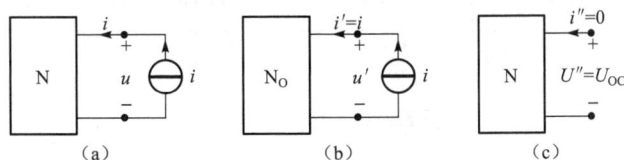

图 2-38　戴维南定理的证明过程

这就证明了含源线性电阻单口网络，在端口外加电流源存在唯一解的条件下，可以等效为一个电压源 U_{OC} 和电阻 R_0 串联的单口网络。

在证明戴维南定理的过程中应用了叠加定理，因此要求有源二端网络 N 必须是线性的。

只要分别计算出单口网络 N 的开路电压 U_{OC} 和单口网络内全部独立电源置零（独立电压源用短路代替及独立电流源用开路代替）时单口网络 N_0 的等效电阻 R_0，就可得到单口网络的戴维南等效电路。

例 2.19　求如图 2-39（a）所示单口网络的戴维南等效电路。

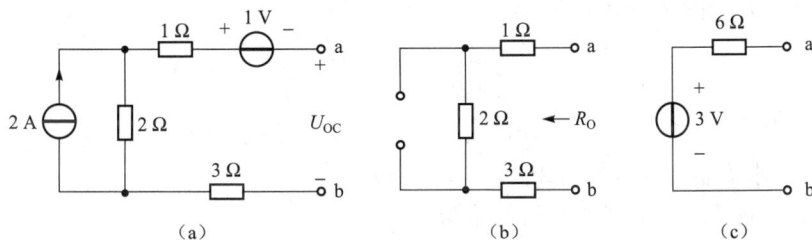

图 2-39　例 2.19 电路图

解 在单口网络的端口上标明开路电压的 U_{OC} 参考方向。

注意到端口电流 $I=0$，可求得

$$U_{OC} = -1 + 2 \times 2 = 3 \text{ V}$$

将单口网络内 1 V 电压源用短路代替，2 A 电流源用开路代替，得到图 2－39（b）电路，由此求得

$$R_0 = 1 + 2 + 3 = 6 \ \Omega$$

根据 U_{OC} 的参考方向，即可画出戴维南等效电路，如图 2－39（c）所示。

例 2.20 用戴维南定理求图 2－40（a）所示电路中流过 R_2 的电流 I_2。

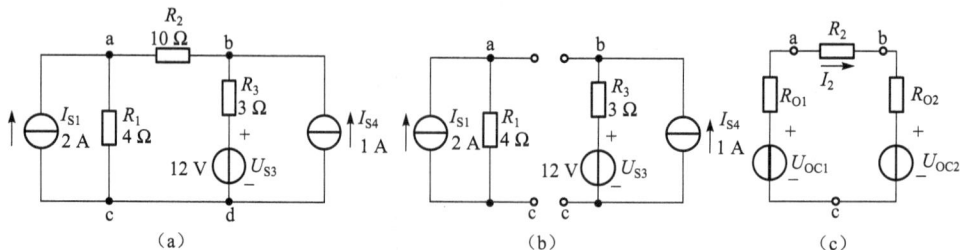

图 2－40 例 2.20 电路图

解 此题若将 R_2 断开，则其余部分是一有源二端网络（端钮为 a，b），但不易看出电路结构。如将 c 点也断开，则左右两边各为一个有源二端网络 ac 和 bc，如图 2－40（b）所示。对左侧有源二端网络，可求得

$$U_{OC1} = I_{S1}R_1 = 2 \times 4 = 8 \text{ V}$$

$$R_{O1} = R_1 = 4 \ \Omega \ （此时 I_{S1} 开路）$$

对右侧有源二端网络，因 b、c 端开路，所以流过 R_3，U_{S3} 的电流即为 I_{S4}，则

$$U_{OC2} = I_{S4}R_3 + U_{S3} = 1 \times 3 + 12 = 15 \text{ V}$$

求 R_{O2} 时，U_{S3} 短路，I_{S4} 开路，则 b、c 端等效电阻为

$$R_{O2} = R_3 = 3 \ \Omega$$

整个电路等效为图 2－40（c），故

$$I_2 = \frac{U_{OC1} - U_{OC2}}{R_{O1} + R_{O2} + R_2} = \frac{8 - 15}{4 + 3 + 10} = -0.41 \text{ A}$$

例 2.21 如图 2－41（a）所示电路，应用戴维南定理求电流 I。

解 （1）求 U_{OC}，电路如图 2－41（b）所示。

当待求支路断开时，电路的开路电压为

$$U_{OC} = 4 \times 4 + \frac{3}{3+6} \times 24 = 24 \text{ V}$$

（2）求 R_0，电路如图 2－41（c）所示

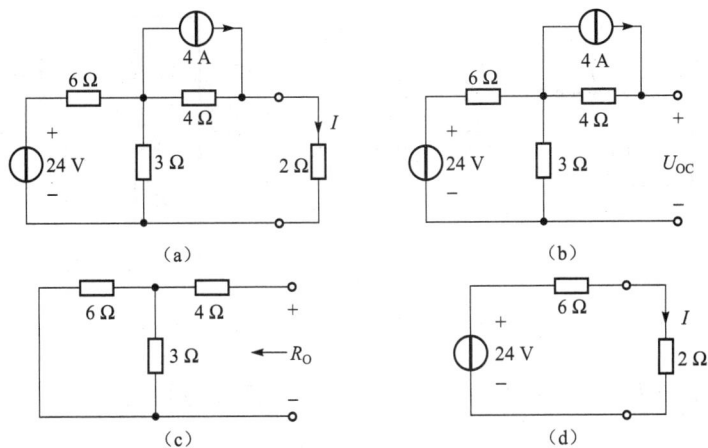

图 2 - 41　例 2.21 电路图

$$R_0 = \frac{3 \times 6}{3 + 6} + 4 = 6 \ \Omega$$

（3）求 I，电路如图 2 - 41（d）所示

$$I = \frac{24}{6 + 2} = 3 \ \text{A}$$

应用戴维南定理求解电路的步骤归纳如下。

（1）将待求支路从原电路中移开，求余下的有源二端网络 N 的开路电压 U_{OC}。

（2）将有源二端网络 N 变换为无源二端网络 N_0，即将理想电压源短路，理想电流源开路，内阻保留，求出该无源二端网络 N_0 的等效电阻 R_0。

（3）将待求支路接入理想电压源 U_{OC} 与电阻 R_0 串联的等效电源，再求解所需的电流或电压。

2.7　诺顿定理

与戴维南定理的证明过程相同，既然有源二端网络能等效为理想电压源与电阻的串联形式，则一定也能等效为理想电流源与电阻的并联形式，即诺顿定理。

诺顿定理可表述为：任何线性有源电阻性二端网络 N，可以用一个电流为 I_{SC} 的理想电流源和阻值为 R_0 的电阻并联的电路模型来替代。其电流 I_{SC} 等于该网络 N 端口短路时的短路电流；R_0 等于该网络 N 中所有独立电源置零时，从端口看进去的等效电阻。

如图 2 - 42 所示，I_{SC} 称为短路电流。R_0 称为诺顿电阻，也称为输入电阻或输出电阻。电流源 I_{SC} 和电阻 R_0 的并联单口，称为单口网络的诺顿等效电路。

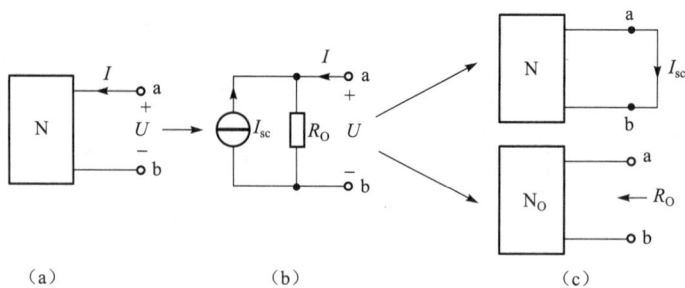

图2-42 诺顿定理的图解说明

在端口电压电流采用关联参考方向时，单口的 VAR 方程可表示为

$$I = \frac{1}{R_O}U - I_{SC} \qquad (2-29)$$

例2.22 如图2-43（a）所示，用诺顿定理求解电路中的电流 I。

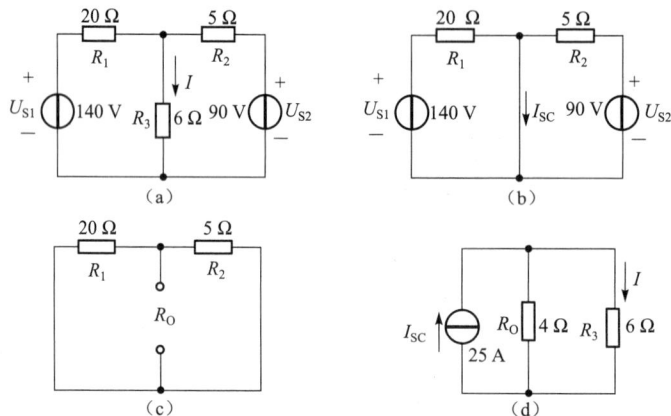

图2-43 例2.22电路图

解 （1）将待求支路短路，如图2-43（b）所示。由图可求得短路电流 I_{SC} 为

$$I_{SC} = \frac{U_{S1}}{R_1} + \frac{U_{S2}}{R_2} = \frac{140}{20} + \frac{90}{5} = 25 \text{ A}$$

（2）将图2-43（b）中的恒压源短路，得无源二端网络如图2-43（c）所示，由图可求得等效电阻 R_O 为

$$R_O = \frac{R_1 R_2}{R_1 + R_2} = \frac{20 \times 5}{20 + 5} = 4 \text{ } \Omega$$

（3）根据 I_{SC} 和 R_O 画出诺顿等效电路并接上待求支路，得图2-43（a）所示的等效电路，如图2-43（d）所示。由图可求得 I 为

$$I = \frac{R_0}{R_0 + R_3} I_S = \frac{4}{4+6} \times 25 = 10 \text{ A}$$

例 2.23　根据诺顿定理，求出如图 2-44（a）所示电路 AB 端的等效电流源模型。

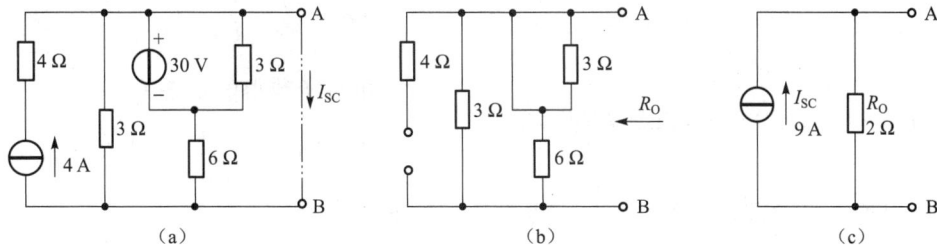

图 2-44　例 2.23 电路图

解　在图 2-44（a）中，将 A、B 短路（图中用虚线表示），则 I_{SC} 为

$$I_{SC} = 4 + \frac{30}{6} = 9 \text{ A}$$

将图 2-44（a）中的电流源与电压源置零后的电路如图 2-44（b）所示，其等效电阻 R_0 为

$$R_0 = \frac{3 \times 6}{3 + 6} = 2 \text{ }\Omega$$

等效电流源模型如图 2-44（c）所示。

应用诺顿定理求解电路的步骤归纳如下。

（1）将待求支路从原电路中移开，求余下的有源二端网络 N 的短路电流 I_{SC}。

（2）将有源二端网络 N 变换为无源二端网络 N_0，即将理想电压源短路，理想电流源开路，内阻保留，求出该无源二端网络 N_0 的等效电阻 R_0。

（3）将待求支路接入理想电流源 I_{SC} 与电阻 R_0 并联的等效电源，再求解所需的电流或电压。

2.8　最大功率传输

本节介绍戴维南定理的一个重要应用。在测量、电子和信息工程的电子设备设计中，常常遇到电阻负载如何从电路获得最大功率的问题。在电子技术中，常要求负载从给定电源（或信号源）获得最大功率，这就是最大功率传输问题。

这类问题可以抽象为图 2-45（a）所示的电路模型来分析。网络 N 表示供给电阻负载能量的含源线性电阻单口网络，它可用戴维南等效电路来代替，如图 2-45（b）所示。电阻 R_L 表示获得能量的负载。此处要讨论的问题是电阻 R_L 为何值时，可以从单口网络获得

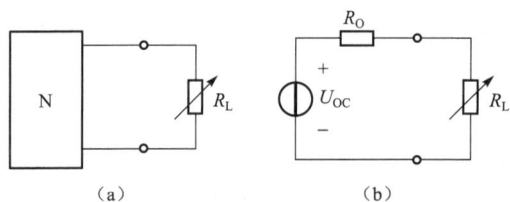

图 2 - 45　最大功率传输定理图解说明

最大功率。

图 2 - 45（b）中，流经负载 R_L 的电流为

$$I = \frac{U_{OC}}{R_O + R_L}$$

负载所获得的功率为

$$P = I^2 R_L = \left(\frac{U_{OC}}{R_O + R_L}\right)^2 R_L = f(R_L)$$

由此可见，负载得到的功率是关于可变负载的非线性函数。要使 P 为最大值，应使导数为零时才有极值点，即

$$\frac{dP(R_L)}{dR_L} = 0$$

得 $\qquad\qquad\qquad\qquad R_L = R_O \qquad\qquad\qquad\qquad (2-30)$

所以负载 R_L 与戴维南等效电路的输出电阻 R_O 相等时，负载获得最大功率。此时，负载获得的最大功率为

$$P_{max} = \frac{U_{OC}^2 R_O}{(2R_O)^2} = \frac{U_{OC}^2}{4R_O} \qquad\qquad (2-31)$$

归纳以上结果可得结论：线性有源二端网络 N 向负载 R_L 传输功率时，当 $R_L = R_O$ 时，负载 R_L 才能获得最大功率，其最大功率为 $P_{max} = \dfrac{U_{OC}^2}{4R_O}$，这就是最大功率传输定理。电路的这种工作状态称为负载与有源二端网络的"匹配"。负载 R_L 一定，等效电阻 R_O 可变化，则 $R_O \rightarrow 0$ 时 P_{max} 最大。

这里应当注意，负载获得最大功率时，电路的输出电阻 R_O 消耗的功率 P_O 也等于 P_{max}，即 P_{max} 仅是电源产生功率的一半，电源的效率仅为 50%。对传输功率较小的线路（如电子线路），其主要功能是处理和传输信号，电路传输的能量并不大，人们总是希望负载上能获得较强的信号，把效率问题放在次要位置。例如扩音机的负载是扬声器，若希望扬声器的功率最大，应选择扬声器的电阻等于扩音机的内阻。这种负载电阻等于电路输出电阻的状态，工程实际中称作功率匹配。

对于传输功率较大的线路（如电力线路），不允许工作在功率匹配状态。因为效率仅为 50%，电源产生的功率有一半被白白地损耗掉了。

1. 电压调整率

负载端电压 U_L 随负载电流 I 的增大而下降。空载（$R_L = \infty$ 时，$I = 0$）时，$U_L = U_{OC}$ 最大；有载时，$U_L < U_{OC}$。工程实际中把 U_L 下降的百分比称为电压调整率，用符号 ε 表示，即

$$\varepsilon = \frac{U_{OC} - U_L}{U_L} \times 100\% \tag{2-32}$$

在电力线路中，用户的电器设备都有一个额定电压，负载的实际端电压与额定电压不能相差太多，否则，电器设备不能正常工作。为了保证用户在满载时获得额定电压，电源的额定电压必须高于用电设备的额定电压（如：用电设备额定电压为 220 V，发电机的额定电压为 230 V）；输电线路上的电压降在满载电流时应不大于额定电压的 5%。

选择时除了考虑安全载流量外，还应满足上述要求。

2. 传输效率

电路输出功率 P_L 与输入功率 P_I 的百分比称为传输效率，用符号 η 表示，即

$$\eta = \frac{P_L}{P_I} \times 100\% \tag{2-33}$$

在信号传输电路中，要求 η 和 P 要大，不强调 ε 的大小；在能量传输电路中要求 η 高而 ε 小，不强调 P_L 是否等于 P_{max}。

例 2.24 已知图 2-46（a）所示电路中，$U_S = 16$ V，$I_S = 1$ A，$R_S = 8$ Ω，$R_1 = 4$ Ω，$R_2 = 20$ Ω，$R_3 = 9$ Ω，问 R_L 为何值时其上获得的功率最大？并计算出该最大功率 P_{max}。

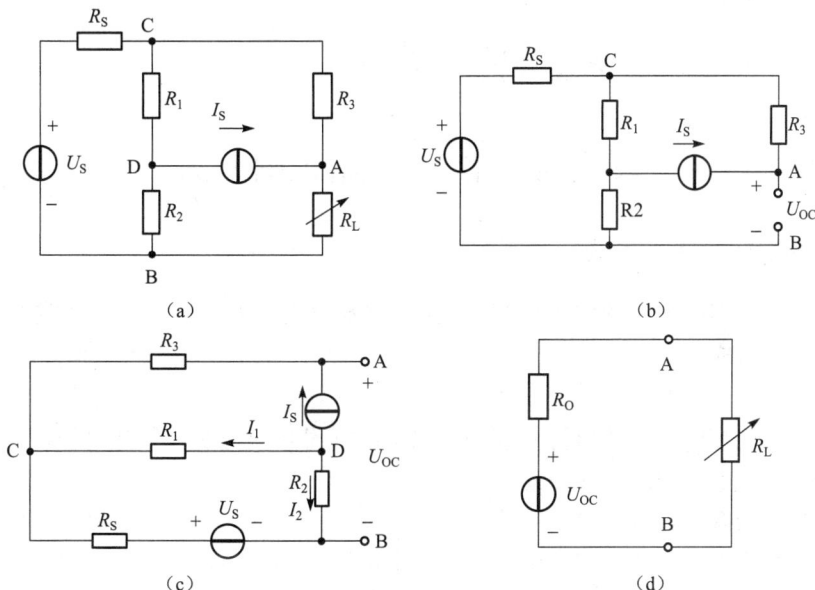

图 2-46　例 2.24 电路图

解 从 A、B 间断开 R_L，其电路如图 2-46（b）所示，从有源二端网络的 AB 端看进去可将电路图变换为图 2-46（c）所示，再求其戴维南等效电路。图 2-46（c）中有两个节点 C、D，根据弥尔曼定理，假设 C 节点为参考节点，则

$$V_D = \frac{-I_S - \dfrac{U_S}{R_S + R_2}}{\dfrac{1}{R_1} + \dfrac{1}{R_2 + R_S}} = \frac{-1 - \dfrac{16}{8 + 20}}{\dfrac{1}{4} + \dfrac{1}{28}} = -\frac{11}{2} \text{ V}$$

流经 R_1 上的电流 $I_1 = \dfrac{V_D}{R_1} = \dfrac{-\dfrac{11}{2}}{4} = -\dfrac{11}{8}$ A

对节点 D，根据 KCL，流经 R_2 上的电流 $I_2 = -I_1 - I_S = \dfrac{3}{8}$ A

所以 $V_B = R_S I_2 - U_S = 8 \times \dfrac{3}{8} - 16 = -13$ V

根据图 2 - 46（c）所示，R_3 与 I_S 串联，所以 $V_A = R_3 I_S = 9 \times 1 = 9$ V

$$U_{OC} = U_{AB} = V_A - V_B = 9 - (-13) = 22 \text{ V}$$

$$R_O = R_S /\!/ (R_1 + R_2) + R_3 = \frac{8 \times (4 + 20)}{8 + 4 + 20} + 9 = 15 \ \Omega$$

图 2 - 46（a）的戴维南等效电路如图 2 - 46（d）所示，当 $R_L = R_O = 15 \ \Omega$ 时，负载 R_L 上获得的最大功率 P_{max} 为

$$P_{Lmax} = \frac{1}{4} \frac{U_{OC}^2}{R_O} = \frac{1 \times 22^2}{4 \times 15} \approx 8.07 \text{ W}$$

阅读与应用3　电路识图方法

一、电器图的基本构成

工程上的电气图由电路图（电气接线图）、技术说明、主要电气设备（或元件）明细表和标题栏四部分组成。

1. 电路图

用国家统一规定的电气图形符号表示电路中电气设备（或元件）相互连接情况的图形，称为电路图，又称电气原理图或原理接线图。

电路通常分为两类：主电路（一次电路）和副电路（二次电路）。主电路是电源向负载输送电能的电路，即发、输、变、配、用电能的电路；副电路是保证主电路安全、正常、合理运行的电路，一般是指控制、保护、测量、监视电路。所以，电路图也分为主电路图和副电路图。

2. 技术说明

技术说明又称技术要求，用以说明电路图中有关要点、安装要求及其他注意事项等。一般书写在图面的右下方（主电路图）和右上方（副电路图）。

3. 主要电气设备（或元件）明细表

主要电气设备（或元件）明细表用来注明电气接线图中主要电气设备（或元件）的代号、名称、型号、数量和说明等。书写时，在主电路图中书写在图面的右上方，由上而下逐项列出；在副电路图中书写在图面的右下方，自下而上逐项列出。

4. 标题栏

标题栏位于图面的右下角，标注电气工程名称、设计类别、设计单位、图名、图号、比例、尺寸单位及设计人、制图人、审核人、批准人和日期等。识图时首先要看标题栏。

二、电气图的分类

用来表示某项电气工程或某一电气装置、设备、元器件的功能、用途、工作原理、安装和使用方法的电气图很多，按表示对象分为电力系统（发输变配电）用图、工矿企业生产用图、船用图、邮电通信用图、广播电视用图、建筑电气用图等；按表示相数分为单线图、三线图；按表示方式分为系统框图、电路图和连接图；按电路性质分为主电路图和副电路图；按负载性质分为动力用电图和照明用电图等。

三、电气图的识读知识

要看懂电气图，除了要知道电气图的基本构成、分类、特点、电气制图的规则，熟悉电气图中常用的图形与文字符号外，还要具备相应的专业知识，即要有一定的电工基础知识，要了解电器元件的结构与工作原理，要了解常见、常用的典型电路或基本电路。具备这些专业知识，对看懂电气图是十分重要的。

电气图种类甚多，各类图在识读时，其内容与步骤有所差别，这里只能介绍一些共同的识图步骤，而各种类型电气图的识读，要待学习有关专业知识后，才能进一步了解。

1. 看标题栏

通过标题栏，能了解电气项目、名称图名，对该图的类型、作用、表达内容有一个初步认识。

2. 看技术说明或技术要求

了解该图设计要点、安装要求及图中未表达而需要说明的事项。

3. 看电气图形

这是识图的最主要内容，包括看懂该图的组成，各组成部分的功能、元件、工作原理、能量流或信息流的方向及各元件的连接关系等。根据不同情况，对电路图可采用不同方法拆开来读。

（1）有源电路识图方法。所谓有源电路就是需要直流电压才能工作的电路，例如放大器电路。对有源电路的识图首先分析直流电压供给电路，此时将电路图中的所有电容器看成开路（因为电容器具有隔直特性），将所有电感器看成短路（电感器具有通直的特性）。直流电路的识图方向一般是先从右向左，再从上向下。

（2）信号传输过程分析。信号传输过程分析就是信号在该单元电路中如何从输入端传输到输出端，信号在这一传输过程中受到了怎样的处理（如放大、衰减、控制等）。信号传输的识图方向一般是从左向右进行。

（3）元器件作用分析。元器件作用分析就是电路中各元器件起什么作用，主要从直流和交流两个角度去分析。

（4）电路故障分析。电路故障分析就是当电路中元器件出现开路、短路、性能变劣后，对整个电路工作会造成什么样的不良影响，使输出信号出现什么故障现象（如没有输出信号、输出信号小、信号失真、出现噪声等）。在搞懂电路工作原理之后，元器件的故障分析才会变得比较简单。

4. 看安装接线图

安装接线图是由原理图绘制而来的，因此，看图时要与原理图对照识读。看安装接线图时，一般先看主电路，后看副电路。看主电路时，从电源引入端开始，经开关、设备、线路到负载（所用电路设备）；看副电路时，从电源一端到另一端，按元件连接顺序依次对回路进行分析。

有些类型的电气图还有展开接线图（即将电路分开来绘制），平面、剖面布置图（如建筑电气图）等，识读这些图时，除了要具备本专业基础知识外，还需具备相关专业知识。

阅读与应用4　万用表的原理与使用

"万用表"是万用电表的简称，它是电子制作中一个必不可少的工具。万用表能测量电流、电压、电阻，有的还可以测量三极管的放大倍数、频率、电容值、逻辑电位、分贝值等。万用表有很多种，现在最流行的有机械指针式的和数字式的万用表。它们各有优点。对于电子初学者，建议使用指针式万用表，因为它对我们熟悉一些电子知识原理很有帮助。下面介绍一些机械指针式万用表的原理和使用方法。

一、万用表的原理

1. 测直流电流原理

如图 2-47（a）所示，在表头上并联一个适当的电阻（叫分流电阻）进行分流，就可以扩展电流量程。改变分流电阻的阻值，就能改变电流测量范围。

2. 测直流电压原理

如图 2-47（b）所示，在表头上串联一个适当的电阻（叫倍增电阻）进行降压，就可以扩展电压量程。改变倍增电阻的阻值，就能改变电压的测量范围。

3. 测交流电压原理

如图 2-47（c）所示，因为表头是直流表，所以测量交流时，需加装一个并、串式半波整流电路，将交流进行整流变成直流后再通过表头，这样就可以根据直流电的大小来测量交流电压。扩展交流电压量程的方法与直流电压量程相似。

4. 测电阻原理

如图2-47（d）所示，在表头上并联和串联适当的电阻，同时串接一节电池，使电流通过被测电阻，根据电流的大小，就可测量出电阻值。改变分流电阻的阻值，就能改变电阻的量程。

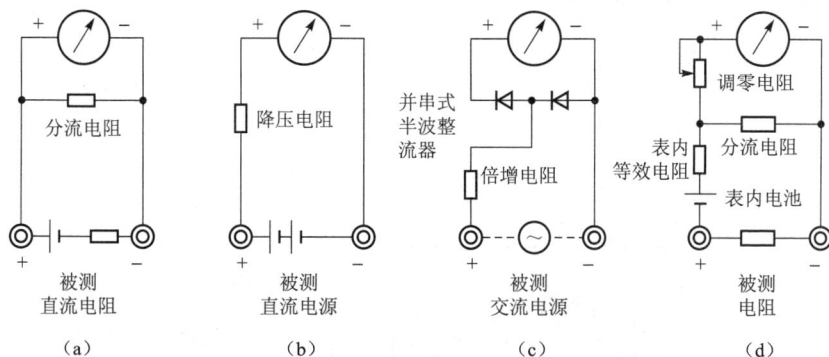

图2-47 万用表原理图

（a）测直流电流；（b）测直流电压；（c）测交流电压；（d）测电阻

二、万用表的使用

万用表（以105型为例）的表盘如图2-48所示。通过转换开关的旋钮来改变测量项目和测量量程。机械调零旋钮用来保持指针静止时处在左零位。"Ω"调零旋钮是用来测量电阻时使指针对准右零位，以保证测量数值准确。

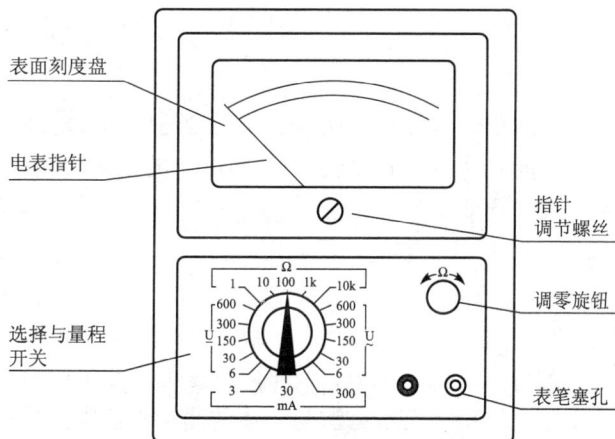

图2-48 万用表使用示意图

直流电压：分5挡——0~6 V；0~30 V；0~150 V；0~300 V；0~600 V。

交流电压：分5挡——0~6 V；0~30 V；0~150 V；0~300 V；0~600 V

直流电流：分3挡——0~3 mA；0~30 mA；0~300 mA。

电阻：分5挡——$R \times 1$；$R \times 10$；$R \times 100$；$R \times 1$ k；$R \times 10$ k。

1. 测量直流电压

首先估计一下被测电压的大小，然后将转换开关拨至适当的 V 量程，将正表棒接被测电压" + "端，负表棒接被测量电压" - "端。然后根据该挡量程数字与标直流符号"DC - "刻度线（第二条线）上的指针所指数字，来读出被测电压的大小。如用 300 V 挡测量，可以直接读 0~300 的指示数值。如用 30 V 挡测量，只需将刻度线上 300 这个数字去掉一个"0"，看成是 30，再依次把 200、100 等数字看成是 20、10 即可直接读出指针指示数值，如图 2-49 所示。例如用 6 V 挡测量直流电压，指针指在 15，则所测得电压为 1.5 V。

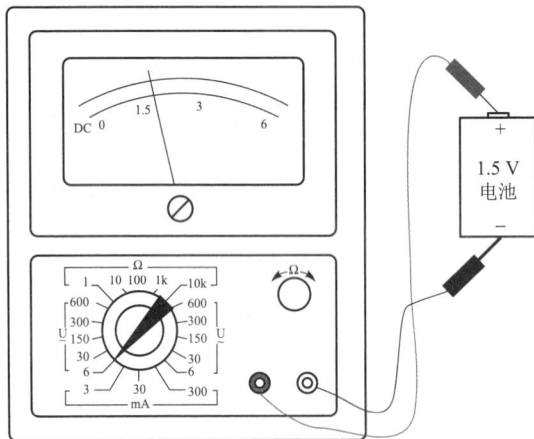

图 2-49　万用表测量直流电压示意图

2. 测量直流电流

先估计一下被测电流的大小，然后将转换开关拨至合适的 mA 量程，再把万用表串接在电路中，如图 2-49 所示。同时观察标有直流符号"DC"的刻度线，如电流量程选在 3 mA 挡，这时，应把表面刻度线上 300 的数字，去掉两个"0"，看成 3，又依次把 200、100 看成是 2、1，这样就可以读出被测电流数值。例如用直流 3 mA 挡测量直流电流，指针在 100，则电流为 1 mA。

3. 测量交流电压

测交流电压的方法与测量直流电压相似，所不同的是因交流电没有正、负之分，所以测量交流时，表棒也就不需分正、负。读数方法与上述的测量直流电压的读法一样，只是数字应看标有交流符号"AC"的刻度线上的指针位置。

三、使用注意事项

万用表是比较精密的仪器，如果使用不当，不仅造成测量不准确且极易损坏。但是，只要我们掌握万用表的使用方法和注意事项，谨慎从事，那么万用表就能经久耐用。使用万用表时应注意如下事项。

（1）测量电流与电压不能旋错挡位。如果误用电阻挡或电流挡去测电压，就极易烧坏电表。万用表不用时，最好将挡位旋至交流电压最高挡，避免因使用不当而损坏。

（2）测量直流电压和直流电流时，注意"＋"、"－"极性，不要接错。如发现指针反转，即应立即调换表棒，以免损坏指针及表头。

（3）如果不知道被测电压或电流的大小，应先用最高挡，而后再选用合适的挡位来测试，以免表针偏转过度而损坏表头。所选用的挡位愈靠近被测值，测量的数值就愈准确。

（4）测量电阻时，不要用手触及元件的裸体的两端（或两支表棒的金属部分），以免人体电阻与被测电阻并联，使测量结果不准确。如将两支表棒短接，调"零欧姆"旋钮至最大，指针仍然达不到 0 点，这种现象通常是由于表内电池电压不足造成的，应换上新电池方能准确测量。

（5）万用表不用时，不要旋在电阻挡，因为内有电池，如不小心易使两根表棒相碰短路，不仅耗费电池，严重时甚至会损坏表头。

本 章 小 结

本章主要介绍了直流线性电阻电路的分析与计算方法，主要有等效变换法、网络方程法与网络定理法，此外还介绍了最大功率传输定理。

1. 等效变换法

（1）等效网络的概念：一个二端网络的端口电压电流关系与另外一个二端口网络的端口电压电流关系相同，这两个网络对外部而言称为等效网络。

（2）串联电路的等效电阻等于各电阻之和；并联电路的等效电导等于各电导之和；混联电路的等效电阻可由电阻串并联计算得出。

（3）实际电压源和电流源可以相互等效变换。

2. 网络方程法

（1）支路电流法是基尔霍夫定律的直接应用，其基本步骤是：首先选定电流的参考方向，以 b 个支路电流为未知数，列 $n-1$ 个节点电流方程和 m 个网孔电压方程，联立 $b = (n-1) + m$ 个方程求得支路电流。

（2）节点电位法是在电路中选择参考节点，以 $(n-1)$ 个节点电位为未知数，列 $(n-1)$ 个节点电流方程联立求得，再由节点电位与支路电流关系，求得支路电流。

3. 网络定理法

（1）叠加定理只适用于线性电路，任一支路电流或电压都是电路中各独立电源单独作用时在该支路产生的电流或电压的代数和。当独立电源不作用时，理想电压源短路，理想电流源开路。内阻要保留，同时注意叠加是代数和。

（2）戴维南定理说明了线性有源二端网络可以用一个实际电压源等效替代，该电压源的电压等于网络的开路电压 U_{OC}，而等效电阻 R_0 等于网络内部独立电源不起作用时从端口上看进去的等效电阻，该实际电压源又称戴维南等效电路。诺顿定理可以用两种实际电源的等效变换从戴维南定理中推得。

（3）最大功率传输定理表达了有源二端网络 N 向负载 R_L 传输功率，当 $R_L = R_0$ 时，负载 R_L 才能获得最大功率，其功率为

$$P_{max} = \frac{U_{OC}^2}{4R_0}$$

习 题 2

2-1 如图 2-50 所示各电路，求 ab 两端的等效电阻 R_{ab}（电路中的电阻单位均为欧姆）。

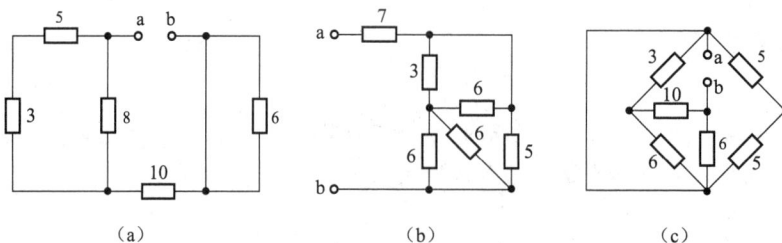

（a）　　　　　　　（b）　　　　　　　（c）

图 2-50 习题 2-1 电路图

2-2 如图 2-51 所示各电路，求 ab 两端的等效电阻 R_{ab}。

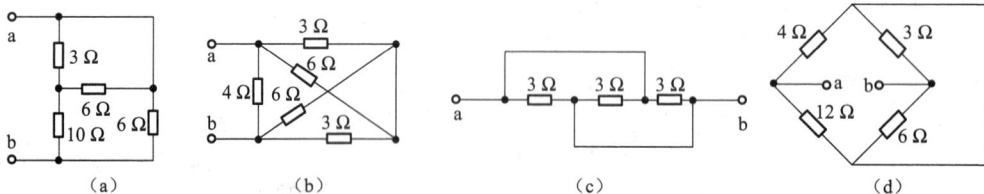

（a）　　　　　（b）　　　　　（c）　　　　　（d）

图 2-51 习题 2-2 电路图

2-3 如图2-52所示电路，将ab端化简为等效电压源形式和等效电流源形式。

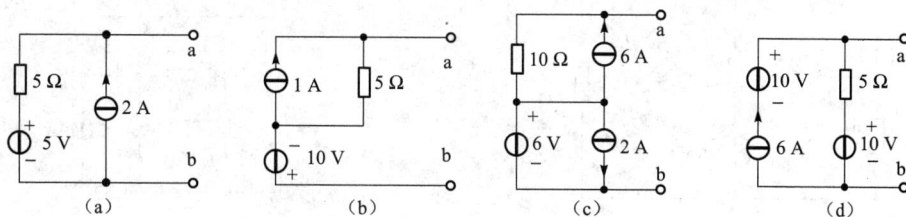

图2-52 习题2-3电路图

2-4 电路如图2-53所示，利用等效变换法求I、U_{ab}和R。

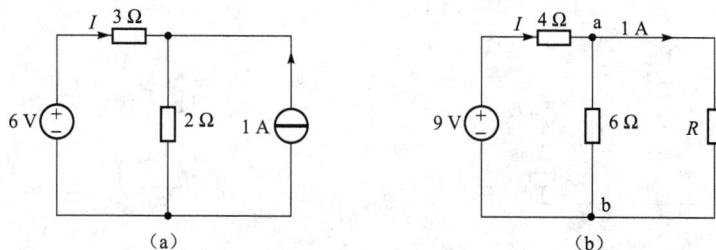

图2-53 习题2-4电路图

2-5 电路如图2-54所示，利用等效变换法求电流I。

2-6 电路如图2-55所示，利用等效变换法求I、U_S。

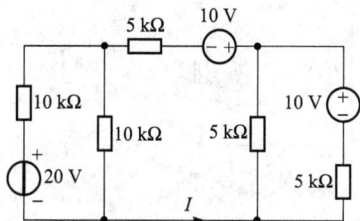

图2-54 习题2-5电路图

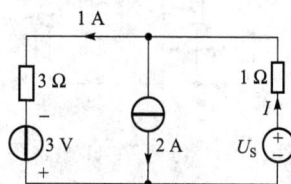

图2-55 习题2-6电路图

2-7 用支路电流法求解图2-56所示电路中各支路电流及各电阻上吸收的功率。

2-8 如图2-57所示电路，用支路电流法求电压U_{ab}。

2-9 用节点电压法求解图2-58所示电路中的电压U_{ab}。

2-10 用节点电压法求解图2-59所示电路中电流I_S和I_0。

2-11 用节点电位法求解图2-60所示电路中各电源提供的功率。

2-12 用叠加定理求解图2-61所示电路中的I_X和U_X。

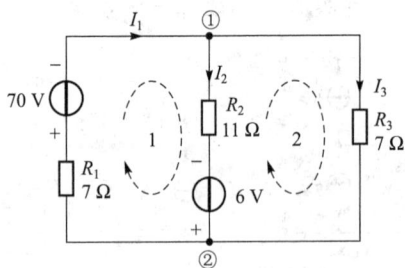

图2-56 习题2-7电路图

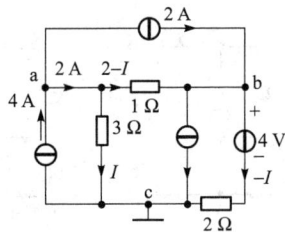

图2-57 习题2-8电路图

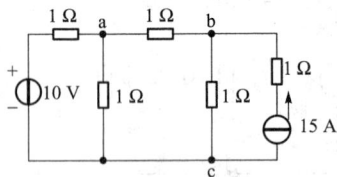

图2-58 习题2-9电路图

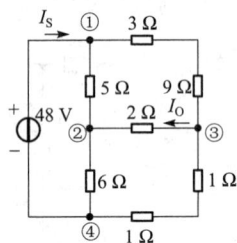

图2-59 习题2-10电路图

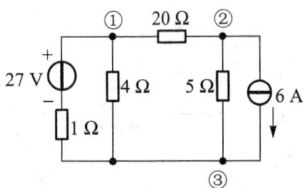

图2-60 习题2-11电路图

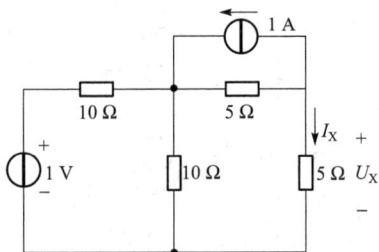

图2-61 习题2-12电路图

2-13 如图2-62所示电路，N为不含独立源的线性电路，已知当 $U_S = 12$ V，$I_S = 4$ A 时，$U = 0$ V；当 $U_S = -12$ V，$I_S = -2$ A 时，$U = -1$ V；求当 $U_S = 9$ V，$I_S = -1$ A 时的电压 U。

2-14 如图2-63所示电路，用叠加定理求 U、I。

2-15 试用叠加定理求图2-64所示电路中电流源电压 U。

2-16 试用叠加定理求图2-65所示电路中电压 U 和电流 I。

2-17 测得一个有源二端网络的开路电压为10 V、短路电流为0.5 A。现将 $R = 3$ Ω 的电阻接到该网络上，试求 R 的电压、电流。

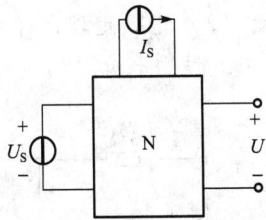

图 2 - 62　习题 2 - 13 电路图

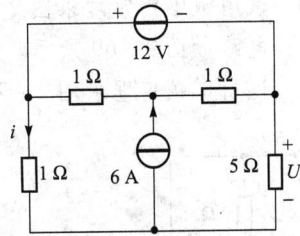

图 2 - 63　习题 2 - 14 电路图

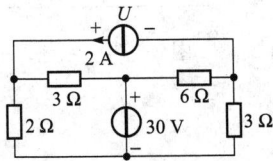

图 2 - 64　习题 2 - 15 电路图

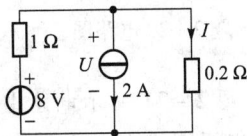

图 2 - 65　习题 2 - 16 电路图

2 - 18　画出图 2 - 66 所示电路的戴维南等效电路。

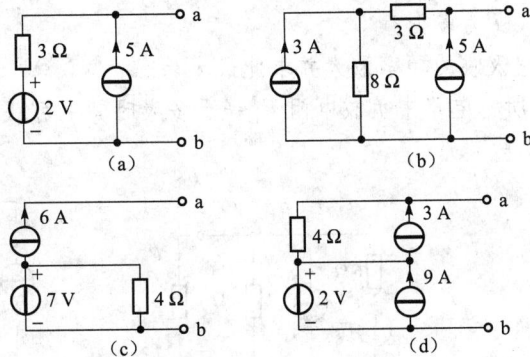

图 2 - 66　习题 2 - 18 电路图

2 - 19　试用戴维南定理求图 2 - 67 所示电路中的电流 I。

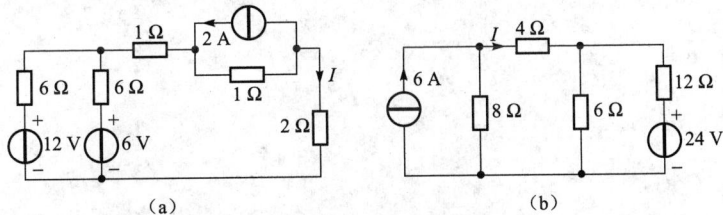

图 2 - 67　习题 2 - 19 电路图

2-20 试用戴维南定理求图2-68所示电路中的电流 I。

2-21 电路如图2-69所示。试用（1）戴维南定理及（2）诺顿定理，计算电流 I。

2-22 试用诺顿定理求图2-70所示电路中4 Ω 电阻中流过的电流。

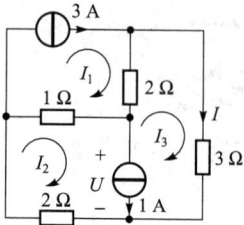

图 2-68 习题 2-20 电路图 　　图 2-69 习题 2-21 电路图 　　图 2-70 习题 2-22 电路图

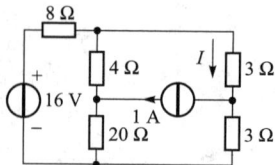

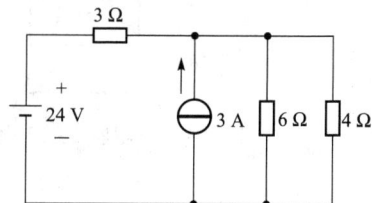

2-23 图 2-71 所示电路中：

（1）问电阻 R 为何值时获得最大功率；

（2）求原电路中功率传输效率 η（$\eta = R$ 获得的功率/电源产生的功率）；

（3）求戴维南等效电路中功率传输效率。

2-24 在图 2-72 所示电路中，已知：当 $R=6\ \Omega$ 时，$I=2\ A$。试问：

（1）当 $R=12\ \Omega$ 时，I 为多少？

（2）R 为多大时，它吸收的功率最大并求此最大功率。

2-25 如图 2-73 所示电路中负载电阻 R_L 等于多大时其上可获得最大功率？并求该最大功率 $P_{\max}$。

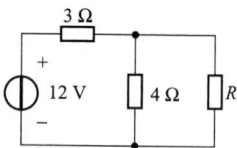

图 2-71 习题 2-23 电路图 　　图 2-72 习题 2-24 电路图 　　图 2-73 习题 2-25 电路图

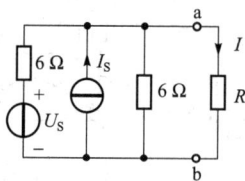

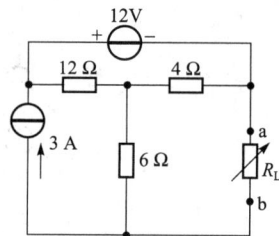

第3章 正弦交流电路

教学要求：掌握正弦量的瞬时表达式、波形图、三要素、相位差和有效值；掌握元件及电路方程的相量表示；掌握用相量方法分析正弦稳态电路，掌握有功功率、无功功率、视在功率的基本概念和计算以及提高功率因素的方法。掌握串联电路和并联电路的谐振条件和谐振特征。

3.1 正弦交流电量及基本概念

3.1.1 正弦交流电量

交流电在工农业生产和日常生活中有着广泛的应用，我们所使用的大都是交流电。什么是交流电？它和前面分析的直流电有什么区别？

首先看一看图 3-1 所示的几种电压和电流的波形。

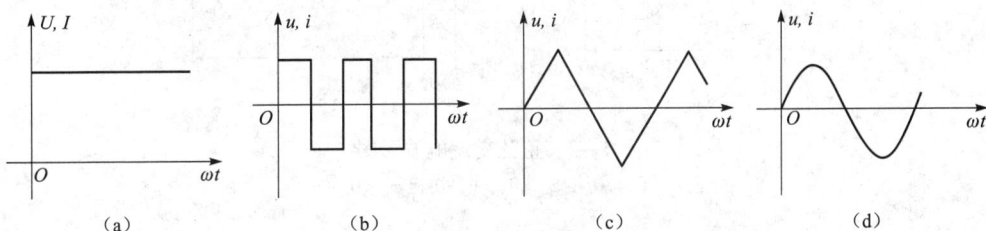

图 3-1 几种常见的波形图

(a) 直流量；(b) 方波；(c) 三角波；(d) 正弦波

从图 3-1 可以看出：

图 3-1 (a) 中，电压或电流的大小与方向不随时间变化而变化，是恒定的，这种恒定的电压或电流分别称之为直流电压或直流电流，统称为直流电量。

图 3-1 (b) ~图 3-1 (d) 中，电压或电流的大小与方向随时间的变化而变化，是交变的，这种交变的电压或电流分别称之为交流电压或交流电流，统称为交流电量。

在图 3 – 1（d）中，电压或电流的大小与方向随时间按正弦规律变化，故这种交流电量称之为正弦交流电，简称为正弦量。

正弦交流电易于产生、转换和传输，而且同频率的正弦量易于计算，频率不变，有利于工程测量。因此我们分析的交流电路一般是指正弦交流电路，除非有特别的注明。

3.1.2 正弦交流电的三要素

对正弦量的数学描述，一般采用正弦函数（sin）。本书采用正弦函数的表达式。

1. 正弦量数学表达式

从数学知识可知，一个正弦电压量可表示为

$$u = U_m \sin(\omega t + \varphi_u) \tag{3-1}$$

式中 u 为瞬时值，即表示任一时刻正弦交流电压的值，用小写的英文字母表示。如 e，i 可分别表示交流电动势、交流电流的瞬时值。

式中 U_m 为正弦量的最大值，ω 为正弦量的角频率，φ_u 为正弦量的初相位，这三个物理量所确定的正弦量是惟一的，因此称为正弦量的三要素。

式（3 – 1）所对应的波形图如图 3 – 2 所示。

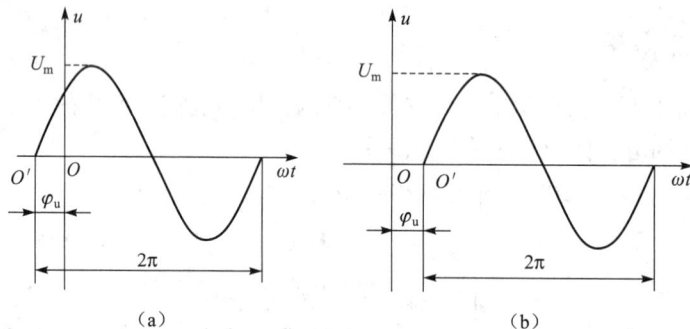

图 3 – 2 正弦交流电波形图
(a) 初相 $\varphi_u > 0$；(b) 初相 $\varphi_u < 0$

（1）最大值 又称为幅值，是正弦量的最大值，用带右下标 m 的大写字母表示，如 I_m、U_m、E_m 分别表示正弦电流、正弦电压、正弦电动势的最大值。

（2）初相位 在式（3 – 1）中，$(\omega t + \varphi_u)$ 反映了正弦量的变化进程，称为正弦量的相位角，简称为相位，单位为弧度（rad）或度（°）。$t = 0$ 时的相位角 φ_u，称为初相角或初相位，简称为初相，它表示正弦量的初始状态。

在波形图 3 – 2 中，正弦波从负值（负极性）到正值（正极性）的过零点 O' 与坐标原点 O 的距离就是初相，如果 O' 点在原点的左侧，初相 $\varphi_u > 0$，如图 3 – 2（a）所示；如果 O' 点在原点的右侧，初相 $\varphi_u < 0$，如图 3 – 2（b）所示。由于正弦波周期性变化，最靠近原点左

右两侧各有一个过零点，为了避免混淆，习惯上初相位 φ 的取值范围为 $|\varphi| \leq \pi$。

（3）角频率 ω 在单位时间内正弦量所经历的电角度，用 ω 表示，它反映了正弦量的变化快慢，即 $\omega = \dfrac{\mathrm{d}(\omega t + \varphi)}{\mathrm{d}t}$，其单位为弧度每秒（rad/s）。

正弦交流电变化一次所需的时间，称为周期 T，其单位为秒（s），正弦量在单位时间内变化的次数，称为频率 f，其单位为赫［兹］（Hz）。所以周期 T 和频率 f 互为倒数。即

$$T = \frac{1}{f} \text{或} f = \frac{1}{T} \tag{3-2}$$

我国和大多数国家都采用 50 Hz 作为电力系统的供电频率，有些国家如美国、日本等，采用 60 Hz，这种频率习惯称为工频。

因正弦交流电在一个周期内变化 2π 的弧度，因此，ω、T、f 三者有如下关系：

$$\omega = \frac{2\pi}{T} = 2\pi f \tag{3-3}$$

ω、T、f 都是表示正弦量变化快慢的物理量，只要知道其中一个，另外两个量就可求得。

例 3.1 已知两正弦量的解析式为 $u = 311\sin(100t + 100°)$ V，$i = -5\sin(314t + 30°)$ A，试求两个正弦量的三要素。

解 （1）$u = 311\sin(100t + 100°)$ V，从解析式可知电压的幅值 $U_m = 311$ V，角频率 $\omega = 100$ rad/s，初相 $\varphi_u = 100°$。

（2）$i = -5\sin(314t + 30°) = 5\sin(314t + 30° + 180°) = 5\sin(314t + 210°)$ A $= 5\sin(314t - 150°)$ A，所以电流的振幅值 $I_m = 5$ A，角频率 $\omega = 314$ rad/s，初相 $\varphi_i = -150°$。

例 3.2 已知如图 3-3 所示波形，试写出正弦量的解析式。

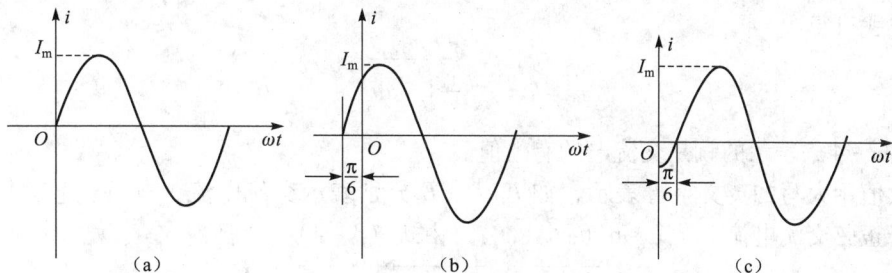

图 3-3 例 3.2 波形

解 从图 3-3（a）所示波形可知正弦量的三要素分别为：电流幅值 I_m、角频率 ω、初相位 $\varphi_i = 0$，所以交流电流解析式为 $i = I_m\sin(\omega t)$ A；

从图 3-3（b）所示波形可知正弦量的三要素分别为：电流幅值 I_m、角频率 ω、初相位

$\varphi_i = \dfrac{\pi}{6}$，所以交流电流解析式为 $i = I_m \sin\left(\omega t + \dfrac{\pi}{6}\right) A$；

从图 3 - 3（c）所示波形可知正弦量的三要素分别为：电流幅值 I_m、角频率 ω、初相位 $\varphi_i = -\dfrac{\pi}{6}$，所以交流电流解析式为 $i = I_m \sin\left(\omega t - \dfrac{\pi}{6}\right) A$。

2. 有效值

交流电的瞬时值是随时间而变化的。在实际工作中，人们更关心它做功的实际效果。要反映它的实际效果，用最大值或平均值都不合适，因为最大值是瞬时值，而正弦波在一个周期内平均值是零，都不便于用它表示正弦量的大小。为此，工程上常用有效值来计量正弦电压和电流的大小。

交流电的有效值是根据电流的热效应原理来规定的。交流电流的有效值是热效应与它相等的直流电流的数值。若某一交流电流 i 通过电阻 R 在一个周期内所产生的热量，与某一直流电流 I 通过同一电阻在相同的时间内产生的热量相等，也就是说，其做功能力这两个电流是等效的，则该直流电流 I 的数值可以表征周期电流 i 的大小，于是，把这一等效的直流电流 I 称为交流电流 i 的有效值。

交流电流 i 在 T 时间内，通过 R 产生的热量为

$$Q_1 = \int_0^T i^2 R \, \mathrm{d}t$$

直流电流 I 在 T 的时间内，通过 R 产生的热量为

$$Q_2 = I^2 R T$$

若 $Q_1 = Q_2$，则有

$$\int_0^T i^2 R T = I^2 R T$$

由上式可得

$$I = \sqrt{\frac{1}{T} \int_0^T i^2 \, \mathrm{d}t} \qquad\qquad (3-4)$$

式（3-4）表示的就是交流电的有效值。

有效值用大写的英文字母表示，如 I、U、E 分别表示交流电流、电压、电动势的有效值。对于正弦交流电流 $i = I_m \sin(\omega t + \varphi_i)$，由式（3-4）可得

$$I = \sqrt{\frac{1}{T} \int_0^T [I_m \sin(\omega t + \varphi_i)]^2 \, \mathrm{d}t} = \frac{I_m}{\sqrt{2}}$$

即

$$I = \frac{I_m}{\sqrt{2}} \qquad\qquad (3-5)$$

同理，交流电动势有效值可表示为

$$E = \frac{E_m}{\sqrt{2}} \tag{3-6}$$

交流电压的有效值可表示为

$$U = \frac{U_m}{\sqrt{2}} \tag{3-7}$$

由式（3-5）、式（3-6）、式（3-7）可知，正弦交流电的有效值是它最大值的 $\sqrt{2}/2$ 倍。

在交流电路中，一般所讲交流电压或交流电流的大小都是指有效值。通常交流电机和电器的铭牌上所标的额定电压和额定电流都是指有效值，一般交流电压表和电流表的读数，也是被测电量的有效值。输电、配电导线的截面积的大小也应按工作电流的有效值查表选用。但是在分析整流量击穿电压、计算电气设备的绝缘耐压水平时，要按交流电压的最大值考虑。如电容器"0.47 μF/50 V"，表示其容量为 0.47 μF，所承受的最大电压为 50 V。

例 3.3　某电解电容器的耐压值为 250 V，问能否用在 220 V 的单相交流电源上？

解　因为在分析各种电子元器件和电气设备的绝缘水平（耐压值）时，要按交流电压最大值考虑。因此，对于 220 V 的单相正弦交流电源，其交流电压幅值（最大值）为 $220 \times \sqrt{2}$ V = 311 V，大于其耐压值 250 V，电容可能被击穿，所以不能接在 220 V 的单相电源上。

3. 相位差

在交流电路中常引用"相位差"的概念来描述两个同频正弦量之间的相位关系，即两个同频正弦量相位之差，用 φ 表示。

设同频正弦电压 u 和电流 i，其波形图如图 3-4 所示，其数学表达式分别为

$$u = U_m \sin(\omega t + \varphi_u)$$
$$i = I_m \sin(\omega t + \varphi_i)$$

则 u、i 的相位差为

$$\varphi = (\omega t + \varphi_u) - (\omega t + \varphi_i)$$
$$= \varphi_u - \varphi_i \tag{3-8}$$

可见，相位差亦为它们的初相位之差，与时间无关。

从图 3-4 可看出，u 和 i 的初相不同，它们变化的步调是不一致的，u 比 i 先达到幅值。

若 $\varphi > 0$，即 $\varphi_u > \varphi_i$，则说明 u 比 i 先到达正的最大值，我们就说电压在相位上超前电流 φ 角，或者说电流滞后电压 φ 角。

若 $\varphi < 0$，即 $\varphi_u < \varphi_i$，则说明电压滞后电流 φ

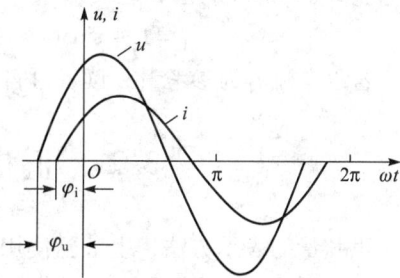

图 3-4　电压与电流相位差

若 $\varphi = 0$，即 $\varphi_u = \varphi_i$，则说明电压和电流同时达到最大值，称它们是同相位的，简称同相，如图 3 - 5（a）所示。

若 $\varphi = \pi$，则说明它们相位相反，简称反相，如图 3 - 5（b）所示。

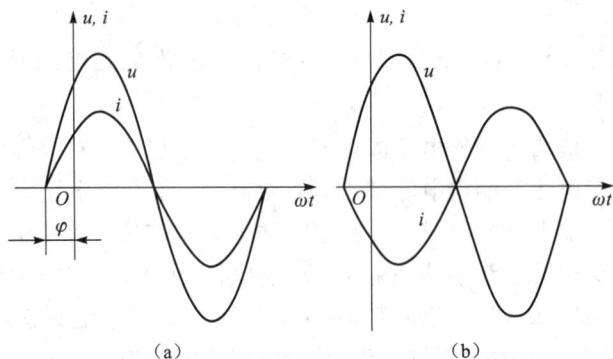

图 3 - 5　两正弦量的同相与反相
(a) 同相；(b) 反相

在研究多个同频率正弦量之间的关系时，为了方便地比较正弦量的相位关系，可以选取其中某一正弦量作为参考正弦量，令其初相为零，其他各正弦量的初相即为该正弦量与参考正弦量的相位差。

例3.4　已知正弦电压 u 和正弦电流 i_1、i_2 的瞬时表达式分别为 $u = 31.1 \sin(\omega t - 45°)$ V，$i_1 = 1.4 \sin(\omega t - 30°)$ A，$i_2 = 2.8 \sin(\omega t + 45°)$ A，试以电压 u 为参考量重新写出 u 和电流 i_1、i_2 的瞬时值表达式。

解　以电压 u 为参考量，则电压 u 的表达式为 $u = 31.1 \sin \omega t$ V；由于 i_1、i_2 与 u 的相位差分别为

$$\varphi_1 = \varphi_{i1} - \varphi_u = -30° - (-45°) = 15°, \varphi_2 = \varphi_{i2} - \varphi_u = 45° - (-45°) = 90°$$

故电流 i_1、i_2 的瞬时值表达式为

$$i_1 = 1.4 \sin(\omega t + 15°) \text{ A}, i_2 = 2.8 \sin(\omega t + 90°) \text{ A}$$

若以电流 i_1 为参考量，读者可自己写出电压 u、电流 i_2 的瞬时值表达式。

3.2　正弦交流电的相量表示方法

正弦量的表示方法，上节已使用了三角函数解析式和波形图，这两种方法都明确地表达出了正弦量的三要素。但三角函数解析式计算量大且复杂，波形图绘图较烦琐，误差较大，因此运算不方便，故工程上多采用相量法来分析、计算正弦交流电路。

相量法就是用相量来表示正弦量。相量是用复数来表示的，在介绍相量法之前，先回顾一下有关复数的知识。

3.2.1　复数及其运算

1. 复数及其表示方法

复数有多种表示形式，常见的有四种形式，现分述如下。

（1）代数式　在数学中常用

$$A = a + jb \tag{3-9}$$

表示复数。式（3-9）称为复数的代数式，其中 a 为实部，b 为虚部，$j = \sqrt{-1}$ 称为虚部单位。数学中常用 i 表示虚部单位，而电路中通常 i 表示电流，为了避免混淆，故电工技术中虚部单位不用 i 表示，而用 j 表示。复数 A 在复平面上可用 $\overrightarrow{OA}$ 矢量表示，如图 3-6 所示。实部 a 就是 $\overrightarrow{OA}$ 在实轴上的投影，虚部 b 就是 $\overrightarrow{OA}$ 在虚轴上的投影，$\overrightarrow{OA}$ 的长度称为复数的模 $|A|$，用 r 表示，即 $r = |A|$，$\overrightarrow{OA}$ 与实轴正方向的夹角称为复数的幅角，用 φ 表示。从图 3-6 可知

$$\left. \begin{array}{l} r = |A| = \sqrt{a^2 + b^2} \\ \varphi = \arctan \dfrac{b}{a} \end{array} \right\} \tag{3-10}$$

$$\left. \begin{array}{l} a = r\cos\varphi \\ b = r\sin\varphi \end{array} \right\} \tag{3-11}$$

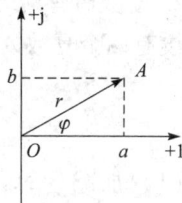

图 3-6　复数的矢量表示

（2）三角函数式　由式（3-9）、式（3-11）可得

$$\begin{aligned} A &= a + jb \\ &= r\cos\varphi + jr\sin\varphi \\ &= r(\cos\varphi + j\sin\varphi) \end{aligned} \tag{3-12}$$

（3）指数式　由尤拉公式 $e^{j\varphi} = \cos\varphi + j\sin\varphi$，式（3-12）可写成

$$A = re^{j\varphi} \tag{3-13}$$

（4）极坐标式　复数的模和幅角通常写成

$$A = r\underline{/\varphi} \tag{3-14}$$

在交流电路分析计算中，极坐标式（3-14）使用较为普遍。

以上四种形式可利用式（3-10）、式（3-11）进行相互转换。

例 3.5　现有复数 $A_1 = 3 + j4$，$A_2 = 100\underline{/45°}$，求出它们的其他三种表示式。

解　对复数 A_1，将代数式化为三角函数式、指数式、极坐标式，由 $A_1 = 3 + j4$ 可知 $a = 3$，$b = 4$，由式（3-10）可得

模 $r_1 = \sqrt{a^2 + b^2} = \sqrt{3^2 + 4^2} = 5$

幅角 $\varphi_1 = \arctan \dfrac{b}{a} = \arctan \dfrac{4}{3} = 53°$

所以三角函数式 $A_1 = r_1(\cos \varphi_1 + j\sin \varphi_1) = 5(\cos 53° + j\sin 53°)$

指数式 $A_1 = r_1 e^{j\varphi_1} = 5e^{j53°}$

极坐标式 $A_1 = r_1 \underline{/\varphi_1} = 5 \underline{/53°}$

对复数 A_2，将极坐标式化为代数式、三角函数式、指数式，由 $A_2 = 100 \underline{/45°}$ 可知

模 $r_2 = 100$，幅角 $\varphi_2 = 45°$

由式（3－11）可得

$$a = r_2 \cos \varphi_2 = 100 \cos 45° = 50\sqrt{2}$$

$$b = r_2 \sin \varphi_2 = 100 \sin 45° = 50\sqrt{2}$$

所以 代数式 $A_2 = a + jb = 50\sqrt{2} + j50\sqrt{2}$

三角函数式 $A_2 = r_2(\cos \varphi_2 + j\sin \varphi_2) = 100(\cos 45° + j\sin 45°)$

指数式 $A_2 = r_2 e^{j\varphi_2} = 100e^{j45°}$

2. 复数的四则运算

设有两个复数 A、B，分别为

$$A = a_1 + j b_1 = r_1 \underline{/\varphi_1}$$

$$B = a_2 + j b_2 = r_2 \underline{/\varphi_2}$$

（1）加减运算 在一般情况下，复数的加减法运算应把复数写成代数式，运算简便。如

$$A \pm B = (a_1 \pm a_2) + j(b_1 \pm b_2) \qquad (3-15)$$

即两个复数相加减，等于它们的实部和实部相加减，虚部和虚部相加减。

复数的加减运算还可以用矢量合成分析，利用平行四边形法则进行运算，如图 3－7 所示。

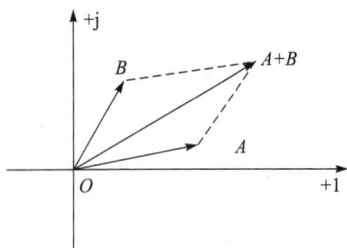

图 3－7 矢量的平行四边形法则

（2）乘除运算 在一般情况下，复数的乘除运算应把复数写成极坐标形式进行运算。如

$$A \cdot B = r_1 \underline{/\varphi_1} \cdot r_2 \underline{/\varphi_2} = r_1 r_2 \underline{/(\varphi_1 + \varphi_2)} \qquad (3-16)$$

$$\frac{A}{B} = \frac{r_1 \underline{/\varphi_1}}{r_2 \underline{/\varphi_2}} = \frac{r_1}{r_2} \underline{/(\varphi_1 - \varphi_2)} \qquad (3-17)$$

即两个复数相乘除，等于它们的模相乘除，幅角相加减。

例3.6 已知复数 $A = 4 + j3$，$B = 3 + j4$，试计算 $A + B$、$A - B$、AB、A/B。

解 复数的加减运算利用代数式的形式，运算较简便。

$$A + B = (4 + j3) + (3 + j4) = (4 + 3) + j(3 + 4) = 7 + j7$$

$$A - B = (4 + j3) - (3 + j4) = (4 - 3) + j(3 - 4) = 1 - j$$

复数的乘除法若采用极坐标形式运算，则将复数 A、B 化为极坐标式，即

$$A = 4 + j3 = 5 \underline{/37°}, B = 3 + j4 = 5 \underline{/53°}$$

$$AB = (5 \underline{/37°})(5 \underline{/53°}) = 25 \underline{/90°}$$

$$A/B = (5 \underline{/37°})/(5 \underline{/53°}) = 1 \underline{/-18°}$$

当然，复数的乘除法，也可以采用代数式的形式进行运算，当计算数字较小、幅角 φ 不是特殊角度且不需要求出角度时，计算较方便。

3.2.2　正弦量的相量表示法

在正弦交流电路的分析中，因电路中电压、电流的频率与正弦电源的频率相同，且一般已知，因此实际上只分析两个要素：幅值（或有效值）及初相，即可表示一个正弦量。例如对于正弦交流电压 $u = U_m \sin(\omega t + \varphi)$，为了表示这个正弦量，可以构建这样一个复数：它的模为正弦量的有效值 U，幅角为正弦量的初相角 φ，这个复数就称为电压 u 的有效值相量，记作 $\dot{U}$，即

$$\dot{U} = U \underline{/\varphi} \tag{3 - 18}$$

复数 $\dot{U}$，上面加小圆点用来表示与一般复数相区别的记号，以强调它是与一个正弦量相联系的。在运算中，相量与复数没有区别。

也可以用幅值相量来表示正弦量：它的模为正弦量的最大值 U_m，幅角为正弦量的初相角 φ，电压 u 的幅值相量为 $\dot{U}_m$，即

$$\dot{U}_m = U_m \underline{/\varphi} \tag{3 - 19}$$

正弦量和相量是一一对应关系（注意：正弦量和相量不是相等关系！）。如 $\dot{U} = U \underline{/\varphi}$ 和 $u = U_m \sin(\omega t + \varphi)$ 是一一对应关系：$u = U_m \sin(\omega t + \varphi) \leftrightarrow \dot{U} = U \underline{/\varphi}$（但不能写成 $u = U_m \sin(\omega t + \varphi) = \dot{U} = U \underline{/\varphi}$）。

在复平面中，相量 $\dot{U}$ 可用长度为 U，与实轴正向的夹角为 φ 的矢量表示。这种表示相量的图形称为相量图。如图 3 - 8 所示。

正弦量用相量表示，在正弦交流电路的分析中，用相量（复数）运算较简便。

例 3.7　有两个同频率正弦电压量 u_1、u_2，求 $u_1 + u_2$，并画出相量图。已知 $u_1 = 100\sqrt{2}\sin \omega t$ V，$u_2 = 150\sqrt{2}\sin(\omega t - 120°)$ V。

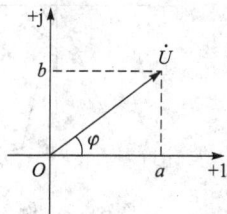

图 3 - 8　电压的相量图

解　先将三角函数表示的正弦量用相量表示，化为复数的极坐标式，再化为代数式，求两相量之和

$$u_1 \leftrightarrow \dot{U}_1 = U_1 \underline{/\varphi_1} = \frac{100\sqrt{2}}{\sqrt{2}} \underline{/0°} = 100 \text{ V};（注意 "\leftrightarrow" 不能用 "="）$$

$$u_2 \leftrightarrow \dot{U}_2 = U_2 \underline{/\varphi_2} = \frac{150\sqrt{2}}{\sqrt{2}} \underline{/-120°} = 150[\cos(-120°) + j\sin(-120°)]$$

$$= (-75 - j75\sqrt{3}) \text{ V}$$

所以　$\dot{U}_1 + \dot{U}_2 = 100 + (-75 - j75\sqrt{3}) = 25 - j75\sqrt{3} = 132.3 \underline{/-79°} \text{ V}$

再将和相量 $\dot{U}_1 + \dot{U}_2$ 还原成对应的正弦量，得

$$\dot{U}_1 + \dot{U}_2 \leftrightarrow u_1 + u_2 = 132.3\sqrt{2}\sin(\omega t - 79°) \text{ V}$$

相量图如图 3-9 所示

也可以用相量图求解。先画出正弦量 u_1、u_2 的相量图，利用平行四边形法则求和运算，再量出和相量 $\dot{U}_1 + \dot{U}_2$ 的长度及和相量 $\dot{U}_1 + \dot{U}_2$ 与实轴正向的夹角，即为和相量的大小与幅角，如图 3-9 所示。

例3.8　已知正弦电压 $u_1(t) = 141\sin(\omega t + \pi/3)$ V，$u_2(t) = 70.5\sin(\omega t - \pi/6)$ V，写出 u_1 和 u_2 的相量，并画出相量图。

解　电压的有效值相量分别为

$$u_1 \leftrightarrow \dot{U}_1 = U_1 \underline{/\varphi_1} = \frac{141}{\sqrt{2}} \underline{/\frac{\pi}{3}} = 100 \underline{/\frac{\pi}{3}} \text{ V}$$

$$u_2 \leftrightarrow \dot{U}_2 = U_2 \underline{/\varphi_2} = \frac{70.5}{\sqrt{2}} \underline{/-\frac{\pi}{6}} = 50 \underline{/-\frac{\pi}{6}} \text{ V}$$

相量图如图 3-10 所示。

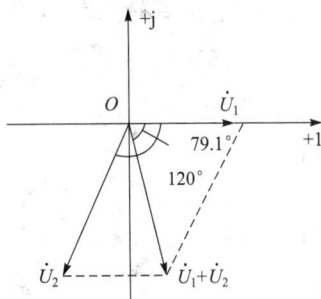

图 3-9　例 3.7 相量图

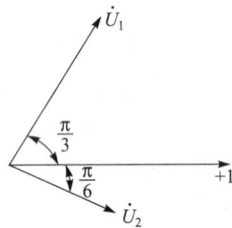

图 3-10　例 3.8 相量图

注意：只有同频率的相量，才能画在同一相量图上。

3.3　单一参数元件的正弦交流电路

电阻、电感、电容是电路中三大基本元件。由电阻、电感、电容单个元件组成的正弦交流电路，是最简单的交流电路，这种电路称为单一参数元件电路或称为纯参数元件电路。复杂交流电路可以看成是由若干个单一参数元件电路组成的，因此分析单一参数元件电路的特性尤为重要。下面将分别对电阻、电感、电容元件的电压、电流关系及能量关系进行讨论分析。

3.3.1　相量模型

正弦量用相量表示，将复杂的三角函数之间的运算转化为简便的复数运算，那么正弦交流电路，可将其转化为相量模型电路，采用直流电路的分析方法，来分析计算交流电路电压与电流的关系。

对正弦交流电路，在不改变电路的组成结构下，将电路中的变量如 u、i、e 分别用相量

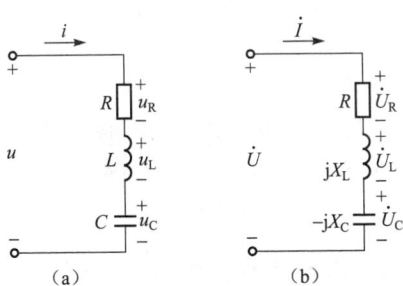

图 3 – 11　交流电路和相量模型

（a）交流电路；（b）相量模型

$\dot{U}$、$\dot{I}$、$\dot{E}$ 表示，即 $u\leftrightarrow\dot{U}$、$i\leftrightarrow\dot{I}$、$e\leftrightarrow\dot{E}$；将组成电路中的元件参数 R、L、C 分别用复阻抗 R（复数的特殊形式）、jX_L、$-jX_C$ 表示，即 $R\leftrightarrow R$、$L\leftrightarrow jX_L$，$C\leftrightarrow -jX_C$，通过这种转变后得到的电路称为相量模型电路，简称相量模型。相量模型电路中，可将复阻抗 R、jX_L、$-jX_C$ 当做直流电路中的电阻看待，用直流电路的方法进行分析计算。

如图 3 – 11（a）所示的交流电路可转化为（b）所示的相量模型电路。

3.3.2　纯电阻电路

1. 电压与电流之间的关系

图 3 – 12（a）是只有一个线性电阻元件的交流电路，又称为纯电阻电路。设加在电阻 R 两端电压为 $u = U_m \sin \omega t$，通过 R 的电流为 i；图 3 – 12（b）为相量模型。

在图 3 – 12（b）相量模型中，在 $\dot{U}$、$\dot{I}$ 关联方向下，可直接写出类似于直流电路中的欧姆定律：

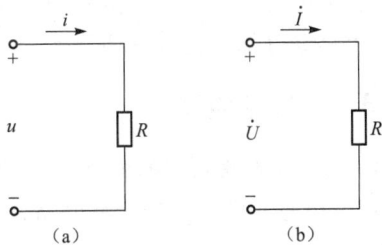

图 3 – 12　纯电阻电路

（a）纯电阻交流电路；（b）相量模型

$$\dot{U} = \dot{I} R \qquad\qquad (3 – 20)$$

式（3-20）称为欧姆定律的相量形式。

从式（3-20）可得如下结论：

（1）电压和电流有效值之间的关系为 $U = RI$；

（2）电压和电流是同频同相的，如图 3-13（b）所示。

2. 电阻电路的功率关系

电路任一瞬时所吸收或释放的功率称为瞬时功率，以小写字母 p 表示：

$$p = ui$$

因为　　　　$u = U_m \sin \omega t$

所以　　$i = I_m \sin \omega t$（同频同相）

所以 $p = ui = U_m \sin \omega t \cdot I_m \sin \omega t$

$$= UI(1 - \cos 2\omega t) \qquad (3-21)$$

从式（3-21）可知 $p > 0$，即电阻从电源吸取功率，这说明电阻是耗能元件，瞬时功率 p 的变化频率是电源频率的两倍，其瞬时功率曲线如图 3-13（c）所示。

瞬时功率是时间的函数，我们计量时采用

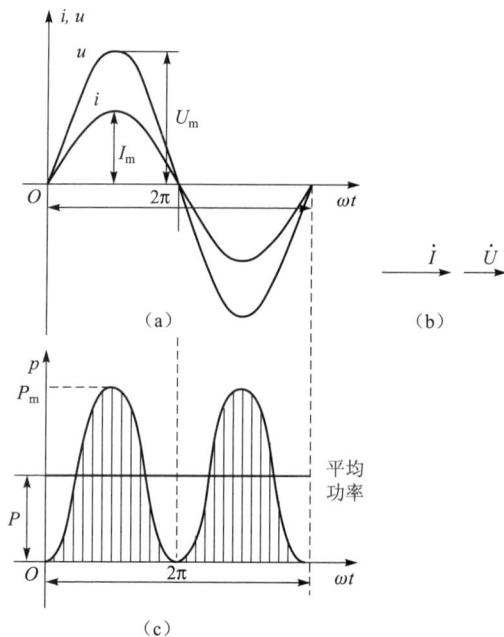

图 3-13　纯电阻电路波形图和相量图
（a）电阻电路波形图；（b）相量图；
（c）瞬时功率曲线

平均功率，即在一个周期内电路消耗的瞬时功率的平均值，又称为有功功率，用大写字母 P 表示

$$P = \frac{1}{T} \int_0^T p \, dt = \frac{1}{T} \int_0^T UI(1 - \cos 2\omega t) \, dt$$

$$= UI = I^2 R = U^2/R \qquad (3-22)$$

有功功率的单位为瓦［特］（W），有时也用千瓦（kW）表示。平时所说的 40 W 灯泡、30 W 电烙铁等都是指其有功功率。

3.3.3　纯电感电路

1. 电压与电流之间的关系

单一电感元件组成的交流电路，又称为纯电感电路，其交流电路和相量模型如图 3-14 所示。

从图 3-14（b）所示的相量模型，可得纯电感电路欧姆定律的相量形式：

$$\dot{U} = jX_L \dot{I} \qquad (3-23)$$

从式（3-23）可得如下结论：

（1）电压和电流有效值有如下关系 $U = X_\text{L} I$；其中 $X_\text{L} = \omega L$ 称为感抗，具有电阻的量纲，单位为欧［姆］（Ω），对交流电具有一定的阻碍作用。

感抗 $X_\text{L} = \omega L = 2\pi f L$，与电感 L 和频率 f 成正比。当 L 一定时，f 越高，X_L 越大，对电流的阻碍作用就越大，因而对高频电流具有扼流作用。

在极端情况下，即 $f \to \infty$，则 $X_\text{L} \to \infty$，此时电感可视为开路（断路）；$f = 0$（直流），则 $X_\text{L} = 0$，此时电感可视为短路。故电感元件具有"通低频阻高频"的特性。

（2）电压相位超前电流 $\dfrac{\pi}{2}$

设正弦交流电流为

$$i = I_\text{m} \sin \omega t$$

在关联方向下，正弦交流电压则为

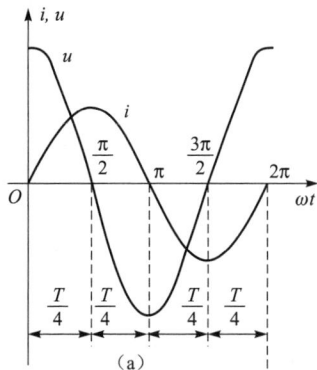

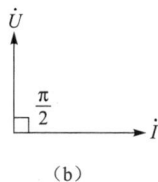

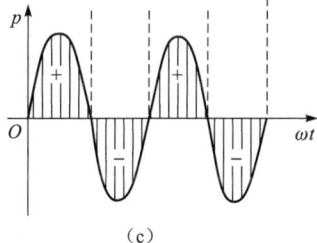

图 3 - 14　纯电感电路
（a）纯电感交流电路；（b）相量模型

$$
\begin{aligned}
u &= U_\text{m} \sin\left(\omega t + \frac{\pi}{2}\right) \\
&= X_\text{L} I_\text{m} \sin\left(\omega t + \frac{\pi}{2}\right) \\
&= \omega L I_\text{m} \sin\left(\omega t + \frac{\pi}{2}\right)
\end{aligned}
$$

纯电感电路电压电流波形图和相量图如图 3 - 15（a）、（b）所示。

2. 电感电路功率关系

纯电感电路的瞬时功率为

$$
\begin{aligned}
p &= ui = U_\text{m} \sin\left(\omega t + \frac{\pi}{2}\right) \cdot I_\text{m} \sin \omega t \\
&= UI \sin 2\omega t \qquad\qquad (3 - 24)
\end{aligned}
$$

瞬时功率的曲线如图 3 - 15（c）所示，电感从电源吸取的功率有正有负。在电源 $0 \sim \dfrac{\pi}{2}$，$\pi \sim \dfrac{3\pi}{2}$ 时间内，电感元件上的电压 u 和电流 i 方向一致，$p > 0$，电感元件相当于负载，从电源吸收功率，并转化

图 3 - 15　纯电感电路波形图、相量图
（a）电感电路波形图；（b）相量图；
（c）瞬时功率曲线

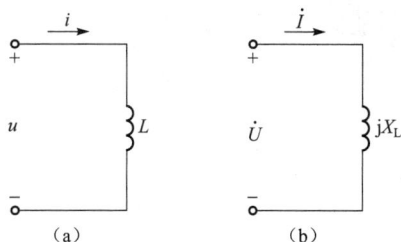

为磁能储存起来；在电源 $\frac{\pi}{2}\sim\pi$，$\frac{3\pi}{2}\sim 2\pi$ 时间内，电感元件上的电压 u 和电流 i 方向不一致，$p<0$，电感元件又将储存的磁能释放出来，转换成电能。

电感电路的平均功率 $P=\frac{1}{T}\int_0^T p\mathrm{d}t=\frac{1}{T}\int_0^T UI\sin 2\omega t\mathrm{d}t=0$，即

$$P=0 \tag{3-25}$$

式（3-25）说明：一个周期内电感元件吸收的能量和放出能量相等，元件本身不消耗电能，因而电感元件是一个储能元件，在电路中起着能量的"吞吐"作用。

电感元件虽然不消耗功率，但与电源之间有能量的交换，要占用电源设备的容量，因此对电源来说还是一种负载。我们用无功功率来衡量电路中能量交换的速率。

瞬时功率的最大值称为无功功率，用 Q 表示。即

$$Q=UI=I^2 X_{\mathrm{L}}=\frac{U^2}{X_{\mathrm{L}}} \tag{3-26}$$

无功功率单位为乏（var），有时用千乏（kvar）。

例3.9 有一电感线圈，其电感 $L=0.5$ H，接在 $u=220\sqrt{2}\sin 314t$ V 的电源上，试求：

① 感抗 X_{L}。

② 电路中电流 I 及其与电压的相位差 φ。

③ 无功功率 Q。

解 ① 感抗 $X_{\mathrm{L}}=\omega L=314\times 0.5=157\ \Omega$。

② 电压相量 $\dot{U}=U\underline{/\varphi}=\frac{220\sqrt{2}}{\sqrt{2}}\underline{/0°}=220\underline{/0°}=220$ V

由式（3-23），可得

$$\dot{I}=\frac{\dot{U}}{\mathrm{j}X_{\mathrm{L}}}=\frac{220}{\mathrm{j}157}=-\mathrm{j}1.4=1.4\underline{/-90°}\ \mathrm{A}$$

即电流有效值 $I=1.4$ A。相位滞后电压90°。

③ 无功功率 $Q=UI=220\times 1.4=308$ var

3.3.4 纯电容电路

1. 电压与电流之间的关系

单一电容元件组成的交流电路，又称为纯电容电路。图3-16（a）、（b）分别表示单一电容元件组成的正弦交流电路及相量模型。

从图3-16（b）所示的相量模型，可得纯电容电路的欧姆定律的相量形式

$$\dot{U}=-\mathrm{j}X_{\mathrm{C}}\dot{I} \tag{3-27}$$

从式（3-27）可得如下结论：

（1）电压和电流有效值关系为 $U = X_C I$；其中 $X_C = 1/\omega C$ 称为容抗，具有电阻的量纲，单位为欧［姆］（Ω），起阻碍电流的作用。

容抗 $X_C = \dfrac{1}{\omega C} = \dfrac{1}{2\pi f C}$，它与电容 C 和频率 f 成反比。在 C 一定时，f 越高，X_C 越小，对电流的阻碍作用越小。在极端情况下，即 $f \to \infty$，则 $XC \to 0$，此时电容可视为短路；当 $f = 0$（直流）时，则 $X_C \to \infty$，此时电路视为开路，也就是电容不允许直流通过。因此，电容元件具有"通高频阻低频"或"通交流隔直流"的作用。

图 3-16 纯电容电路
（a）纯电容交流电路；（b）相量模型

（2）电压在相位上滞后电流 $\dfrac{\pi}{2}$。设电容两端的电压 $u = U_m \sin \omega t$，则在关联参考方向下，电流

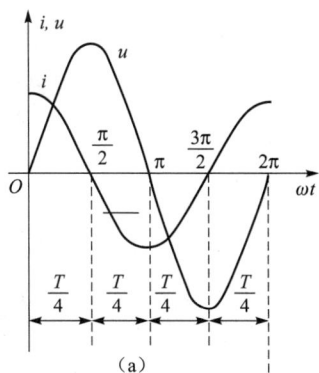

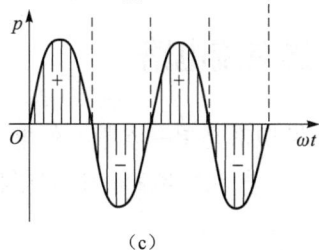

$$
\begin{aligned}
i &= I_m \sin\left(\omega t + \frac{\pi}{2}\right) \\
&= \frac{U_m}{X_L} \sin\left(\omega t + \frac{\pi}{2}\right) \\
&= \omega C U_m \sin\left(\omega t + \frac{\pi}{2}\right)
\end{aligned}
$$

纯电容电路波形图和相量图如图 3-17（a）、（b）所示。

2. 电容电路的功率关系

电容电路的瞬时功率为

$$
p = ui = U_m \sin \omega t \cdot I_m \sin\left(\omega t + \frac{\pi}{2}\right) = UI \sin 2\omega t \tag{3-28}
$$

瞬时功率的波形图如图 3-17（c）所示。

从功率曲线可知，在电源 $0 \sim \dfrac{\pi}{2}$，$\pi \sim \dfrac{3\pi}{2}$ 时间内，u 和 i 方向相同，$p > 0$，电容元件相当于负载，从电源吸收功率（充电），将电能转换成电场能储存起来；在电源 $\dfrac{\pi}{2} \sim \pi$，$\dfrac{3\pi}{2} \sim 2\pi$ 时间内，u

图 3-17 纯电容电路波形图和相量图
（a）电容电路波形图；（b）相量图；
（c）瞬时功率波形图

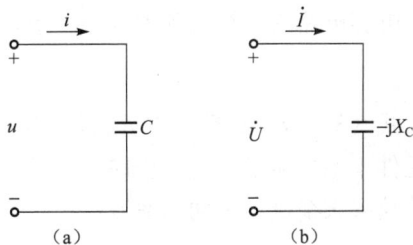

和 i 方向相反，$p < 0$，电容元件释放能量（放电），将电场能转换成电能。

电容电路的平均功率 $P = \dfrac{1}{T}\displaystyle\int_0^T p\,dt = \dfrac{1}{T}\displaystyle\int_0^T UI\sin 2\omega t\,dt = 0$，即

$$P = 0 \qquad\qquad (3-29)$$

式（3-29）说明，电容元件在一个周期内，从电源吸收的能量等于它释放的能量，电容元件不消耗能量，是一个储能元件。和电感元件一样，电容元件和电源之间的能量交换用无功功率来衡量。无功功率 Q 为

$$Q = UI = I^2 X_C = \frac{U^2}{X_C} \qquad\qquad (3-30)$$

例 3.10 在电容值为 318 uF 的电容器两端加上电压 $u = 220\sqrt{2}\sin(314t + 120°)$ V，试求：

① 电容的容抗 X_C

② 电容上的电流 i

③ 无功功率 Q

解： ① 从电压表达式可知 $\omega = 314$ rad/s，$\dot{U} = 220\,\underline{/120°}$ V

所以容抗 $X_C = \dfrac{1}{\omega C} = \dfrac{1}{314 \times 318 \times 10^{-6}} = 10\ \Omega$

② 由式（3-27）得

$$\dot{I} = \frac{\dot{U}}{-jX_C} = \frac{220\,\underline{/120°}}{-j10} = \frac{220\,\underline{/120°}}{10\,\underline{/-90°}} = 22\,\underline{/210°}\ \text{A}$$

故流过电容的电流为

$$i = 22\sqrt{2}\sin(314t + 210°)\ \text{A}$$

③ 无功功率 $Q = UI = 220 \times 22 = 4\,840$ var

3.4 电阻、电感与电容元件串联的正弦交流电路

单一参数元件的正弦交流电路往往是不存在的。实际的电路模型都是单一参数元件电路的某种组合。如电阻电感电容串联的电路（RLC 串联电路），这是一种典型电路，我们用相量模型来讨论这种电路的特性。

3.4.1 电压与电流之间的关系

在图 3-18 所示的电阻、电感与电容元件串联的电路中，（a）为交流电路，电流通过 R、L、C 时，产生的压降分别为 u_R、u_L、u_C；（b）为相量模型。

图 3-18（b）所示的相量模型，可以看做大家熟悉的直流电路，相量电压 $\dot{U}$ 和相量电

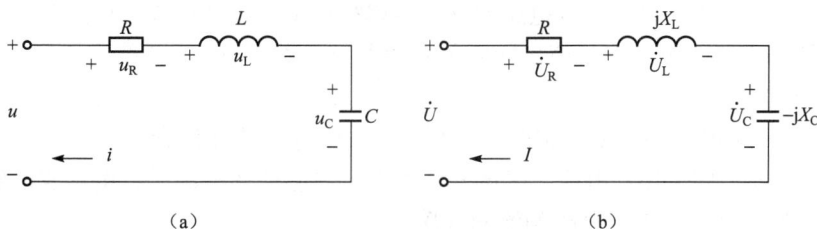

图 3 – 18　*RLC* 串联电路

（a）电阻电感电容串联交流电路；（b）相量模型

流 $\dot{I}$ 可看做直流电路中的电压和电流。复阻抗 R（实际是虚部为 0 的复数特例）、jX_L、$-jX_C$ 看做直流电路中的电阻，它们之间串联，可采用直流电阻串联电路的分析方法。但注意运算过程要遵循相量或复数的运算法则。

在图 3 – 18（b）的相量模型中，在 R、L、C 上的电压相量分别为 $\dot{U}_R$、$\dot{U}_L$、$\dot{U}_C$。根据串联电路的特性，电路的总阻抗为 Z，则

$$
\begin{aligned}
Z &= R + jX_L + (-jX_C) \\
&= R + j(X_L - X_C) \\
&= R + jX
\end{aligned} \tag{3-31}
$$

式（3 – 31）表征了电路中所有元件对电流的阻碍作用，因为是复数，故称为复阻抗，单位为欧［姆］（Ω）。

其中

$$
X = X_L - X_C \tag{3-32}
$$

称为电抗，表征电路中储能元件对电流的阻碍作用，单位为欧［姆］（Ω）。

复阻抗的模 $|Z|$ 称为阻抗模。

$$
|Z| = \sqrt{R^2 + (X_L - X_C)^2} = \sqrt{R^2 + X^2} \tag{3-33}
$$

复阻抗的幅角 φ，又称复阻抗角

$$
\varphi = \arctan \frac{X}{R} = \arctan \frac{X_L - X_C}{R} \tag{3-34}
$$

注意：Z 是一个复数，但不是表示正弦量的复数——相量，故在它的符号上面不加 "·"。

由 KVL 可得

$$
\dot{U} = \dot{U}_R + \dot{U}_L + \dot{U}_C \tag{3-35}
$$

由欧姆定律可得

$$
\dot{U} = Z\dot{I} \tag{3-36}
$$

式（3 - 36）是 RLC 串联交流电路的欧姆定律相量形式，从该式可得如下两个结论：

（1）电路中电压和电流有效值之间的关系为 $U = |Z| \cdot I$；

（2）电压和电流之间的相位差（夹角）为 φ。

式（3 - 34）表明，在频率一定时，φ 的大小是由电路的元件参数决定的。电路的参数不同，φ 值就不同，即电压和电流之间的相位关系，是超前还是滞后，由组成电路的元件参数决定，元件参数也就决定了电路的不同性质。

下面就 φ 值的不同，来讨论电路的性质。

① 当 $\varphi > 0$ 时，即 $X > 0$，$X_L > X_C$，$U_L > U_C$。电路中电压超前电流 φ 角度，电感起决定作用，电路呈感性，如图 3 - 19（a）所示。

② 当 $\varphi < 0$ 时，即 $X < 0$，$X_L < X_C$，$U_L < U_C$。电路中电压滞后电流 φ 角度，电容起决定作用，电路呈容性，如图 3 - 19（b）所示。

③ 当 $\varphi = 0$ 时，即 $X = 0$，$X_L = X_C$，$U_L = U_C$。电路中电压和电流同相，电感和电容的作用相当，电路呈阻性；此时电路产生了串联谐振现象（后面的章节讨论），如图 3 - 19（c）所示。

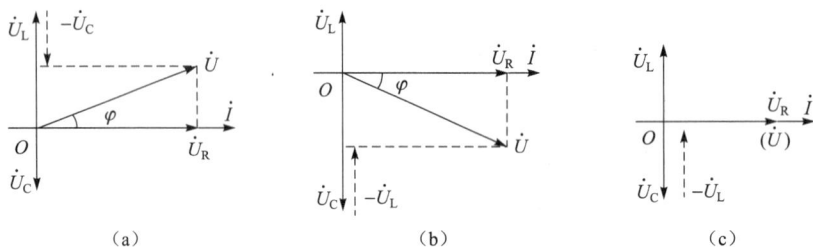

图 3 - 19　RLC 串联相位关系

(a) 感性；(b) 容性；(c) 阻性

其实对于 RLC 串联电路这种典型电路，单一参数元件电路或两个参数元件串联电路可以看成它的特例。它们的电压和电流关系都可用公式 $\dot{U} = Z \cdot \dot{I}$ 统一表示。

例如单一参数元件电路，对纯电阻电路，则 $X_L = X_C = 0$，$Z = R + \mathrm{j}(X_L - X_C) = R$，故 $\dot{U} = Z \cdot \dot{I} = R\dot{I}$，即式（3 - 20）；

对纯电感电路，则 $X_C = 0$，$R = 0$，$Z = R + \mathrm{j}(X_L - X_C) = \mathrm{j}X_L$，故 $\dot{U} = Z \cdot \dot{I} = \mathrm{j}X_L\dot{I}$，即式（3 - 23）；

对纯电容电路，则 $R = 0$，$X_L = 0$，$Z = R + \mathrm{j}(X_L - X_C) = -\mathrm{j}X_C$，故 $\dot{U} = Z \cdot \dot{I} = -\mathrm{j}X_C\dot{I}$，即式（3 - 27）。

同理，对于 RL 串联电路，可看成是 $X_C = 0$ 的 RLC 串联电路，而对 RC 串联电路，则可

看成 $X_L = 0$ 的 RLC 串联电路，因此，分析 RLC 串联电路更有普遍性，这也是分析讨论 RLC 串联电路这种典型电路特性的意义之所在。

　　例 3.11　如图 3 - 20（a）所示电路中，电压表 V_1、V_2、V_3 的读数都是 5 V，试求电路中 V 表的读数，并分析电路的性质。

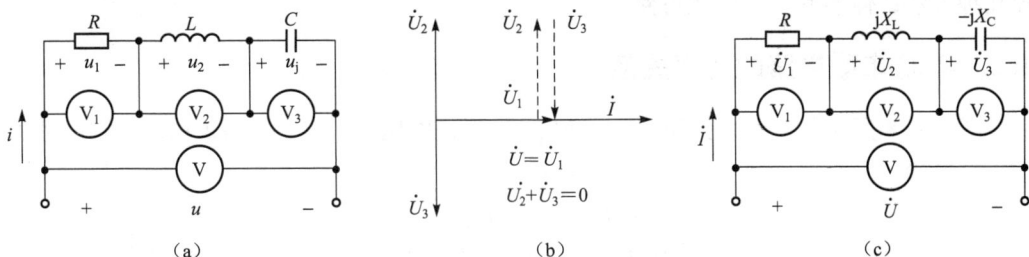

图 3 - 20　例 3.11 图
（a）RLC 电路；（b）RLC 相量图；（c）RLC 相量模型

　　解　在串联 RLC 电路中，以电流为参考相量，即 $\dot{I} = I \angle 0°$ A。
　　方法 1：相量法。选定 u、u_1、u_2、u_3、i 的参考方向如图 3 - 20（a）所示，则有

$$\dot{U}_1 = 5 \angle 0° = 5\cos 0° + j5\sin 0° = 5 \text{ V}$$

$$\dot{U}_2 = 5 \angle 90° = 5\cos 90° + j5\sin 90° = j5 \text{ V}$$

$$\dot{U}_3 = 5 \angle -90° = 5\cos(-90°) + j5\sin(-90°) = -j5 \text{ V}$$

由串联电路的特点，有

$$\dot{U} = \dot{U}_1 + \dot{U}_2 + \dot{U}_3 = 5 + j5 + (-j5) = 5 \text{ V}$$

　　故 V 表的读数为 5 V，电压和电流同相，电路呈阻性。
　　方法 2：相量图法。画出相量图如图 3 - 20（b）所示，利用平行四边形法则求解 $\dot{U}$。从图可知 $U = 5$ V，电压和电流同相，电路呈阻性。
　　方法 3：相量模型。由图 3 - 20（a）画出相量模型电路如图 3 - 20（c）所示。
　　根据串联电路的分压原理，有

$$\frac{\dot{U}}{\dot{U}_1} = \frac{Z}{R} \qquad \frac{\dot{U}_1}{\dot{U}_2} = \frac{R}{jX_L} \qquad \frac{\dot{U}_1}{\dot{U}_3} = \frac{R}{-jX_C}$$

取模计算得：$U = \dfrac{U_1}{R} |Z| \qquad \dfrac{U_1}{U_2} = \dfrac{R}{X_L} = 1 \qquad \dfrac{U_1}{U_3} = \dfrac{R}{X_C} = 1$

　　所以 $R = X_L = X_C$
而

$$Z = R + jX_L + (-j X_C) = R$$

所以 $|Z| = R$

所以 $U = \dfrac{U_1}{R}|Z| = U_1 = 5$ V

又 $X_L = X_C$，故电路呈阻性。

比较几种方法，体会其中的解题思路。

3.4.2　*RLC* 串联电路的功率关系

在图 3 - 18 所示的电路中，设电流 $i = I_m \sin \omega t$，电压 $u = U_m \sin(\omega t + \varphi)$，则电路的瞬时功率可写成

$$p = ui = U_m \sin(\omega t + \varphi) \cdot I_m \sin \omega t$$
$$= U_m I_m \sin(\omega t + \varphi) \sin \omega t$$
$$= UI[\cos \varphi - \cos(2\omega t + \varphi)] \qquad (3-37)$$

1. 有功功率

由式（3-37）可得相应的平均功率或有功功率为

$$P = \frac{1}{T}\int_0^T p\,\mathrm{d}t$$
$$= \frac{1}{T}\int_0^T [UI\cos \varphi - UI\cos(2\omega t + \varphi)]\,\mathrm{d}t$$
$$= \frac{1}{T}\int_0^T (UI\cos \varphi)\,\mathrm{d}t - \frac{1}{T}\int_0^T [UI\cos(2\omega t + \varphi)]\,\mathrm{d}t$$
$$= UI\cos \varphi$$

即

$$P = UI\cos \varphi \qquad (3-38)$$

式（3-38）表明，有功功率不仅与电压和电流的有效值有关，而且还与它们之间的相位角 φ 有关。其中 $\cos \varphi$ 称为电路的功率因数。有功功率的单位是瓦（W），有时也用千瓦（kW）。

2. 无功功率

将式（3-37）用三角公式展开

$$p = UI\cos \varphi - UI\cos(2\omega t + \varphi)$$
$$= UI\cos \varphi - UI[\cos 2\omega t\cos \varphi - \sin 2\omega t\sin \varphi]$$
$$= UI\cos \varphi(1 - \cos 2\omega t) + UI\sin \varphi\sin 2\omega t$$

其中第一部分 $p_1 = UI\cos \varphi(1 - \cos 2\omega t)$，其平均值 $\dfrac{1}{T}\int_0^T p_1\,\mathrm{d}t = UI\cos \varphi$，正好是有功功率；第二部分 $p_2 = UI\sin \varphi\sin 2\omega t$ 的平均值 $\dfrac{1}{T}\int_0^T p_2\,\mathrm{d}t = 0$，表明了电源与电路中储能元件之

间的能量交换的情况，我们定义这一部分的幅值 $UI\sin\varphi$ 为无功功率，用来表明电路能量交换的最大值，用 Q 表示。即

$$Q = UI\sin\varphi \qquad (3-39)$$

无功功率的单位为乏（var）或千乏（kvar）。

3. 视在功率

在正弦交流电路中，我们定义电压和电流有效值的乘积 UI 为视在功率，用 S 表示，即

$$S = UI \qquad (3-40)$$

视在功率通常用来表示电气设备或电源的容量，其单位为伏安（V·A）或（kV·A）。显然，式（3-38）、式（3-39）表明 $S \neq P+Q$，而是

$$S = \sqrt{P^2 + Q^2} \qquad (3-41)$$

需要说明的是，虽然式（3-38）、式（3-39）、式（3-40）是从串联电路推导出来，但它们是计算正弦交流电路功率的一般公式。

在 RLC 串联电路中，阻抗之间、电压之间、功率之间的关系，即式（3-33）、式（3-35）、式（3-41）可用直角三角形表示，分别称为阻抗三角形、电压三角形、功率三角形。如图 3-21 所示，该图也反映了三个三角形表示方法之间的关系，因此，知其一则知其二。

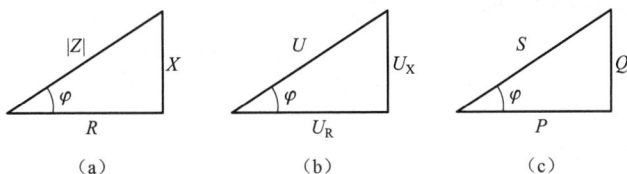

图 3-21　阻抗、电压、功率三角形
(a) 阻抗三角形；(b) 电压三角形；(c) 功率三角形

3.5　正弦交流电路的分析与计算

交流电路的分析，就是在已知电路结构和元件参数的条件下，分析各部分电压和电流之间的关系和能量转换关系。为此采用相量模型电路，运用大家较熟悉的分析直流电路的方法和定理，来分析计算交流电路。

在相量模型电路中，交流电路中的变量用相量表示，如变量电压 u、电流 i 用相量电压 $\dot{U}$、电流 $\dot{I}$ 表示；组成电路的元件参数 R、L、C 分别用复阻抗 R、jX_L、$-jX_C$ 表示，根据复阻抗的联结方式不同，可将交流电路分为复阻抗的串联电路、并联电路和混联电路，我们就此分析电路的等效阻抗及电压和电流之间的关系。

3.5.1 复阻抗的串联电路

图 3 – 22（a）所示的电路为两个复阻抗 Z_1 和 Z_2 串联的相量模型电路，复阻抗可看作为直流电路中的电阻，设复阻抗的端电压分别为 $\dot{U}_1$ 和 $\dot{U}_2$，参考方向如图所示，则可直接利用直流电路中电阻的串联特点导出复阻抗 Z_1 和 Z_2 串联的相量模型电路特征。

（1）电路的等效复阻抗为

$$Z = Z_1 + Z_2 \qquad (3-42)$$

等效电路如图 3 – 22（b）所示，即多个复阻抗串联，其等效复阻抗为多个串联复阻抗之和。

图 3 – 22　复阻抗的串联电路
（a）相量模型；（b）等效电路

（2）电路中流过 Z_1 和 Z_2 的电流 $\dot{I}$ 相同。

（3）电路中总电压 $\dot{U}$ 为各串联复阻抗端电压之和，即：

$$\dot{U} = \dot{U}_1 + \dot{U}_2 \qquad (3-43)$$

（4）复阻抗的分压作用，即

$$\frac{\dot{U}_1}{\dot{U}_2} = \frac{Z_1}{Z_2} \qquad \frac{\dot{U}_1}{\dot{U}} = \frac{Z_1}{Z} \qquad \frac{\dot{U}_2}{U} = \frac{Z_2}{Z} \qquad (3-44)$$

若用电压有效值和阻抗模表示，则有

$$\frac{U_1}{U_2} = \frac{|Z_1|}{|Z_2|} \qquad \frac{U_1}{U} = \frac{|Z_1|}{|Z|} \qquad \frac{U_2}{U} = \frac{|Z_2|}{|Z|} \qquad (3-45)$$

设复阻抗 $Z_1 = R_1 + jX_1$，$Z_2 = R_2 + jX_2$，则等效复阻抗

$$\begin{aligned} Z &= Z_1 + Z_2 = (R_1 + R_2) + j(X_2 + X_1) = (R_1 + R_2) + j(X_L - X_C) \\ &= R + jX \end{aligned}$$

复阻抗模

$$|Z| = \sqrt{(R_1 + R_2)^2 + (X_1 + X_2)^2} = \sqrt{R^2 + X^2} \qquad (3-46)$$

复阻抗角

$$\varphi = \arctan \frac{X}{R} = \arctan \frac{X_L - X_C}{R} \qquad (3-47)$$

显然，$\sqrt{R_1^2 + X_1^2} + \sqrt{R_2^2 + X_2^2} \neq \sqrt{(R_1 + R_2)^2 + (X_1 + X_2)^2}$

即　$|Z_1| + |Z_2| \neq |Z|$

同理　$U_1 + U_2 \neq U$

因此，在相量模型中，电压、电流、阻抗之间的关系是相量（复数）的关系，必须遵

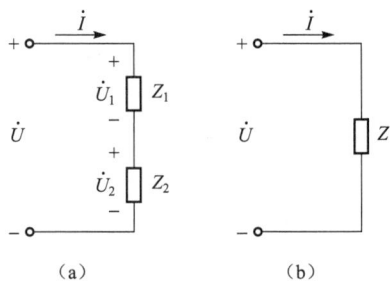

循复数的运算法则，这是和直流电路中电压、电流、电阻计算的不同之处，也是初学者容易出错或混淆的地方，要特别注意。

例 3.12　在如图 3 - 23 所示的串联电路中，已知 $Z_1 = 2 + j5 \ \Omega$，$Z_2 = -j8 \ \Omega$，$Z_3 = 2 \ \Omega$，如果 Z_3 上电压降为 $\dot{U}_3 = 2 \underline{/30°}$ V，求：

① 电路中的电流 $\dot{I}$ 、电压 $\dot{U}$ 和等效复阻抗 Z；

② Z_1、Z_2 上的电压 U_1、U_2；

③ 判别电路的性质 。

解　① 在阻抗串联的相量模型电路中，电流处处相等，即流过 Z_3 的电流为电路中电流 $\dot{I}$，由欧姆定律

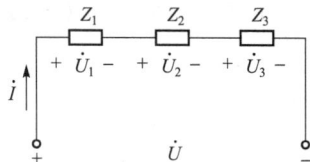

图 3 - 23　例 3.12 图

$$\dot{I} = \dot{I}_3 = \frac{\dot{U}_3}{Z_3}$$

$$= \frac{2 \underline{/30°}}{2} = 1 \underline{/30°} \ \text{A}$$

等效阻抗

$$Z = Z_1 + Z_2 + Z_3$$
$$= 2 + j5 - j8 + 2$$
$$= 4 - j3$$
$$= \sqrt{4^2 + (-3)^2} \arctan \frac{-3}{4}$$
$$= 5 \underline{/-37°} \ \Omega$$

电路电压 $\dot{U} = \dot{I} Z = 1 \underline{/30°} \times 5 \underline{/-37°} = 5 \underline{/-7°}$ V

② 由串联电路复阻抗的分压原理

$$\frac{\dot{U}_1}{\dot{U}} = \frac{Z_1}{Z}$$

得

$$U_1 = U \frac{|Z_1|}{|Z|} = 5 \times \frac{|2 + j5|}{|4 - j3|} = 5 \times \frac{\sqrt{2^2 + 5^2}}{\sqrt{4^2 + (-3)^2}} = \sqrt{29} \ \text{V}$$

同理

$$U_2 = U \frac{|Z_2|}{|Z|}$$

$$= 5 \times \frac{|-j8|}{|4 - j3|} = 5 \times \frac{\sqrt{(-8)^2}}{\sqrt{4^2 + (-3)^2}} = 8 \ \text{V}$$

还可以这样计算：由欧姆定律得　$\dot{U}_1 = Z_1 \dot{I}$

所以

$$U_1 = I |Z_1| = 1 \times |2 + j5| = \sqrt{29} \ \text{V}$$

$$U_2 = I|Z_2| = 1 \times |-j8| = 8 \text{ V}$$

③ 由 $Z = \dfrac{\dot{U}}{\dot{I}} = 5 \angle -37°$ 可知 $\varphi = -37° < 0$ 即电流超前电压37°，电路呈容性。

例3.13 电感降压调速的电风扇的等效电路如图3-24（a）所示，已知 $R = 190\ \Omega$，$X_{L_1} = 260\ \Omega$，电源电压 $U = 220$ V，$f = 50$ Hz，要使 $U_1 = 180$ V，问串联的电感 L_x 应为多大？

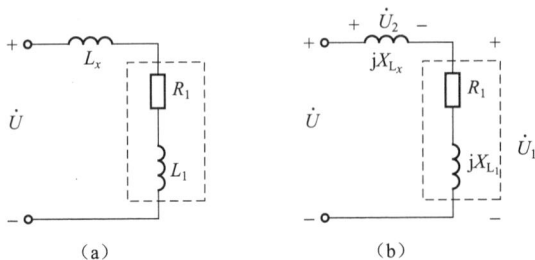

图 3-24 例3.13图

（a）电风扇的等效电路；（b）相量模型电路

解 将交流电路变为相量模型电路，如图3-24（b）所示，若能求出 X_{L_x}，则由 $X_{L_x} = 2\pi f L_x$ 可求出 L_x。

设 $Z_2 = jX_{L_x}$，$Z_1 = R + jX_{L_1} = 190 + j260\ \Omega$，由串联阻抗电路的分压作用，可得

$$\frac{\dot{U}}{\dot{U}_1} = \frac{Z}{Z_1}$$

所以 $\quad |Z| = \dfrac{U}{U_1}|Z_1|$

而电路等效阻抗 $Z = Z_1 + Z_2 = (R + jX_{L_1}) + jX_{L_x} = R + j(X_{L1} + X_{L_x})$

所以 $|Z| = \sqrt{R^2 + (X_{L_1} + X_{L_x})^2}$

所以 $\sqrt{R^2 + (X_{L_1} + X_{L_x})^2} = \dfrac{U}{U_1}|Z_1| = \dfrac{U}{U_1}\sqrt{R^2 + X_{L_x}^2}$

代入数据，整理得

$$X_{L_x} = 84.688\ \Omega$$

由 $X_{L_x} = 2\pi f L_x$ 得 $L_x = \dfrac{X_{L_x}}{2\pi f} = \dfrac{84.688}{100\pi} = 270$ mH

3.5.2 复阻抗的并联电路

图3-25（a）为两个阻抗 Z_1、Z_2 的并联相量模型电路，通过 Z_1、Z_2 的电流分别为 $\dot{I}_1$、$\dot{I}_2$，参考方向如图所示，参照直流电路，可直接得出并联复阻抗电路的如下特征：

（1）电路的等效电路如图3-25（b）所示，等效阻抗为 Z，则其倒数等于各并联阻抗的倒数和，即

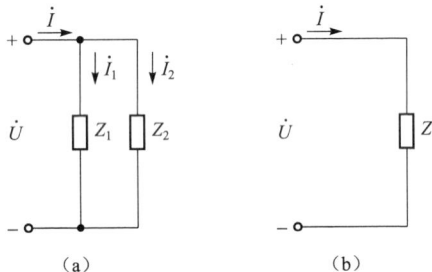

图 3-25 复阻抗并联电路

（a）复阻抗并联电路；（b）等效电路

$$\frac{1}{Z} = \frac{1}{Z_1} + \frac{1}{Z_2} \tag{3-48}$$

（2）电路的总电流 $\dot{I}$ 为各支路电流之和，即

$$\dot{I} = \dot{I}_1 + \dot{I}_2 \tag{3-49}$$

（3）并联电路复阻抗的分流作用，即

$$\frac{\dot{I}_1}{\dot{I}_2} = \frac{Z_2}{Z_1} \tag{3-50}$$

（4）并联支路的端电压处处相等，即 $\dot{U} = \dot{U}_1 = \dot{U}_2$。

和串联复阻抗电路相似，在并联复阻抗交流电路中，$I_1 + I_2 \neq I$，$\frac{1}{|Z|} \neq \frac{1}{|Z_1|} + \frac{1}{|Z_2|}$。

例 3.14　在如图 3-26 的并联电路中，已知 $Z_1 = 4 + j3\ \Omega$，$Z_2 = 8 - j6\ \Omega$，$\dot{U} = 150\ \underline{/60^\circ}$ V，求电路中各支路电流 $\dot{I}_1$、$\dot{I}_2$，判别电路的性质。

解：① 在并联电路中，阻抗 Z_1，Z_2 两端的电压相等，都为 $\dot{U}$，由欧姆定律，得

电流　　　$\dot{I}_1 = \dfrac{\dot{U}}{Z_1} = \dfrac{150\ \underline{/60^\circ}}{4 + j3} = \dfrac{150\ \underline{/60^\circ}}{5\ \underline{/37^\circ}} = 30\ \underline{/23^\circ}$ A

同理，$\dot{I}_2 = \dfrac{\dot{U}}{Z_2}$

所以　　$I_2 = \dfrac{U}{|Z_2|} = \dfrac{150}{|8 - j6|} = \dfrac{150}{\sqrt{8^2 + (-6)^2}} = 15$ A

② 并联电路的等效阻抗为 Z，则　　$\dfrac{1}{Z} = \dfrac{1}{Z_1} + \dfrac{1}{Z_2}$

所以　　　$Z = \dfrac{Z_1 Z_2}{Z_1 + Z_2} = \dfrac{(4+j3)(8-j6)}{(4+j3)+(8-j6)}$

$$= \frac{50}{51}(4+j) = 4.04\ \underline{/14.5^\circ}\ \Omega$$

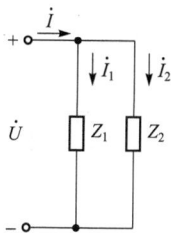

图 3-26　例 3.14 图

所以 $\varphi = 14.5^\circ > 0$ 即电压超前电流 14.5°，电路呈感性。

例 3.15　在如图 3-27 所示电路中，已知 $R_1 = 8\ \Omega$，$R_2 = 3\ \Omega$，$L_1 = 19.1$ mH，$L_2 = 12.7$ mH，$u = 311\sin 314t$ V，求

① i、i_1、i_2。
② 判断此电路的性质。
③ 画出相量图。

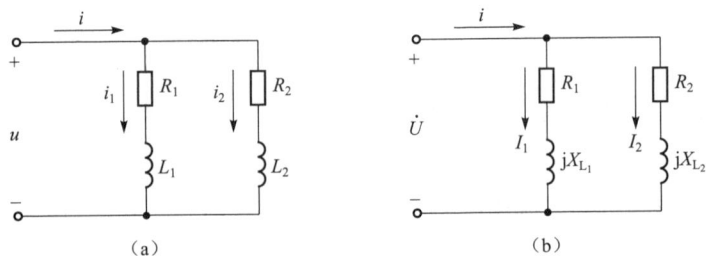

图 3 – 27　例 3. 15 图

（a）交流电路；（b）相量模型电路

解　① 将交流电路化为相量模型电路如图 3 – 27（b）所示，则 $\dot{U} = \dfrac{311}{\sqrt{2}} \angle 0° = 220 \angle 0°$ V，

从电压 u 表达式可知，角频率 $\omega = 314$ rad/s。

所以
$$X_{L_1} = \omega L_1 = 314 \times 19.7 \times 10^{-3} = 6 \ \Omega$$
$$X_{L_2} = \omega L_2 = 314 \times 12.7 \times 10^{-3} = 4 \ \Omega$$

设 $Z_1 = R_1 + jX_{L_1} = 8 + j6 = 10 \angle 37° \ \Omega$

$Z_2 = R_2 + jX_{L_2} = 3 + j4 = 5 \angle 53° \ \Omega$

并联等效阻抗 $Z = \dfrac{Z_1 Z_2}{Z_2 + Z_2} = \dfrac{(3 + j4) \cdot (8 + j6)}{(3 + j4) + (8 + j6)}$

$$= \dfrac{50}{11^2 + 10^2} \times (10 + j11) = 3.36 \angle 48° \ \Omega$$

根据阻抗并联电路的特点：并联支路电压处处相等，由欧姆定理得

$$\dot{I}_1 = \frac{\dot{U}}{Z_1} = \frac{220 \angle 0°}{10 \angle 37°} = 22 \angle -37° \text{ A}$$

$$\dot{I}_2 = \frac{\dot{U}}{Z_2} = \frac{220 \angle 0°}{5 \angle 53°} = 44 \angle -53° \text{ A}$$

$$\dot{I} = \frac{\dot{U}}{Z} = \frac{220 \angle 0°}{3.36 \angle 48°} = 65.5 \angle -48° \text{ A}$$

将相量形式的电流写成三角函数表达式，即

$$i = 65.5\sqrt{2}\sin(314t - 48°) \text{ A}$$
$$i_1 = 22\sqrt{2}\sin(314t - 37°) \text{ A}$$
$$i_2 = 44\sqrt{2}\sin(314t - 53°) \text{ A}$$

② 由 $Z = 3.36 \angle 48° \ \Omega$ 可知 $\varphi = 48° > 0$，电压超前电流 48°，电路呈感性，从 u、i 表达式也可印证。

③ 电压、电流相量图如图 3 - 28 所示。

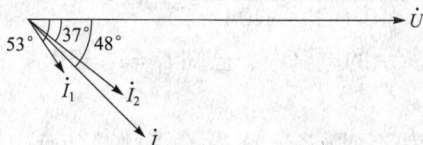

图 3 - 28　例 3. 15 相量图

3.5.3　复阻抗的混联电路

在复阻抗混联电路中，既有复阻抗的串联，又有复阻抗的并联，下面以例题说明这种电路的分析与计算。

例 3. 16　在如图 3 - 29 的电路中，已知 $\dot{U} = 220 \angle 0°$ V，$Z_1 = 5\ \Omega$，$Z_2 = 10 + j20\ \Omega$，$Z_3 = -j40\ \Omega$，试求等效阻抗 Z 和电流 $\dot{I}$、$\dot{I}_1$、$\dot{I}_2$、$\dot{I}_3$。

解　该电路为复阻抗的混联电路，Z_2、Z_3 并联后再与 Z_1 串联。

① 等效阻抗 $Z = Z_1 + (Z_2 // Z_3) = Z_1 + \dfrac{Z_2 Z_3}{Z_2 + Z_3}$

$$= 5 + \frac{(10 + j20) \times (j40)}{(10 + j20) + (-j40)}$$

$$= 37 + j24 = 44 \angle 33°\ \Omega$$

② 求电流

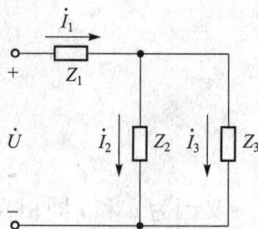

图 3 - 29　例 3. 16 图

电路中的电流 $\dot{I}$ 即为流过 Z_1 的电流 $\dot{I}_1$，由欧姆定律，得

$$\dot{I} = \dot{I}_1 = \frac{\dot{U}}{Z} = \frac{220 \angle 0°}{44 \angle 33°} = 5 \angle -33°\ A$$

由 Z_2、Z_3 并联的分流作用，即

$$\frac{\dot{I}_3}{\dot{I}_2} = \frac{Z_2}{Z_3}$$

得　$\dfrac{\dot{I}_3 + \dot{I}_2}{\dot{I}_2} = \dfrac{Z_2 + Z_3}{Z_3}$

所以 $\dot{I}_2 = \dfrac{\dot{I}_3 + \dot{I}_2}{Z_2 + Z_3} Z_3 = \dfrac{\dot{I}}{Z_2 + Z_3} Z_3$

所以 $I_2 = \dfrac{I \mid Z_3 \mid}{\mid Z_2 + Z_3 \mid} = \dfrac{5 \times \mid -j40 \mid}{\mid 10 + j20 - j40 \mid} = 4\sqrt{5}\ A$

同理 $I_3 = \dfrac{I \mid Z_2 \mid}{\mid Z_2 + Z_3 \mid} = \dfrac{5 \times \mid 10 + j20 \mid}{\mid 10 + j20 - j40 \mid} = 5$ A

例 3.17 在如图 3−30 所示的电路中，已知 $I_1 = I_2 = 10$ A ，$U = 220$ V ，u 和 i 同相，试求 I、X_C、X_L。

解 设电路的等效阻抗为 Z，则 $Z = jX_L + (\ -jX_C /\!/ R\ )$

所以 $\qquad Z = jX_L + \dfrac{-jX_C \cdot R}{R - jX_C}$

由复阻抗 $-jX_C$ 和 R 并联的分流作用，即

$$\dfrac{-jX_C}{R} = \dfrac{\dot{I}_2}{\dot{I}_1}$$

得

图 3−30　例 3.17 图

$$\dfrac{I_2}{I_1} = \dfrac{X_C}{R} = 1$$

$$X_C = R$$

$$Z = jX_L + \dfrac{-jX_C \cdot R}{R - jX_C} = jX_L + R\,\dfrac{-j}{1 - j}$$

$$= \dfrac{1}{2}R + j\left(X_L - \dfrac{1}{2}R \right)$$

又因为 u 和 i 同相，说明电路为纯阻性，等效阻抗 Z 的虚部为 0，即

$$X_L - \dfrac{1}{2}R = 0$$

所以 $Z = \dfrac{1}{2}R$，$R = 2X_L = X_C$

设复阻抗 $-jX_C$ 和 R 并联的等效阻抗为 $Z' = -jX_C /\!/ R = \dfrac{1}{2}R(1 - j)$，两端电压为 $\dot{U}'$，由 jX_L 和 Z' 串联电路的分压作用，即

$$\dfrac{\dot{U}'}{\dot{U}} = \dfrac{Z'}{Z}$$

所以 $\dfrac{U'}{U} = \dfrac{\mid Z' \mid}{\mid Z \mid} = \dfrac{\left| \dfrac{1}{2}R\ (1 - j) \right|}{\dfrac{1}{2}R} = \sqrt{2}$

所以 $U' = \sqrt{2}\,U$　而 $U' = I_2 R$

所以 $R = \dfrac{\sqrt{2}\,U}{I_2} = \dfrac{\sqrt{2} \times 220}{10} = 22\sqrt{2}$ Ω

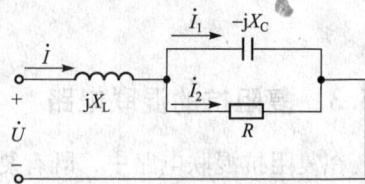

所以 $X_C = R = 22\sqrt{2}\ \Omega$，$X_L = Z = \dfrac{1}{2}R = 11\sqrt{2}\ \Omega$

由欧姆定律 求电路电流 $I = \dfrac{\dot U}{Z}$，得

$$I = \frac{U}{|Z|} = \frac{220}{11\sqrt{2}} = 10\sqrt{2}\ \text{A}$$

例 3.18 图 3-31 所示电路中，已知 $\dot U_{S1} = 100\ \underline{/0°}\ \text{V}$，$\dot U_{S2} = 100\ \underline{/90°}\ \text{V}$，$R = 6\ \Omega$，$X_C = 8\ \Omega$，$X_L = 8\ \Omega$ 求各支路电流。

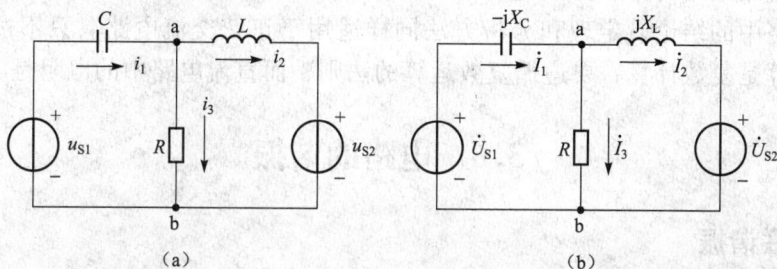

图 3-31　例 3.18 图
（a）交流电路；（b）相量模型

解 将交流电路化为相量模型电路如图 3-31（b）所示，利用直流电路的分析方法——节点法求解。以 b 点为参考节点各支路电流 $\dot I_1$、$\dot I_2$、$\dot I_3$ 参考方向如图 3-31（b）所示。

所以

$$\dot U_{ab} = \frac{\dot U_{S1} Y_1 + \dot U_{S2} Y_2}{Y_1 + Y_2 + Y_3}$$

其中

$$Y_1 = \frac{1}{jX_C},\quad Y_2 = \frac{1}{jX_L} = Y_3 = \frac{1}{R}$$

所以

$$\dot U_{ab} = \frac{\dfrac{100}{-j8} + \dfrac{j100}{j8}}{\dfrac{1}{-j8} + \dfrac{1}{j8} + \dfrac{1}{6}} = \frac{600}{8}\ (1+j)\ = 106.1\ \underline{/45°}\ \text{V}$$

$$\dot I_1 = \frac{\dot U_{S1} - \dot U_{ab}}{-jX_C} = \frac{100 - 106.1\ \underline{/45°}}{-j8} = \frac{632.5\ \underline{/-71°}}{64\ \underline{/-90°}} = 9.89\ \underline{/19°}\ \text{A}$$

$$\dot{I}_2 = \frac{\dot{U}_{ab} - \dot{U}_{S2}}{-jX_L} = \frac{106.1\,\angle 45° - j100}{-j8} = \frac{632.5\,\angle -18°}{8\,\angle 90°} = 9.8\,\angle 108°\,A$$

$$\dot{I}_3 = \frac{\dot{U}_{ab}}{R} = \frac{106\,\angle 45°}{6} = 17.6\,\angle 45°\,A$$

读者还可以用其他方法（如基尔霍夫定律、叠加原理、戴维南定律）求解。从以上分析可知，对于交流电路的分析计算，首先将其转化为相量模型，电路中变量变成相量，元件参数用复阻抗代替，根据复阻抗之间的连接方式，将其看做为直流电路中电阻的连接方式，利用直流电路的分析方法进行分析计算，也就是说运用相量法分析正弦交流电路时，直流电路中的结论、定理和分析方法同样适用于正弦交流电路。只不过要注意相量模型中的计算是复数计算，要遵循复数运算的法则，而直流电路中的电阻是实数计算。

3.6　电路的谐振

3.6.1　串联谐振

1. 谐振现象

含有电感和电容元件的交流电路，如图 3 - 18 所示，若电路中电压和电流的相位差（或夹角）$\varphi = 0$，即电压和电流同相，电路呈纯阻性，电路的这种状态，称电路产生了谐振现象。

电路的谐振可根据电路的组成结构分为串联谐振和并联谐振两种类型。

谐振电路的一些特性，对生产有用的我们要积极利用，对可能产生的危害要积极加以预防，这就是研究谐振电路的目的。

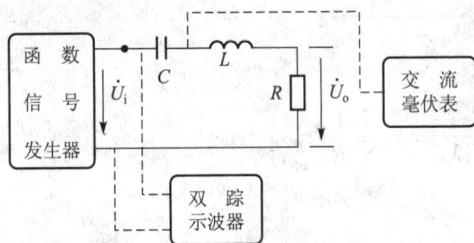

图 3 - 32　串联谐振实验电路

先做一个实验。在如图 3 - 32 所示的 *RLC* 串联电路中，用交流毫伏表测量电压，用双踪示波器监视信号源输出。令其输出电压 U_i 始终保持不变，调节信号源的输出频率，由小逐渐变大，当 R 两端输出电压到达最大值时，再测量电感和电容两端的电压 U_L 和 U_C，发现 U_C、U_L 大小相等且方向（极性）相反，此时电路中电感的作用和电容的作用相互抵消，电路呈纯阻性，即电压和电流同相，电路产生了串联谐振。此时信号源的输出频率称为串联谐振电路的谐振频率 f_0。

2. 产生谐振的条件

串联谐振时，电路等效阻抗 $Z = R + j(X_L - X_C) = R$ 呈阻性，虚部为 0，即

$$X_L = X_C \quad 或 \quad \omega L = \frac{1}{\omega C} \qquad (3-51)$$

这是电路产生谐振的条件。

所以，谐振频率为

$$\omega_0 = \frac{1}{\sqrt{LC}} \quad 或 \quad f_0 = \frac{1}{2\pi \sqrt{LC}} \qquad (3-52)$$

谐振时感抗 X_L 和容抗 X_C 相等，其值称为电路的特性阻抗 ρ，即

$$\rho = \omega_0 L = \frac{1}{\omega_0 C} = \sqrt{\frac{L}{C}} \qquad (2-53)$$

当电源频率 f 与电路参数 L 和 C 之间满足该式时，则产生谐振现象。由此可见，只要调整电路参数 L、C 或调节电源频率 f 都能使电路产生谐振。

3. 串联谐振电路的基本特性

（1）电压与电流同相位，电路呈阻性。

（2）电路的阻抗模最小，电流最大。

电路上的阻抗模 $|Z| = \sqrt{R^2 + (X_L - X_C)^2} = R$ 最小。在电源电压不变的情况下，电路的电流值 $I = \dfrac{U}{|Z|} = \dfrac{U}{R}$ 最大，此时的电流称为谐振电流 I_0。

图 3-33 为阻抗与电流随频率变化的曲线，其中曲线 2 称为谐振曲线。

（3）电感和电容端电压大小相等，相位相反，外加电压全部加在电阻端，即

$$\dot{U}_L = -\dot{U}_C, \quad \dot{U} = \dot{U}_R$$

相量图如图 3-19（c）所示。

（4）电感和电容的端电压数值是外加电源电压值的 Q 倍。Q 值又称为谐振电路的品质因数，定义为

$$Q = \frac{\omega_0 L}{R} = \frac{1}{\omega_0 CR} = \frac{\rho}{R} \qquad (3-54)$$

即谐振时回路感抗值 X_L（或容抗值 X_C）与回路电阻 R 的比值。

当 $X_L = X_C \gg R$ 时，电容和电感端电压数值远大于电源电压，一般 Q 值可达几十至几百，因此串联谐

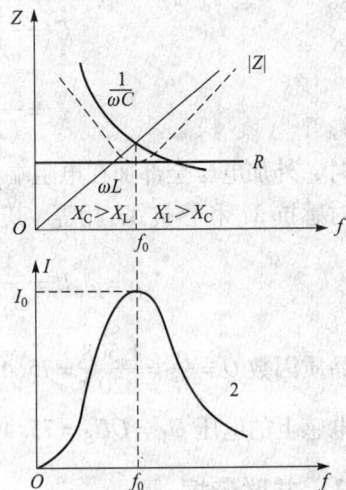

图 3-33　阻抗与电流随频率变化的曲线

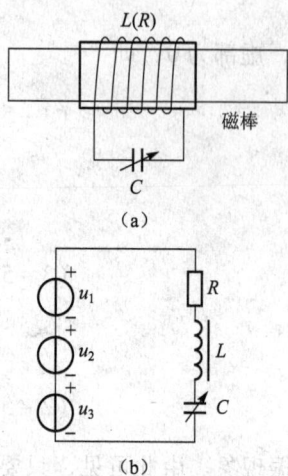

图 3-34 串联谐振调谐回路
(a) 调谐回路；(b) 等效电路

振又称为电压谐振。

串联谐振在无线电中应用广泛，如收音机的调谐回路。如图 3-34 是收音机的磁性天线，绕在磁棒上的线圈 L 和可变电容 C 组成谐振电路，当天线接收到各种不同频率的电台信号时，如 u_1、u_2、u_3，等效电路如图 3-34（b）所示，调节可变电容 C，当谐振回路的频率和电台的频率相同时，电路产生串联谐振，线圈 L 两端的电压达到最大，通过变压器耦合输出，这种频率信号就被选出来，即找到要收听的电台，其他频率的信号就被抑制，振谐曲线越尖 Q 值越大，频率的选择性越好，但通频带越窄，因此二者要统筹兼顾。串联谐振也有其危害的一面，如在电力系统中，谐振时电感和电容端电压是电源电压值的 Q 倍。过高电压可能会击穿线圈和电容的绝缘，造成设备损坏和系统故障，因此在电力系统中应避免出现串联谐振。

例 3.19 已知 R、L、C 串联电路中，$R = 20\ \Omega$，$L = 300\ \mu H$，信号源频率调到 800 kHz 时，回路中的电流达到最大，最大值为 0.15 mA，试求信号源电压 U_S、电容 C、回路的特性阻抗 ρ、品质因数 Q 及电感上的电压 U_L。

解 根据串联谐振电路的基本特征，当回路的电流达到最大时，电路处于谐振状态。由谐振频率式（3-52）可知电容 C 的大小

$$C = \frac{1}{\omega^2 L} = \frac{1}{(2\pi f)^2 L}$$

$$= \frac{1}{(2\pi \times 800 \times 10^3)^2 \times 300 \times 10^{-6}} = 132\ pF$$

谐振时，外加电压全部加在电阻端，所以 $U_S = U_R = I_o R = 15 \times 20 = 3$ mV

谐振时感抗 X_L 和容抗 X_C 相等，其值称为电路的特性阻抗 ρ，即

$$\rho = \omega_0 L = \frac{1}{\omega_0 C} = \sqrt{\frac{L}{C}} = \frac{\sqrt{300 \times 10^{-6}}}{\sqrt{132 \times 10^{-12}}} = 1\ 508\ \Omega$$

品质因数 $Q = \dfrac{\rho}{R} = \dfrac{1\ 508}{20} = 75.4$

电感上的电压 $U_L = Q U_S = 75.4 \times 3 = 226.2$ mV

3.6.2 并联谐振

1. 并联谐振及产生的条件

串联谐振电路适用于信号源内阻较小的情况（恒压源），若信号源内阻较大，采用串联

谐振回路将极大降低电路的 Q 值, 使串联谐振电路的频率选择性变坏、通频带过宽, 在这种情况下应采用并联谐振电路。

在 L、C 并联的电路中产生的谐振, 称为并联谐振。在如图 3 – 35 所示并联电路中, R 为电路的等效电阻, 和电感 L 串联。图 3 – 36 是并联谐波的相量图。

在并联电路中等效阻抗 $Z = (R + jX_L)$ // $(-jX_C)$, 即

$$Z = \frac{(R + jX_L)(-jX_C)}{R + jX_L + (-jX_C)}$$

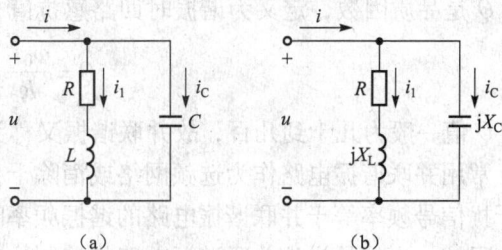

图 3 – 35 并联谐振电路
（a）并联谐振电路；（b）相量模型

在实际应用中通常等效电阻 R 很小, 在谐振时 $X_L = \omega L \gg R$, $R + jX_L \approx jX_L$, 故上式可近似写成

$$Z \approx \frac{jX_L(-jX_C)}{R + j(X_L - X_C)} = \frac{X_L X_C}{R + j(X_L - X_C)}$$
$$= \frac{1}{\frac{RC}{L} + j\left(\omega C - \frac{1}{\omega L}\right)}$$

谐振时电路呈阻性, 即 $j\left(\omega C - \dfrac{1}{\omega L}\right) = 0$, 则并联电路发生谐振的条件是

$$\omega C = \frac{1}{\omega L}$$

由此可得并联谐振电路谐振频率

$$\omega_0 = \frac{1}{\sqrt{LC}} \quad 或 \quad f_0 = \frac{1}{2\pi \sqrt{LC}}$$

并联谐振频率和串联谐振基本相同。

2. 并联谐振电路的基本特性

（1）电压和电流同相位, 电路呈阻性。

（2）电路的阻抗模最大, 电流最小。

并联谐振阻抗模 $|Z| = \left|\dfrac{1}{\dfrac{RC}{L} + j\left(\omega_0 C - \dfrac{1}{\omega_0 L}\right)}\right| = \dfrac{L}{RC}$, 分母变为最小, 因此 $|Z|$ 最大。

在电源电压一定时, 谐振电流 $I_0 = \dfrac{U}{|Z|}$ 最小。

（3）电感电流和电容电流几乎大小相等, 相位相反。

由于 R 很小, $R + jX_L \approx jX_L$, 故在 RL 支路和 C 支路产生的电流几乎相等, 相位相反,

相量图如图 3-36 所示。

（4）电感和电容支路的电流约为电路总电流的 Q 倍。

Q 是品质因数，定义为谐振时回路感抗值 X_L（或容抗值 X_C）与回路电阻 R 的比值，即

$$Q = \frac{\omega_0 L}{R} = \frac{1}{\omega_0 CR}$$

Q 值一般为几十到几百，故并联谐振又称为电流谐振。

常用并联谐振电路作为选频网络或消除干扰。图 3-37 所示并联谐振抗干扰电路，当某个干扰信号频率等于并联谐振电路的谐振频率时，则该电路对于这个干扰信号来说呈现出很大的阻抗，也就是说该并联谐振电路将抑制这个干扰信号，不让它进入接收机，达到滤去干扰频率的目的。

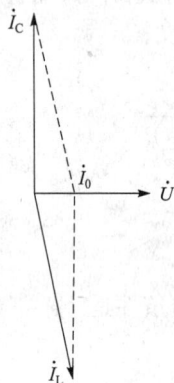

图 3-36 并联谐振相量图

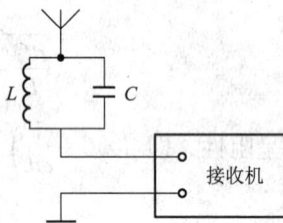

图 3-37 并联谐振抗干扰电路

3.7 功率因数的提高

在 3.4.2 节讨论电阻、电感和电容元件串联交流电路中，引出了交流电路的功率因数 $\cos \varphi$，其中负载的阻抗角 φ 是电压和电流的相位差或为夹角，其大小取决于电路负载的参数，其功率因数 $\cos \varphi$ 介于 0 和 1 之间。由于电力系统中接有大量的感性负载，如电动机、变压器、交流电磁铁等，线路的功率因数不高，为此需要提高线路的功率因数。

一个感性负载可用 RL 串联电路作为它的电路模型。

3.7.1 提高功率因数的意义

1. 有利于电源设备容量的充分利用

通常的电源设备，如发电机、变压器都有一个额定容量，即视在功率。但能否全部为负载所利用，就取决于负载的性质，如果是呈阻性负载电路，$\varphi = 0$，则功率因数为 1，那么负

载所获得的有功功率 $P = UI\cos\varphi = UI$ 等于电源的额定容量，电源设备的容量利用率高。而实际的电力线路中负载多为感性负载，电路中存在能量交换。电源设备必须把一部分功率作为与储能元件间的能量交换（无功功率），那么负载得到的有功功率只能是电源设备的额定容量的一部分，而 $\cos\varphi$ 越小，负载得到的有功功率就越小，$\cos\varphi$ 越大，则电源设备所能提供的有功功率就越大，有利于提高电源设备的容量利用率。

例如，某交流电源额定电压 220 V，额定电流 18.2 A，那么它可以对 100 盏 40 W 的白炽灯供电，电源输出的有功功率可达 $100 \times 40 \text{ W} = 4\,000 \text{ W}$，如果用此电源对日光灯供电，感性负载电路 $\cos\varphi = 0.5$，电源输出的有功功率为 $220 \times 18.2 \times 0.5 \text{ W} = 2\,002 \text{ W}$，则只能供 50 盏 40 W 的日光灯用电。

2. 有利于降低输电线路的功率损耗

电能是通过输变电线路送到厂矿企业、千家万户的，当输电电压 U 和输送的有功功率 P 一定时，输电线路通过的电流为 $I = \dfrac{P}{U\cos\varphi}$，线路发热损耗的电能为 $P_L = I_L^2 R_L$，R_L 为线路的等效电阻，若功率因数 $\cos\varphi$ 提高了，则通过输电线路的电流就减小，在线路的损耗也减小，线路压降减少，从而提高了传输效率和供电质量。同时在线路损耗 $P_L = I_L^2 R_L$ 一定的情况下，因功率因数提高，电流减小，线路电阻可以增大，故传输导线可以做细一些，这样就节约了铜材。

由此可见，提高功率因数对国民经济有着极为重要的意义。

3.7.2 提高功率因数的方法

1. 补偿原理

把具有容性负载装置和感性负载装置并联在同一电路中。当容性负载释放能量时，感性负载吸收能量，而容性负载吸收能量时，感性负载释放能量。能量在两种负载间互换交换，使感性负载吸收的无功功率，能从容性负载输出的无功功率中得到补偿，提高整个电路的功率因数。

2. 补偿方法

对于感性电路，将电容器 C（补偿电容器）并联在感性电路 RL 的两端，利用电容器补偿无功功率，提高功率因数。电容器补偿方法，造价低廉、安装方便、运行维护简便、自身损耗很小，是国内外广泛采用的补偿方法。

电路如图 3 - 38 所示。

图 3 - 38（a）是补偿电路的相量模型电路，利用相量模型，来分析计算并联电路。

图 3 - 38（b）是以电压相量 U 为参考量作出的相量图。从相量图中可明显地看出：在感性负载的两端并联造出的电容，可使电压和电流的相位差从 φ_1 减少到 φ_2，$\cos\varphi_2 > \cos\varphi_1$，从而提高了电路的功率因数。

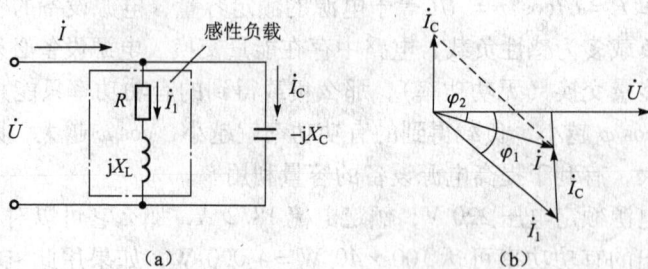

图 3-38 电容器补偿电路

(a) 补偿电路；(b) 相量图

下面利用图 3-38 来定量分析如何选择补偿电容器 C 的数值。

未并联电容 C 时，电路就是一个 RL 串联电路，阻抗 $Z_1 = R + jX_L$，阻抗角 $\varphi_1 = \arctan \dfrac{X_L}{R}$，通过电流为 $\dot{I}_1 = \dfrac{\dot{U}}{Z_1}$，电路的有功功率为 $P = UI_1 \cos \varphi_1$。

并联电容后，感性负载本身没变，负载的端电压也没变，故此时负载上的电流仍为 $\dot{I}_1$，即并联补偿电容前后对原感性负载的工作状态没有影响，故感性负载的有功功率和功率因数均没有变化。但此时电路总电流 $\dot{I}$ 不再为 $\dot{I}_1$，而是 $\dot{I}_1$ 和电容支路电流 $\dot{I}_C$ 之和，即 $\dot{I} = \dot{I}_1 + \dot{I}_C$，如图 3-38 (b) 所示。从图上可知

$$\tan \varphi_2 = \frac{I_1 \sin \varphi_1 - I_C}{I_1 \cos \varphi_1}$$

而

$$I_1 = \frac{P}{U \cos \varphi_1}$$

$$\dot{I}_C = \frac{\dot{U}}{-jX_C}$$

所以 $I_C = \dfrac{U}{X_C} = U\omega C$

所以 $\tan \varphi_2 = \dfrac{\dfrac{P \sin \varphi_1}{U \cos \varphi_1} - U\omega C}{\dfrac{P}{U \cos \varphi_1} \cos \varphi_1}$

整理后，得

$$C = \frac{P(\tan \varphi_1 - \tan \varphi_2)}{2\pi f U^2} \tag{3-55}$$

此式就是所需并联的补偿电容器的电容量。

从以上分析可知,我们所讨论的提高功率因数,是指提高电源或电网的功率因数,而不是某个感性负载的功率因数。事实上,电网的功率因数提高了,感性负载的有功功率和功率因数并没有改变。这是应该注意区分的。

例 3.20 如图 3-38 (a) 所示电路,异步电动机(感性负载)接在 380 V 的工频电源上,负载吸收的功率 $P = 25$ kW,功率因数 $\cos \varphi_1 = 0.6$,若要使 $\cos \varphi_1$ 提高到 $\cos \varphi_2 = 0.9$,则在负载两端并联多大电容? 此时电动机吸收的功率是否增加?

解 根据式 (3-55) 求解

$$\cos \varphi_1 = 0.6, \quad \tan \varphi_1 = 1.333$$
$$\cos \varphi_2 = 0.9, \quad \tan \varphi_2 = 0.484\ 3$$

代入已知数据,得

$$C = \frac{P(\tan \varphi_1 - \tan \varphi_2)}{2\pi f U^2} = \frac{25 \times 10^3 \times (1.333 - 0.484\ 3)}{2\pi \times 50 \times 380^2} = 468\ \mu\text{F}$$

虽说并联电容 C 后,功率因数从 0.6 提高到 0.9,但电动机支路的电流、端电压、阻抗都没有改变,故吸收的有功功率没有变化。

日常生活中照明的日光灯电路,就是一个 RL 串联电路,如图 3-39 所示。补偿电容 C 起提高线路功率因数的作用,日光灯本身在并联电容前后消耗的功率没有变化。

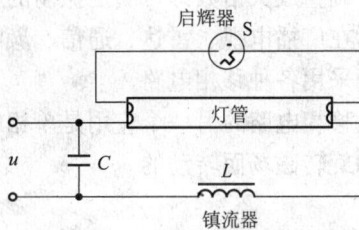

图 3-39 日光灯电路

阅读与应用 5 移相电路及应用

电路除用作传输和转换电能外,另一种重要作用是把施加给电路的信号(如输入电压)进行处理。移相电路就是完成这种信号处理功能的电路之一。常见的移相电路大多数用电阻元件和电容元件串联构成,称其为 RC 移相电路,如图 3-40 所示。它的输入电压是串联电路的总电压 u_1,输出电压 u_2 也可以从电容上取出。

在实际运用中,为了满足一定的移相范围,常采用多节 RC 电路组成移相网络;另一类常见的移相电路叫移相电桥,如图 3-41 所示。它是由两个固定电阻、一个可变电阻和一个固定电容构成四个桥臂,输入电压 u_1 和输出电压 u_2 分别是电桥对角线的电压。

移相电路在电子技术中应用的例子很多。

半导体功率开关器件(SCR)工作时,就是通过移相电路来改变其导通角,从而达到交流调压、可控整流、变频调速等目的。从家用调光台灯、大型舞台调光灯、变频空调,到工业控制都可以看靠其应用。

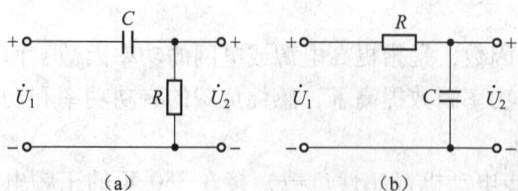

图 3-40 RC 移相电路

（a）RC 超前移相电路；（b）RC 滞后移相电路

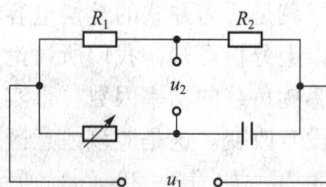

图 3-41 移相电桥

在许多电子仪器中，如信号发生器、示波器等，振荡器是其核心电路，而振荡器就是通过移相网络来满足其自激振荡的条件，如图 3-42 所示的 RC 移相式振荡电路，放大电路为一共射极分压式偏置放大电路，其输出电压与输入电压倒相，即 $\varphi_a = -180°$。图中用三节 RC 超前移相电路，可使 $\varphi_f = 180°$，那么 $\varphi = \varphi_a + \varphi_f = 0°$，满足振荡的相位条件。若用三节 RC 滞后移相电路，使其中 $\varphi_f = -180°$，即 $\varphi = \varphi_a + \varphi_f = -360°$，同样可满足振荡的相位条件。调整放大倍数即可满足振荡的幅值条件。

在广播电视、雷达、通信、濒临合成、信号跟踪、自动控制、时钟同步等领域中，也都广泛采用各种移相电路。

移相电路的另一个应用是单相电动机的运行。如图 3-43 所示，电机是靠通电后内部产生的旋转磁场而转动的。

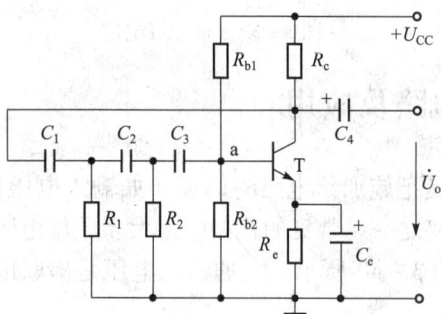

图 3-42 RC 移相式振荡电路

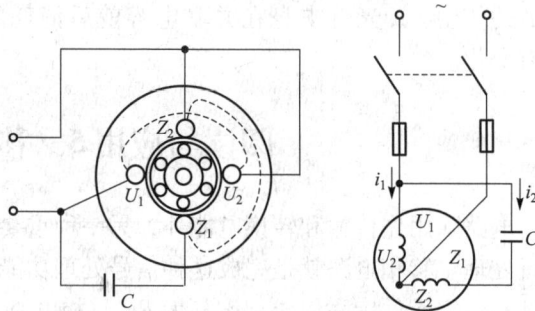

图 3-43 电容分相式单相异步电动机

（a）组成示意图；（b）等效电路

产生转动磁场的方法之一是分别向两个空间角度为 90° 的绕组，通入两个相位不同的电流。由于启动绕组中串接了电容器，所以在同一单相交流电源中，启动绕组中通过的电流与主绕组通过的电流是不同相位的。启动绕组的电流超前于主绕组电流某一角度。若电容器的容量合适，则启动绕组的电流超前于主绕组电流约 90° 相位角，如图 3-44 所示。

因为这种电动机将单相电流分为两相电流，故称为分相式电动机。因此，在两相电流作用下，这种电动机便可产生两相旋转磁场，如图 3 – 45 所示。

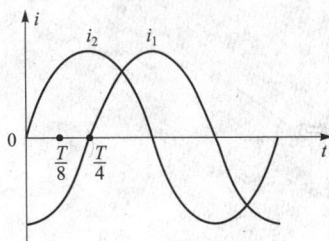

图 3 – 44　两相电流波形

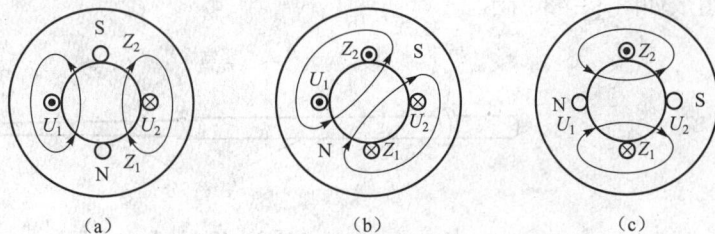

图 3 – 45　单相电动机的旋转磁场
（a）$\omega t = 0°$；（b）$\omega t = 45°$；（c）$\omega t = 90°$

单相电动机的效率、功率因数、过载能力都较低，但因为它能在单相电路中运行，所以也有一定的应用场合，如家用电器、医疗器械及许多电动工具中，常采用单相电动机。

阅读与应用6　常用电工工具和测量仪表的使用

一、常用电工工具的使用

1. 验电器

验电器又叫电压指示器，是用来检查导线和电器设备是否带电的工具。验电器分为高压和低压两种。

（1）低压验电器　常用的低压验电器是验电笔，又称试电笔，检测电压范围一般为 60 ~ 500 V，常做成钢笔式（如图 3 – 46 所示）或改锥式（如图 3 – 47 所示）。

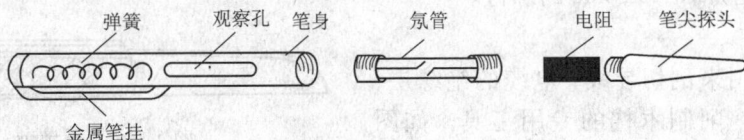

图 3 – 46　钢笔式验电器

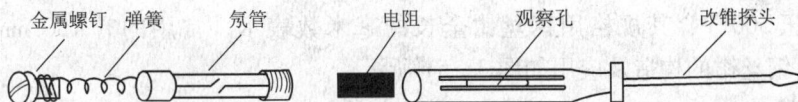

图 3 – 47　改锥式验电器

（2）高压验电器　高压验电器属于防护性用具，检测电压范围为 1 000 V 以上，其主要组成如图 3 -48 所示。

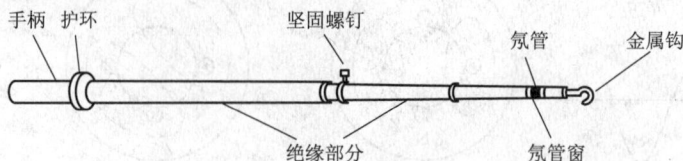

图 3 -48　高压验电器

2. 改锥

改锥，又称螺丝刀，是一种常用的旋具，如图 3 -49 所示。它用来紧固或拆卸螺钉，一般分为一字形和十字形两种。

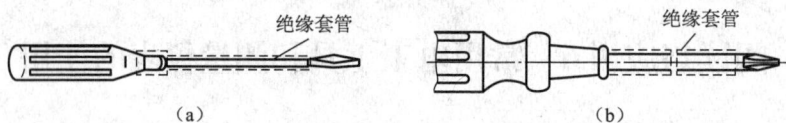

（a）　　　　　　　　　　　　　（b）

图 3 -49　改锥

（a）一字形改锥；（b）十字形改锥

（1）一字形改锥　其规格用柄部以外的长度表示，常用的有 100 mm、150 mm、200 mm、300 mm、400 mm 等规格。

（2）十字形改锥　又称梅花改锥，一般分为四种型号，其中：Ⅰ号适用于直径为 2 ~ 2.5 mm 的螺钉；Ⅱ号适用于直径为 3 ~ 5 mm 的螺钉；Ⅲ号适用于直径为 6 ~ 8 mm 的螺钉；Ⅳ号适用于直径为 10 ~ 12 mm 的螺钉。

3. 电工刀

电工刀是用来剖切导线、电缆的绝缘层，切割木台缺口，削制木枕的专用工具，如图 3 -50 所示。

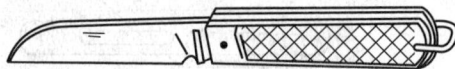

图 3 -50　电工刀

4. 钢丝钳

钢丝钳是一种夹持或折断金属薄片，切断金属丝的工具。电工用钢丝钳的柄部套有绝缘套管可以耐压 500 V，其规格用钢丝钳全长的毫米数表示，常用的有 150 mm、175 mm、200 mm 等。钢丝钳的构造及应用如图 3 -51 所示。

5. 尖嘴钳

尖嘴钳的头部"尖细"，用法与钢丝钳相似，其特点是适用于在狭小的工作空间操作，能夹持较小的螺钉、垫圈、导线及电器元件。在安装控制线路时，尖嘴钳能将单股导线弯成

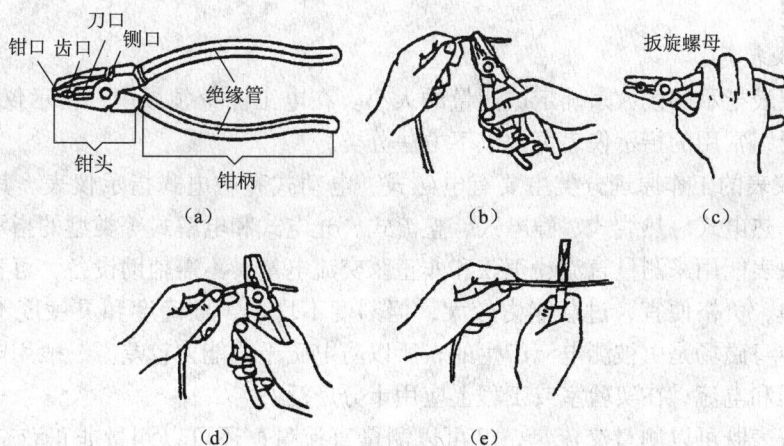

图 3 - 51　钢丝钳的构造及应用

(a) 构造；(b) 弯绞导线；(c) 紧固螺母；(d) 剪切导线；(e) 铡切钢丝

接线端子（线鼻子），有刀口的尖嘴钳还可剪断导线、剥削绝缘层，如图 3 - 52 所示。

6. 断线钳

断线钳的头部"扁斜"，又称斜口钳、扁嘴钳或剪线钳，是专供剪断较粗的金属丝、线材及导线、电缆等用的。它的柄部有铁柄、管柄、绝缘柄之分，绝缘柄可以承受 1 000 V 电压，如图 3 - 53 所示。

7. 剥线钳

剥线钳是用来剥落小直径导线绝缘层的专用工具。它的钳口部分设有几个刃口，用以剥落不同线径的导线绝缘层。其柄部是绝缘的，可以承受 500 V 电压，如图 3 - 54 所示。

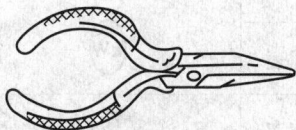
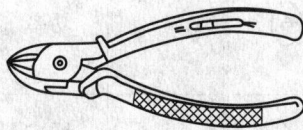
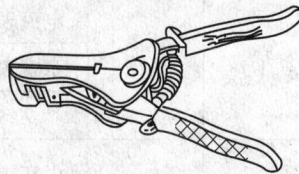

图 3 - 52　尖嘴钳　　　　　　图 3 - 53　断线钳　　　　　　图 3 - 54　剥线钳

二、常用电工测量仪表的种类

用来测量各种电量或磁量的仪器、仪表统称为电工仪表。电工仪表主要用于测量电流、电压、电阻、电能、功率等电气参数。若通过转换还可以间接测量磁通、温度、压力等，所以它是工农业生产和科学实验中最基本的测量工具。

电工仪表的种类繁多，分类方法也各有不同。按照电工仪表的结构和用途，大体上可以分为以下三类。

1. 指示仪表类

直接从仪表指示的读数来确定被测量的大小。在电工测量领域中，指示仪表品种最多，应用最为广泛，常用的指示仪表可按以下方法分类。

(1) 按仪表的工作原理分类主要有电磁式、电动式和磁电式指示仪表。其他还有感应式、振动式、热电式、热线式、静电式、整流式、光电式和电解式等类型的指示仪表。

电磁式仪表能用来测量直流、正弦和非正弦交流电量，不需辅助设备，可直接测量大电流；结构简单，价格便宜，过载能力较大，但刻度不均匀，准确度和灵敏度不高，耗能较大，由于其本身磁场是由被测电流产生的，所以防电磁干扰能力较差。一般用电磁式仪表来测量交流电压和电流，在实验室或工程上应用十分广泛。

电动式仪表既可以测量交流量，又可以测量直流量，还可以测量非正弦交流量的有效值，准确度比电磁式仪表要高；但刻度不均匀，过载能力差，仪表内部耗能大，抗电磁干扰能力较差。电动式仪表一般适用于制作交、直流两用仪表和交流校准表，或用来制作功率表。

磁电式仪表表头本身只能用来测量直流量（当采用整流装置后也可用来测量交流量），标度均匀，灵敏度和准确度较高，读数受外界磁场的影响小。但结构复杂，价格较高，过载能力差。由于磁电式仪表准确度较高，所以经常用作实验室仪表和高精度的直流标准表，通常用来测直流电流、直流电压，也用作万用表的表头。

常用电工仪表及其符号如表 3-1 所示。

表 3-1　常用电工仪表及其符号

序号	被测量	仪表名称	符号	序号	被测量	仪表名称	符号
1	电流	电流表	(A)	4	功率	功率表	(W)
		毫安表				千瓦表	(kW)
2	电压	电压表	(V)	5	频率	频率表	(f)
		千伏表	(kV)	6	电能	电度表	[kW·h]
3	电阻	欧姆表	(Ω)	7	相位差	相位表	(φ)
		兆欧表	(MΩ)				

(2) 按仪表的测量功能分类主要有电流表、电压表、功率表、频率表、欧姆表、电度

表等。其中电流表按照被测电流的大小又分安培表、毫安表、微安表；电压表按照被测电压的大小又分为伏特表、毫伏表等。

（3）按被测参数的性质分为直流仪表、交流仪表、交直流两用仪表。

（4）按使用方式分为安装式仪表和可携式仪表。

（5）按仪表的准确度分类。指示仪表的准确度可分为 0.1、0.2、0.5、1.0、1.5、2.5、5.0 七个等级。这些数字是指仪表的最大引用误差值，如表 3−2 所示。其中，0.1、0.2 和 0.5 级是较高准确度仪表，常用来进行精密测量或作为校正表；1.5 级的仪表一般用于实验室；2.5 和 5.0 级的仪表一般用于工程测量。

表 3−2　电工仪表的准确度和最大引用误差

等级	最大引用误差/%	符号
0.1	±0.1	0.1
0.2	±0.2	0.2
0.5	±0.5	0.5
1.0	±1.0	1.0
1.5	±1.5	1.5
2.5	±2.5	2.5
5.0	±5.0	5.0

（6）按使用环境条件分类，指示仪表可分为 A、B、C 三组。

A 组：工作环境为 0 ～ +40℃，相对湿度在 85% 以下。

B 组：工作环境为 −20℃ ～ +50℃，相对湿度在 85% 以下。

C 组：工作环境为 −40℃ ～ +60℃，相对湿度在 98% 以下。

（7）按对外界磁场的防御能力分类　指示仪表有 Ⅰ、Ⅱ、Ⅲ、Ⅳ四个等级。

2. 比较仪器类

需在测量过程中将被测量与某一标准量比较后才能确定其大小。

3. 数字式仪表类

直接以数字形式显示被测量结果，如数字万用表、数字频率计。

三、常用电工仪表的使用

1. 万用表

万用表又称多用表，是一种可测量多种电量的多量程便携式仪表。由于它具有测量种类多，测量范围宽，使用和携带方便，价格低等优点，因而常用来检验电源或仪器的好坏，检查线路的故障，判别元器件的好坏及数值等，应用十分广泛。

万用表分为指针式万用表和数字式万用表两类。指针式万用表的使用注意事项：

（1）根据被测量正确选择功能开关，不能放错；切忌用电流挡或电阻挡测量电压。

（2）选择合适的量程。若事先无法估知被测量的大小，则应先选最大量程，然后再换到合适的量程上测量。禁止带电转换量程开关。

（3）测量直流电压或直流电流时，注意极性。

（4）测量电阻时不可带电测量，必须将被测电阻与电路断开；使用欧姆挡测量前先调零，每转换一次量程，必须重新调零。

（5）每次使用完后，应将转换开关拨到空挡或交流电压最高挡，以免造成仪表损坏；长期不使用时，应将万用表中的电池取出。

2. 电压表

用电压表测量电路电压时，一定要使电压表与被测对象的两端并联，电压表指示即为被测电路两点间的电压。直流电压表还要注意仪表的极性，表头的"＋"端接高电位，"－"端接低电位。根据被测电压大小选择合适的量程。

3. 电流表

测量电路电流时，一定要将电流表串联在被测电路中。磁电式仪表一般只用于测量直流电流，测量时要注意电流接线端的"＋"、"－"极性标记，不可接错，以免指针反打，损坏仪表。根据被测电流大小选择合适的量程。

4. 钳形电流表

钳形电流表，简称钳形表，就是利用电流互感器扩大电流表量程的应用。在有些不能断开电路的场合测量电流时，可以使用钳形表。

钳形表是由电流互感器和整流系电流表组成，其外形如图3－55所示。它的铁芯如同钳子一样，可以分开、压紧。测量时将钳口压开而套入被测导线，这时该导线就是电流互感器的一次绕组（单匝），电流互感器的二次绕组在铁芯上经整流器与电流表接通。根据电流互感器的一次、二次绕组间的一定电流比关系，电流表的指示值就是被测量的数值。

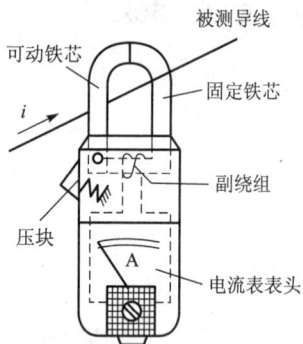

图3－55　钳形电流表

使用钳形表时应注意以下几点：

（1）选择合适的量程，不可用小量程挡测量大电流，以防止损坏仪表。若不知被测电流的大小，则选择最大电流量程，根据被测值的大小，再选择适当的量程；如果被测电流值较小，读数不明显，可将被测导线在钳口上多绕几圈进行测量，但将读数除以所绕的圈数才是实际的被测电流值。

（2）被测导线必须置于钳形窗口中央，钳口必须闭紧，否则会增加测量误差。

（3）不要在测量过程中变换量程挡。

（4）不允许用钳形表去测量高压电路的电流，以免发生事故。

（5）操作时应戴绝缘手套和使用绝缘垫。

5. 兆欧表

兆欧表又称摇表，是一种简便、常用的测量高电阻的仪表，主要用来检测供电线路、电机绕组、电缆、电器设备等的绝缘电阻，以便检验其绝缘程度的好坏。

选用兆欧表时，其额定电压一定要与被测电气设备或线路的工作电压相适应，测量范围应与被测绝缘电阻的范围相吻合。不能用额定电压过高的兆欧表测量低电压电气设备的绝缘电阻，以免设备的绝缘受到损坏；也不能用额定电压较低的兆欧表测量高压设备的绝缘电阻，否则测量结果不能真正反映工作电压下的绝缘电阻。

常见的兆欧表主要由作为电源的高压手摇发电机和磁电式流比计两部分组成，兆欧表的外形如图 3 - 56 所示。兆欧表有三个接线端，分别是"屏"（G）、"线"（L）和"地"（E），测量电路的绝缘电阻时，被测电阻接在"线"与"地"之间。

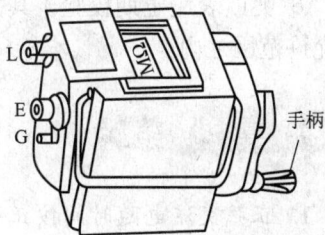

图 3 - 56　兆欧表外形

（1）兆欧表使用前准备工作：

① 进行开路和短路试验，检查仪表是否良好。断开"线"与"地"端连接线，摇动发电机手柄，指针指示电阻为"∞"，如图 3 - 57（a）所示；短路"线"与"地"端，摇动发电机手柄，指针指示电阻为"0"，如图 3 - 57（b）所示，则说明仪表没问题，否则需要检修仪表。

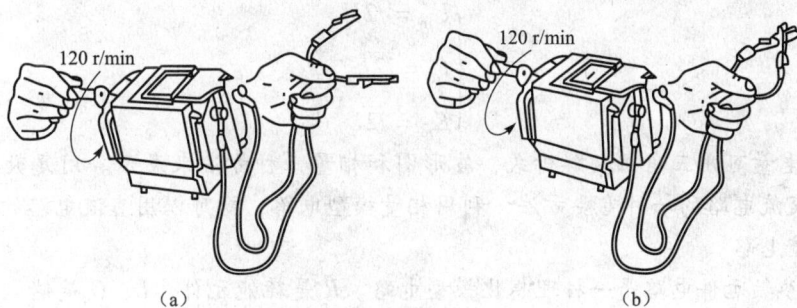

图 3 - 57　兆欧表开路和短路试验

（a）开路试验；（b）短路试验

② 检查被测电气设备和线路，看是否已全部切断电源。

③ 测量前应对设备和线路先行放电，以免设备或线路的电容放电危及人身安全和损坏

兆欧表，同时还可以减少测量误差。

（2）兆欧表的使用及注意事项：

① 水平放置于平稳、牢固的地方，以免在摇动时因抖动和倾斜产生测量误差。

② 接线必须正确无误，测量电机两绕组的绝缘电阻时，两绕组接线端接在"线"与"地"之间。测量电机某一相的绝缘电阻时，"线"接被测某相，"地"接电机的机座；测量电缆的绝缘电阻时，"线"接电缆的缆芯，"地"接电缆外皮，"屏"接电缆内层绝缘物。

③ 摇动手柄的转速要均匀，一般规定为 120 r/min。通常要摇动 1 min 待指针稳定后再读数。若发现表针指零，说明被测绝缘电阻出现短路现象，应立即停止摇动，以免兆欧表因发热而损坏。

④ 测量完毕，应对设备充分放电，否则容易引起触电事故。

⑤ 兆欧表未停止转动之前，切勿用手去触及设备的测量部分或兆欧表接线柱。

⑥ 兆欧表应定期校验，其方法是直接测量有确定值的标准电阻，检查其测量误差是否在允许范围之内。

本 章 小 结

1. 正弦交流电随时间按正弦规律变化。幅值、角频率、初相称为正弦量的三要素。知道三要素，就可以确定一个正弦量。周期 T、频率 f、角频率 ω 之间的关系为

$$\omega = 2\pi f = \frac{2\pi}{T}$$

在交流电路中，通常用有效值来表征正弦量的大小，最大值是有效值的 $\sqrt{2}$ 倍，即

$$\begin{cases} U_m = \sqrt{2}U \\ I_m = \sqrt{2}I \\ E_m = \sqrt{2}E \end{cases}$$

2. 正弦电量可用三角函数解析式、波形图和相量三种方法来表示。用复数表示的相量是分析计算交流电路的一种重要方法，利用相量模型电路，就可以用直流电路的分析方法来分析计算交流电路。

3. 单一参数元件电路是一种理想化模型电路。R 是耗能元件，L、C 是储能元件，本身不消耗能量。单一参数元件电路的电压和电流的关系：

纯电阻电路：$\dot{U} = \dot{I}R$

纯电感电路：$\dot{U} = X_L\dot{I}$；其中感抗 $X_L = \omega L = 2\pi fL$，单位为欧姆（Ω）

纯电容电路：$\dot{U} = -X_C\dot{I}$；其中容抗 $X_C = \frac{1}{\omega C} = \frac{1}{2\pi fC}$，单位为欧姆（$\Omega$）

它们既表示了电压和电流之间量的关系，同时也表达了相位的关系。

4. RLC 串联电路是一种典型电路，电压和电流的关系为 $\dot{U} = Z\dot{I}$ 该表达式包含了单一参数元件电路中电压和电流的关系。

φ 是电压和电流之间的相位角，也是电路的功率因数角。φ 角表示了电路的性质，由电路的参数决定。

当 $\varphi > 0$ 时，电路呈感性，电压超前电流 φ 角度；

当 $\varphi = 0$ 时，电路呈阻性，电压和电流同相；

当 $\varphi < 0$ 时，电路呈容性，电压滞后电流 φ 角度。

电路的功率关系：

有功功率 $P = UI\cos\varphi$；

无功功率 $Q = UI\sin\varphi$；

视在功率 $S = \sqrt{P^2 + Q^2} = UI$

5. 正弦交流电路的分析与计算，就是把正弦交流电路变成相量模型电路，利用直流电路的基本定律（理）和分析方法，根据阻抗的联结方式和电路的特点来分析计算，只不过是相量（复数）运算，要遵循复数的运算法则。

6. 当电路的阻抗 $X_L = X_C$ 时，发生了谐振现象，电路呈阻性。谐振分为串联谐振和并联谐振。

7. 提高功率因数的意义在于提高电源设备的容量利用率和减少线路损耗。对于感性负载，利用并联补偿电容器来提高线路的功率因数 $\cos\varphi$。

习 题 3

3-1 指出下列各正弦量的幅值、有效值、频率、初相角，并画出它们的波形图。

(1) $u = 10\sqrt{2}\sin(6\,280t + 45°)$ V

(2) $i = 22\sin(314t - 120°)$ mA

3-2 在图 3-58 中给出了某正弦交流电路的相量图，已知 $U = 220$ V，$I_1 = 60$ A，$I_2 = 80$ A，角频率为 ω，试写出 u、i_1、i_2 的瞬时值表达式。

3-3 已知正弦电压量 $u_1 = 20\sqrt{2}\sin(\omega t + 45°)$ V，$u_2 = 10\sqrt{2}\cos(\omega t + 45°)$ V，$u_3 = 30\sqrt{2}\sin(\omega t - 45°)$ V，若以 u_2 为电压参考量，写出 u_1、u_2、u_3 的表达式。

3-4 1 A 的直流电流和最大值为 1.414 A 的正弦交流电流分别通过同一阻值 R，在相同的时间内，哪个电阻的发热量大？为什么？

3-5 图 3-59 所示正弦交流电 $u_1 = 22\sqrt{2}\sin\omega t$ V，$u_2 = 22\sqrt{2}\sin(\omega t - 120°)$ V，试用相量表示法求出电压 u_a、u_b。

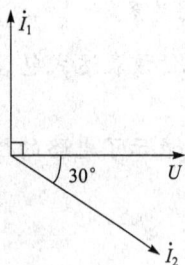

图 3-58 习题 3-2 图

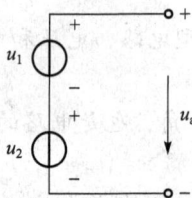 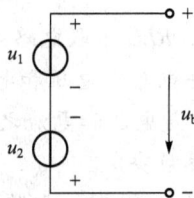

(a)   (b)

图 3-59 习题 3-5 图

3-6 试将下列复数化为极坐标式。

(1) $-3+j4$ (2) $-4-j3$ (3) $3+j4$

(4) $100-j100$ (5) $2+j4$ (6) $\dfrac{1}{2}-j\dfrac{\sqrt{3}}{2}$

3-7 试将下列复数化为代数式。

(1) $60\angle 45°$ (2) $50\angle 60°$ (3) $40\angle 270°$

(4) $10\angle 0°$ (5) $20\angle 90^0$ (6) $30\angle -180°$

3-8 求下列各题中 $Z=\dfrac{Z_1 Z_2}{Z_1+Z_2}$ 的值。

(1) $Z_1=j8\ \Omega$，$Z_2=6\ \Omega$

(2) $Z_1=8\angle -60°\ \Omega$，$Z_2=6\angle 30°\ \Omega$

(3) $Z_1=3+j4\ \Omega$，$Z_2=4+j3\ \Omega$

(4) $Z_1=4(\cos30°+j\sin 30°)\ \Omega$，$Z_2=5(\cos60°+j\sin 60°)\ \Omega$

3-9 电容元件 $C=31.8\ \mu F$，接于 $u=220\sqrt{2}\sin\left(314t+\dfrac{2\pi}{3}\right)V$ 的正弦电源上，求容抗 X_C 和电流 i。

3-10 在如图 3-60 所示的电路中，电压表 V_1、V_2、V_3 的读数都是 5 V，试分别求各电路中 V 表的读数，并分析电路的性质。

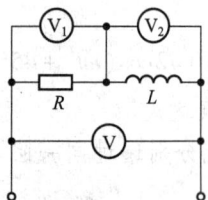 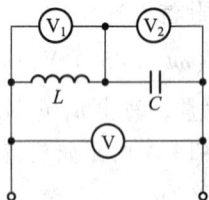 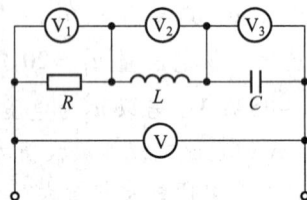

(a)   (b)   (c)

图 3-60 习题 3-10 图

3-11 判断图 3-61 中输入电压和输出电压的相位关系。

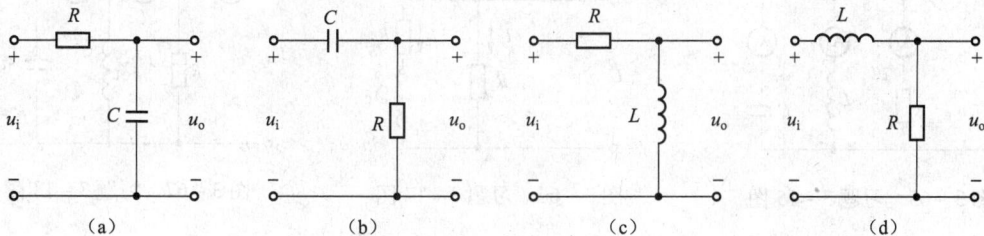

图 3-61 习题 3-11 图

3-12 R、C 串联的电路接于 50 Hz 的正弦电源上，如图 3-62 所示，已知 $R = 10\ \Omega$，$C = 318\ \mu F$，电压相量 $\dot{U} = 200\ \underline{/0°}$ V，求复阻抗 Z、电流 $\dot{I}$ 和电压 $\dot{U}_C$，并画出电压、电流相量图。

3-13 有一 RC 移相电路如图 3-63 所示，已知 $C = 100\ \mu F$，$U_1 = 220$ V，$f = 50$ Hz，求容抗 X_C、电流 I；

3-14 图 3-64 中，$\dot{U} = 220\ \underline{/0°}$ V，$Z_1 = j10\ \Omega$，$Z_2 = j50\ \Omega$，$Z_3 = j100\ \Omega$，求 $\dot{I}_1$、$\dot{I}_2$、$\dot{I}_3$。

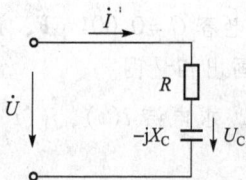

图 3-62 习题 3-12 图   图 3-63 习题 3-13 图   图 3-64 习题 3-14 图

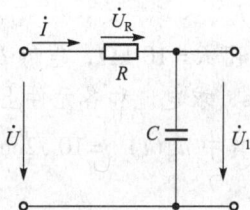

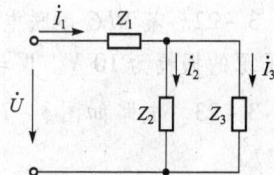

3-15 在图 3-65 所示正弦交流电路中，已知电流表 A_1 的读数为 40 mA，A_2 的读数为 80 mA，A_3 的读数为 50 mA，求电流表 A 的读数。

3-16 R、L 串联的电路接于 50 Hz 100 V 的正弦电源上，测得电流 $I = 2$ A，功率 $P = 100$ W，试求电路参数 R、L。

3-17 图 3-66 所示电路，已知 $U = 100$ V，$R_1 = 20\ \Omega$，$R_2 = 10\ \Omega$，$X_L = 10\ \Omega$。

(1) 求电流 I，并画出电压、电流相量图；

(2) 计算电路的功率 P 和功率因数 $\cos\varphi$。

3-18 在图 3-67 所示电路中，已知 $R = X_L = X_C$，电流表 A_3 的读数为 10 A，那么电流表 A_1、A_2 的读数是多少？

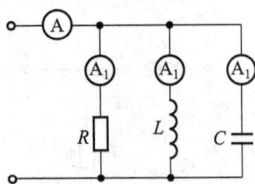

图 3-65　习题 3-15 图

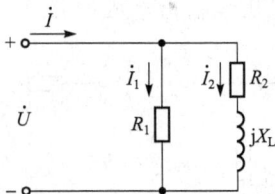

图 3-66　习题 3-17 图

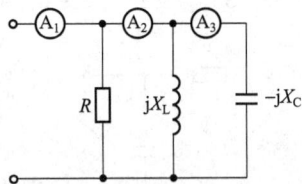

图 3-67　习题 3-18 图

3-19　已知 $i = 22\sqrt{2}\sin(314t - 30°)$ A，流过不同负载得到以下不同的电压值，问各种情况下负载阻抗的大小和负载的性质：

(1) $u = 220\sqrt{2}\sin(314t - 60°)$ V

(2) $u = 220\sqrt{2}\sin(314t + 120°)$ V

(3) $u = 220\sqrt{2}\sin(314t + 90°)$ V

(4) $u = 220\sqrt{2}\sin(314t - 20°)$ V

3-20　RC 并联电路如图 3-68 所示。已知 $R = 5$ Ω，$C = 0.1$ F，$u_S(t) = 10\sqrt{2}\cos 2t$ V。求电流 $i(t)$ 并画出相量图。

3-21　电路的相量模型如图 3-69 所示。已知 $R = 3$ Ω，$X_C = 4$ Ω，$X_L = 4$ Ω，电容电压的有效值 $U_C = 20$ V，求电流有效值 I。

3-22　某 RLC 串联电路，其电阻 $R = 10$ kΩ，电感 $L = 5$ mH，电容 $C = 0.001$ μF，正弦电压源的振幅为 10 V。$W = 10^6$ rad/s，求电流和各元件上电压，并画出相量图。

3-23　电路如图 3-70 所示。其中 $u_S(t) = 10\sqrt{2}\cos 5\,000t$ V，求电流 $i(t)$，$i_L(t)$ 和 $i_C(t)$。

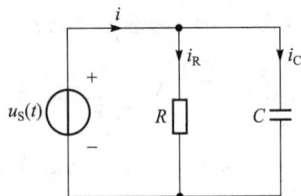

图 3-68　习题 3-20 图

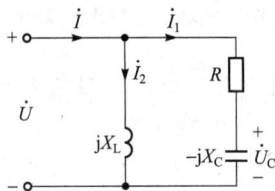

图 3-69　习题 3-21 图

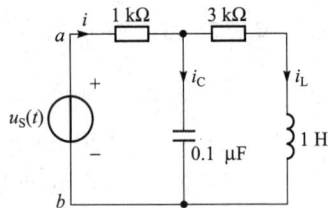

图 3-70　习题 3-23 图

3-24　电路如图 3-71 所示。已知 $R_1 = 6$ Ω，$R_2 = 16$ Ω，$X_L = 8$ Ω，$X_C = 12$ Ω，$\dot{U} = 20\angle 0°$ V。求该电路的平均功率 P、无功功率 Q、视在功率 P_S 和功率因数。

3-25　电路的相量模型如图 3-72 所示，求电流 $\dot{I}_1$、$\dot{I}_2$。

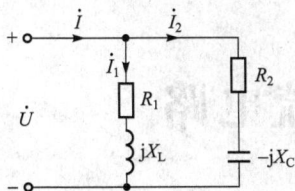

图 3 - 71 习题 3 - 24 图

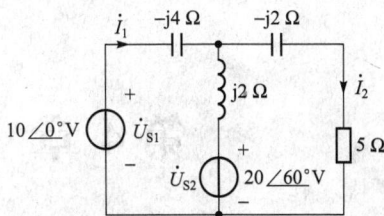

图 3 - 72 习题 3 - 25 图

3 - 26 电路的相量模型如图 3 - 73 所示，求各节点的电压相量。

3 - 27 在图 3 - 74 所示电路中，$U_{S1} = 100 \underline{/0°}$ V，$U_{S2} = 100 \underline{/+90°}$ V，$R = 6$ Ω，$X_L = 8$ Ω，$X_C = 8$ Ω，求各支路的电流的大小。

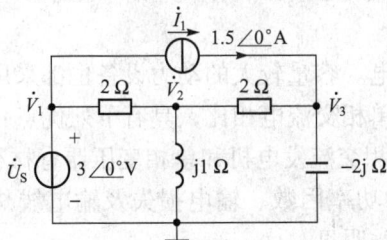

图 3 - 73 习题 3 - 26 图

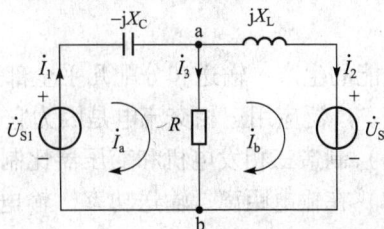

图 3 - 74 习题 3 - 27 图

3 - 28 在图 3 - 74 所示电路中，用戴维南定理计算 R 支路的电流 $\dot{I}_3$。

3 - 29 图 3 - 75 所示的电路中，两台交流发电机并联运行，供电给 $Z = 5 + j5$ Ω 的负载。每台发电机的理想电压源电压 U_{S1}、U_{S2} 均为 110 V，内阻抗 $Z_1 = Z_2 = 1 + j1$ Ω，两台发电机的相位差为 30°，分别用基尔霍夫定律、戴维南定理、叠加定理求解负载电流。

3 - 30 图 3 - 76 所示的电路中，求电容支路的电流。

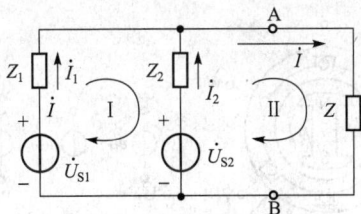

图 3 - 75 习题 3 - 29 图

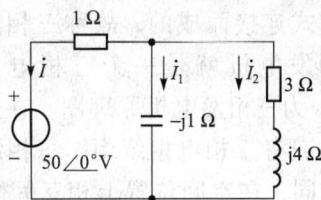

图 3 - 76 习题 3 - 30 图

第4章 三相交流电路

教学要求： 掌握三相电源的丫形接法和△形接法的线电压与相电压关系；掌握对称三相电路的分析计算方法，理解△形对称负载的线电流与相电流关系；掌握三相电路功率的计算，理解不对称三相电路的概念。

电能的生产、输送和分配几乎全部采用三相交流电。容量较大的动力设备也都采用三相交流电。广泛应用三相交流电是因为它比前面讨论的单相交流电相比，具有下列优点：

（1）制造三相发电机和变压器比制造同容量的单相交流发电机和单相变压器省材料。

（2）在输电距离、输送功率、输电等级、负载的功率因数、输电损失及输电线材都相同的条件下，用三相输电所需输电线材更省，经济效益明显。

（3）三相电流能产生旋转磁场，从而能制成结构简单、性能良好的三相异步电动机。

4.1 三相电源电路

4.1.1 三相电源

三相交流电一般是由三相交流发电机产生的。三相电源就是指三个频率相同、幅值相等、相位上相互间隔120°的正弦电压源按一定的方式连接而成的，故称三相对称电源。三相发电机就是一个三相电源，图4-1（a）为三相发电机原理图。在发电机的定子中嵌有三相电枢绕组，每相绕组结构完全相同，在空间位置上相互间隔120°分别称为 U 相、V 相、W 相绕组，绕组的始端标以 U_1、V_1、W_1，对应的末端标以 U_2、V_2、W_2，当转子磁极匀速旋转时，将在三相绕组中产生正弦感应电动势，分别

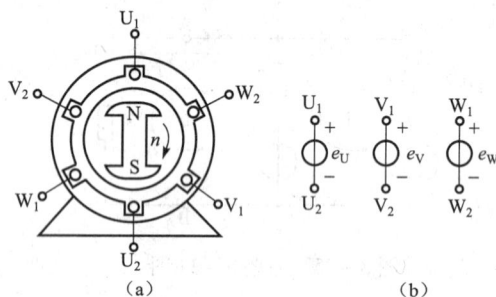

图4-1 三相交流发电机原理图
（a）原理图；（b）三相绕组及三相感应电动势

为 e_U、e_V、e_W，如图 4-1（b）所示。若以 U 相为参考正弦量，则三相电动势为

$$\begin{cases} e_U = E_U \sin \omega t \\ e_V = E_V \sin(\omega t - 120°) \\ e_W = E_W \sin(\omega t + 120°) \end{cases} \tag{4-1}$$

若以相量形式表示，则

$$\begin{cases} \dot{E}_U = E_U \underline{/0°} \\ \dot{E}_V = E_V \underline{/120°} \\ \dot{E}_W = E_W \underline{/120°} \end{cases} \tag{4-2}$$

它们的波形图和相量图如图 4-2 所示。

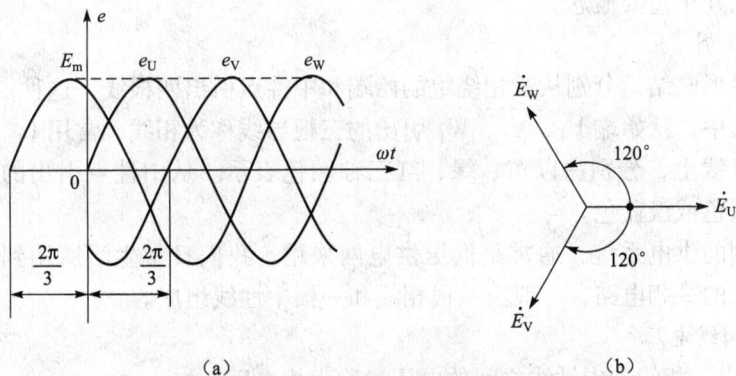

图 4-2　三相对称电动势波形图和相量图
（a）波形图；（b）相量图

从图 4-2 可知，三相对称电源有如下特性：

$$e_U + e_V + e_W = 0$$

或
$$\dot{E}_U + \dot{E}_V + \dot{E}_W = 0 \tag{4-3}$$

　　三相交流电出现正幅值的先后次序，称为三相电源的相序，若相序 U-V-W 称为正序，则相序 U-W-V 称为逆序。对于三相异步电动机来说，不同的相序，电动机的转向不同，要改变电动机的转向，只需任意对调两根电源线即可（实际上是改变旋转磁场的方向）。无特别说明，相序一般指正序。

4.1.2　三相电源的星形联结

　　将三相电源的末端 U_2、V_2、W_2 联成一点 N，而把始端 U_1、V_1、W_1 作为与外电路联结的端点，这种联结方式，称为三相电源的星形联结。节点 N 称为中性点或零点。如图 4-3

所示。

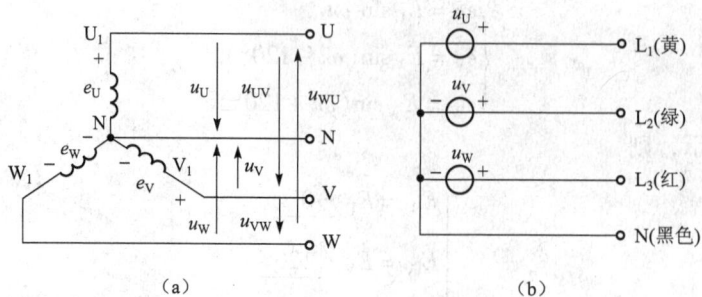

图 4 - 3　电源星形联结——三相四线制

三相电路的几个重要概念。

1. 三相四线制

三相电源星形联结，分别从三相绕组的始端和中性点引出四根线，这种供电系统，称为三相四线制。其中，从始端 U_1、V_1、W_1 引出的三根导线称为相线，常用 L_1、L_2、L_3 表示。在配电装置的母线上，分别涂以黄、绿、红三种颜色表示。从中性点引出的导线称为中性线，一般涂以黑色或淡蓝色。

三相四线制的供电系统，通常是低压供电网采用。我们日常生活所用到的单相供电线路，其实是其中的一相电路，一般由一根相线和一根中性线组成。

2. 相电压和线电压

在图 4 - 3 中，相线和中性线之间的电压，称为相电压，如 u_U、u_V、u_W，相线与相线之间的电压，称为线电压。如 u_{UV}、u_{VW}、u_{WU}。通常规定各相电动势的参考方向为从绕组的末端指向始端，相电压的参考方向为从始端指向末端（从相线指向中线）；线电压的参考方向，例如 u_{UV}，则是从 U 端指向 V 端。

3. 相电压和线电压的关系

在图 4 - 3 中，相电压和线电压用相量可表示为

$$\begin{cases} \dot{U}_{UV} = \dot{U}_U - \dot{U}_V \\ \dot{U}_{VW} = \dot{U}_V - \dot{U}_W \\ \dot{U}_{WU} = \dot{U}_W - \dot{U}_U \end{cases} \quad (4-4)$$

因三相电动势是对称的，故三相电压也是对称的，互成120°，三相对称电压的相量图如图 4 - 4 所示。

利用平行四边形法则，相量合成可得线电压和相电压的关系。如图 4 - 4 所示。从相量图可知，线电压也是对称的，且相位超前相电压30°，有效值是相电压有效值的$\sqrt{3}$倍。

若设线电压有效值为 U_L，相电压有效值为 U_P，则

$$U_\mathrm{L} = \sqrt{3}\,U_\mathrm{P} \qquad\qquad (4-5)$$

若设

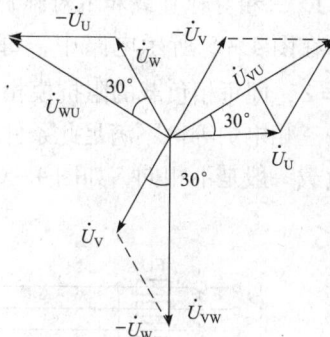

$$\begin{cases} \dot{U}_\mathrm{U} = \dot{U}_\mathrm{P}\underline{/0°} \\[2mm] \dot{U}_\mathrm{V} = \dot{U}_\mathrm{P}\underline{/-120°} \\[2mm] \dot{U}_\mathrm{W} = \dot{U}_\mathrm{P}\underline{/120°} \end{cases}$$

利用式（4-4）同样可以得出上述结论（读者可自己推导）。

图 4-4　三相对称电压的相量图

三相四线制供电系统可提供两种电压：一种是相电压 220 V，另一种是线电压 380 V（$220\sqrt{3}$ V）。可根据额定电压决定负载的接法：若负载额定电压是 380 V，就接在两条相线之间；若负载额定电压是 220 V，就接在相线和中线之间。必须注意，不加说明的三相电源和三相负载的额定电压都是指线电压。

4. 三相三线制

将三相电源联结成星形，只引出相线，这种供电方式，称为三相三线制，负载只能使用线电压。三相三线制一般为动力线路供电。

4.2　负载星形联结三相电路

三相电源供电时，为了保证每相电源输出功率均衡，负载根据其额定电压的不同，分别接在三相电源上，形成三相负载，其联结方式有两种：星形联结（Y 联结）和三角形联结（△联结）。

将三相负载的一端联结在一起和电源中性线相连，另一端分别和相线相连，形成负载星形联结的三相四线制电路，如图 4-5 所示。

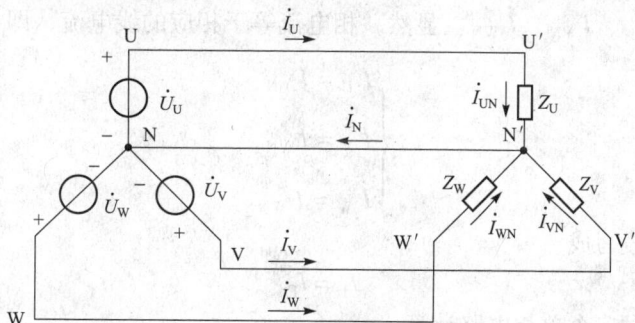

图 4-5　负载星形联结的三相四线制电路

1. 三相对称负载和不对称负载

在图 4 – 5 所示电路中，每相负载的等效阻抗分别为 Z_U、Z_V、Z_W，如果 $Z_U = Z_V = Z_W = Z$，即每相负载的阻抗模相等且阻抗角也相等，则称为三相对称负载。如三相异步电动机、三相电炉等。不满足此条件的负载，称为三相不对称负载，如家庭照明电路。不同家庭的负载一般是不相同，如图 4 – 6 所示。

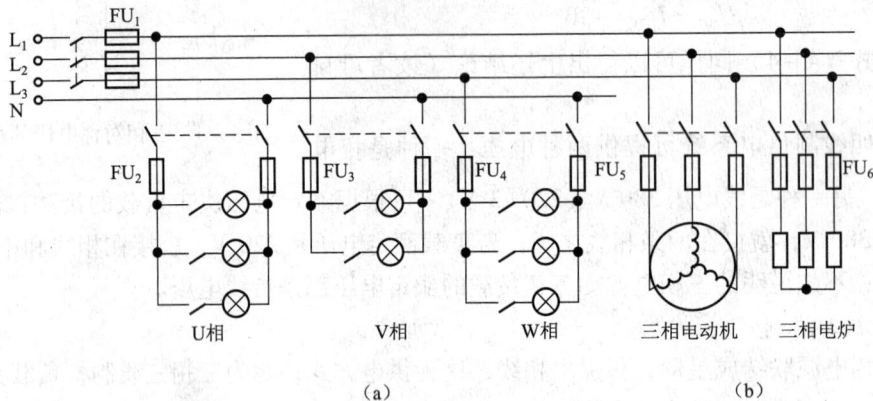

图 4 – 6　负载的星形联结

（a）三相不对称负载；（b）三相对称负载

2. 线电压和相电压

负载星形联结时，负载两端的电压等于电源的相电压，其大小等于电源线电压的 $\dfrac{1}{\sqrt{3}}$。

3. 线电流和相电流

三相电路中，相线中流过的电流称为线电流，如 i_U、i_V、i_W；流过每相负载的电流，称为相电流，如 i_{UN}、i_{VN}、i_{WN}。显然，相电流等于相应的线电流，即

$$\begin{cases} i_U = i_{UN} \\ i_V = i_{VN} \\ i_W = i_{WN} \end{cases}$$

若用有效值一般写成

$$I_L = I_P \tag{4 – 6}$$

每相电流可通过三个单相电路计算：

$$\begin{cases} \dot{I}_{\text{UN}} = \dfrac{\dot{U}_{\text{U}}}{Z_{\text{U}}} = \dfrac{U_{\text{P}} \ \underline{/0°}}{|Z_{\text{U}}| \ \underline{/\varphi_{\text{U}}}} = \dfrac{U_{\text{P}}}{|Z_{\text{U}}|} \ \underline{/-\varphi_{\text{U}}} \\[3mm] \dot{I}_{\text{VN}} = \dfrac{\dot{U}_{\text{V}}}{Z_{\text{V}}} = \dfrac{U_{\text{P}} \ \underline{/-120°}}{|Z_{\text{V}}| \ \underline{/\varphi_{\text{V}}}} = \dfrac{U_{\text{P}}}{|Z_{\text{V}}|} \ \underline{/-120° - \varphi_{\text{V}}} \\[3mm] \dot{I}_{\text{WN}} = \dfrac{\dot{U}_{\text{W}}}{Z_{\text{W}}} = \dfrac{U_{\text{P}} \ \underline{/-120°}}{|Z_{\text{W}}| \ \underline{/\varphi_{\text{W}}}} = \dfrac{U_{\text{P}}}{|Z_{\text{W}}|} \ \underline{/-120° - \varphi_{\text{W}}} \end{cases} \quad (4-7)$$

式中

$$\begin{cases} \varphi_{\text{U}} = \arctan \dfrac{X_{\text{U}}}{R_{\text{U}}} \\[3mm] \varphi_{\text{V}} = \arctan \dfrac{X_{\text{V}}}{R_{\text{V}}} \\[3mm] \varphi_{\text{W}} = \arctan \dfrac{X_{\text{W}}}{R_{\text{W}}} \end{cases} \quad (4-8)$$

其电压电流的相量图如图4-7（a）所示。

若是三相对称负载，即 $Z_{\text{U}} = U_{\text{V}} = Z_{\text{W}} = Z$，则式（4-7）、式（4-8）可写成

$$\begin{cases} \dot{I}_{\text{U}} = \dot{I}_{\text{UN}} = \dfrac{U_{\text{P}}}{|Z|} \ \underline{/-\varphi} \\[3mm] \dot{I}_{\text{UN}} = \dot{I}_{\text{VN}} = \dfrac{U_{\text{P}}}{|Z|} \ \underline{/-120° - \varphi} \\[3mm] \dot{I}_{\text{UN}} = \dot{I}_{\text{WN}} = \dfrac{U_{\text{P}}}{|Z|} \ \underline{/120° - \varphi} \end{cases} \quad (4-9)$$

$$\varphi_{\text{U}} = \varphi_{\text{V}} = \varphi_{\text{w}} = \varphi = \arctan \dfrac{X}{R} \quad (4-10)$$

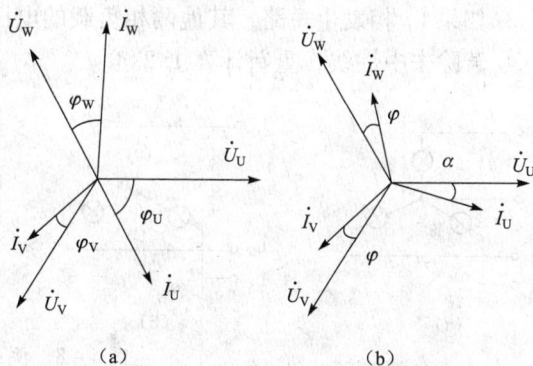

图4-7 负载星形连接相量图
（a）三相负载不对称；（b）三相负载对称

故三相电流也是对称的，电压、电流相量图如图4-7（b）所示。这时只需计算任一相电流，根据对称关系便可知另两相的电流。

4. 中性线电流

中性线中流过的电流，称为中性线电流，如 $\dot{I}_{\text{N}}$，由 KCL 可知

$$\dot{I}_{\text{N}} = \dot{I}_{\text{U}} + \dot{I}_{\text{V}} + \dot{I}_{\text{W}}$$

或

$$i_{\text{N}} = i_{\text{U}} + i_{\text{V}} + i_{\text{W}} \quad (4-11)$$

若是三相对称负载，则中性线电流为 0，即

$$\dot{i}_N = \dot{i}_U + \dot{i}_V + \dot{i}_W = 0$$

或
$$i_N = i_U + i_V + i_W = 0 \tag{4-12}$$

由此可见，在三相四线制中，三相对称负载中性线不起作用，故可将中性线省去，则成为三相三线制系统。厂矿为三相电动机供电的线路就采用三相三线制。如图 4-6 所示。

在低压配电系统中，都采用三相四线制，提供 220 V 和 380 V 两种电压等级。以满足不同负载额定电压的要求。在该供电系统中，三相负载多为不对称负载，中性线中有电流通过，此时中性线是不能省去的，且要求中性线具有一定的强度，中性线上不允许安装开关和熔断器。正是因为有了中性线，跨接在中性线和相线之间的单相负载，其端电压始终保持为额定电压（相电压）而正常工作。若中性线断开，则会使有的负载端电压升高，严重时还会烧毁负载，有的负载端电压降低而无法正常工作，下面以例子说明中性线的作用。

例 4.1 在图 4-8 所示的三相四线制系统中，每相接入一组灯泡，其等效电阻 $R = 400\ \Omega$，若线电压为 380 V，试计算：

① 各相负载的电压和电流的大小；

② 如果 L_1 相断开，其他两相负载的电压和电流的大小；

③ 如果 L_1 相发生短路，其他两相负载的电压和电流的大小；

④ 若除去中性线，重新计算①②③。

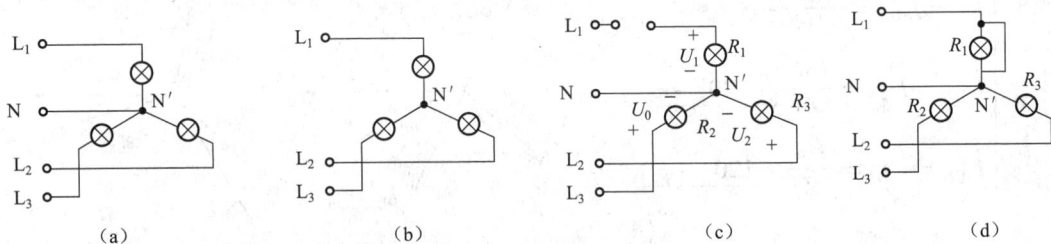

图 4-8 例 4.1 图

解 ① 在正常情况下，如图 4-8 (a) 所示。对称三相负载，三相的电压和电流都是对称的，只需任求一相即可，由式 (4-5)、式 (4-6) 可知

相电压 $\quad U_U = U_V = U_W = U_P = \dfrac{1}{\sqrt{3}}U_L = \dfrac{380}{\sqrt{3}} = 220\ \text{V}$

相电流 $\quad I_P = \dfrac{U_P}{R} = \dfrac{220}{400} = 0.55\ \text{A}$

② 当 L_1 断开时，如图 4-8 (c) 所示。L_2、L_3 相的负载端电压还是保持为相电压，能正常工作，电压和电流数值同①。

③ 当 L_1 相短路时，如图 4-8 (d) 所示。L_1 相上的保险装置使 L_1 相断开，L_2、L_3 相

上负载仍能正常工作，电压和电流数值同①。

④ 若除去中性线，正常情况下三相四线制系统成为三相三线制系统，如图 4 - 8（b）所示。每相的电压和电流大小同①。

若此时 L_1 相断开，则 R_2、R_3 灯组串联接在 $L_2 L_3$ 之间，承受线电压 380 V。因 $R_2 = R_3$，故灯组承受的电压为

$$U_1 = U_2 = \frac{1}{2} U_L = \frac{380}{2} = 190 \text{ V}$$

电流

$$I_2 = I_3 = \frac{U_2}{R_2} = \frac{190}{400} = 0.475 \text{ A}$$

因 R_2、R_3 灯组两端电压低于额定电压 220 V，因此 R_2、R_3 灯组变暗。

若此时 L_1 相短路，在瞬间 R_2、R_3 分别接在两相 $L_1 L_2$、$L_1 L_3$ 之间，灯组两端的电压均为 380 V，通过的电流均为 $\frac{380}{400}$ A = 0.95 A，两灯组迅速变亮，即刻烧坏。

由此可见，星形联结非对称三相负载，必须采用三相四线制系统供电，中性线不能省略。

4.3　负载三角形联结三相电路

将三相负载首尾依次相连而成三角形，分别接到三相电源的三根相线上，称为三相负载的三角形联结（△联结），如图 4 - 9 所示。

Z_{UV}、Z_{VW}、Z_{WU} 为三相负载，其上流过的电流称为相电流，如 $\dot{I}_{UV}$、$\dot{I}_{VW}$、$\dot{I}_{WU}$。显然负载三角形联结时，负载的相电压就是线电压，分别为 $\dot{U}_{UV}$、$\dot{U}_{VW}$、$\dot{U}_{WU}$。若用有效值表示，则

$$U_P = U_L \qquad (4 - 13)$$

1. 相电流的计算

三相负载三角形联结时，通过每相负载的相电流可采用下式计算：

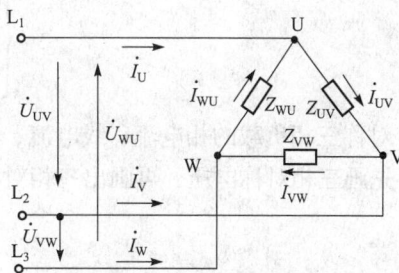

图 4 - 9　三相负载的△联结

$$\begin{cases} \dot{I}_{UV} = \dfrac{\dot{U}_{UV}}{Z_{UV}} \\[2mm] \dot{I}_{VW} = \dfrac{\dot{U}_{VW}}{Z_{VW}} \\[2mm] \dot{I}_{WU} = \dfrac{\dot{U}_{WU}}{Z_{WU}} \end{cases} \qquad (4 - 14)$$

每相负载的电压和电流之间的相位差分别为

$$\begin{cases} \varphi_{UV} = \arctan \dfrac{X_{UV}}{R_{UV}} \\[2mm] \varphi_{VW} = \arctan \dfrac{X_{VW}}{R_{VW}} \\[2mm] \varphi_{WU} = \arctan \dfrac{X_{WU}}{R_{WU}} \end{cases} \tag{4-15}$$

若是三相对称负载，即

$$|Z_{UV}| = |Z_{VW}| = |Z_{WU}| = |Z|$$

$$\varphi_{UV} = \varphi_{VW} = \varphi_{WU} = \varphi$$

则负载的相电流也是对称的，即

$$\begin{cases} I_{UV} = I_{VW} = I_{WU} = I_P = \dfrac{U_P}{|Z|} \\[2mm] \varphi_{UV} = \varphi_{VW} = \varphi_{WU} = \arctan \dfrac{X}{R} \end{cases} \tag{4-16}$$

2. 线电流的计算

由 KCL 可知，每相的线电流分别为

$$\begin{cases} \dot{I}_U = \dot{I}_{UV} - \dot{I}_{WU} \\[1mm] \dot{I}_V = \dot{I}_{VW} - \dot{I}_{UV} \\[1mm] \dot{I}_W = \dot{I}_{WU} - \dot{I}_{VW} \end{cases} \tag{4-17}$$

对称三相负载的相电流、线电流、线电压（相电压）之间关系相量图如图 4-10（b）所示。先画三相对称电压，再画出三相对称相电流，根据平行四边形法则，求出线电流相量。

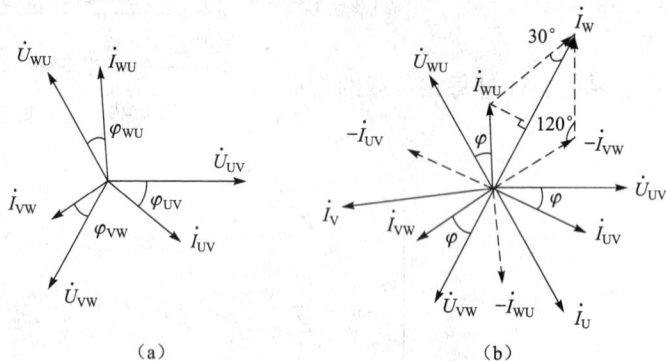

（a）　　　　　　　　　　　（b）

图 4-10　三相负载三角形联结相量图

（a）负载不对称；（b）负载对称

从相量图可知，三相线电流也是三相对称的，且滞后相电流 30°，大小是相电流的 $\sqrt{3}$ 倍，用有效值表示为

$$I_{\mathrm{L}} = \sqrt{3} I_{\mathrm{P}} \qquad\qquad (4-18)$$

负载作三角形联结时，若某一相出现故障，并不影响其他两相的工作。因为另两相的工作电压始终为线电压。

需要说明的是，在三相电路中，若无说明，通常所说的电压、电流是指线电压和线电流。

例 4.2　某三相对称负载，每相负载为 $Z = 3 + \mathrm{j}4\ \Omega$，接成三角形，接在线电压为 380 V 的三相电源上，如图 4-9 所示，求线电流 $\dot{I}_{\mathrm{U}}$、$\dot{I}_{\mathrm{V}}$、$\dot{I}_{\mathrm{W}}$。

解　三相对称负载三角形联结，可知三相电流也是对称的。设线电压 $\dot{U}_{\mathrm{UV}} = 380\angle 0\ °\mathrm{V}$，也是相电压，则相电流

$$\dot{I}_{\mathrm{UV}} = \frac{\dot{U}_{\mathrm{UV}}}{Z} = \frac{380\ \angle 0°}{3 + \mathrm{j}4} = \frac{380\ \angle 0°}{5\ \angle 53°} = 76\ \angle -53°\,\mathrm{A}$$

根据线电流滞后相电流 30°，且大小为相电流 $\sqrt{3}$ 倍，可得相应的线电流

$$\dot{I}_{\mathrm{U}} = \sqrt{3}\dot{I}_{\mathrm{UV}}\ \angle -30° = \sqrt{3} \times 76\ \angle -53° -30° = 136.1\ \angle -83°\,\mathrm{A}$$

由其对称性可知

$$\dot{I}_{\mathrm{V}} = 136.1\ \angle -83° -120° = 136.1\ \angle 203°\,\mathrm{A}$$

$$\dot{I}_{\mathrm{W}} = 136.1\ \angle -83° +120° = 136.1\ \angle 37°\,\mathrm{A}$$

相电流、线电流有效值分别为 76 A、131.6 A。

三相负载采用何种联结方式，必须根据每相负载的额定电压与电源线电压的关系来决定。而与电源本身的联结方式无关。当各相负载的额定电压等于电源线电压的 $1/\sqrt{3}$ 时，负载就应该采用星形联结，这样负载就能在额定相电压下工作。错误的接法往往会使用电设备不能正常工作，甚至引起严重的后果。

4.4　三相电路功率及测量

三相负载，无论星形联结还是三角形联结，三相电路的总有功功率等于各相有功功率之和，总的无功功率等于各相无功功率之和。

4.4.1　有功功率

设三相有功功率分别为 P_{U}、P_{V}、P_{W}，则三相电路的有功功率为

$$P = P_U + P_V + P_W \qquad (4-19)$$

若是三相对称负载，则每相的有功功率相等，故有

$$P = 3P_U = 3U_P I_P \cos \varphi \qquad (4-20)$$

式中，φ 是相电压 U_P 和相电流 I_P 的相位差。

由于三相电路中，线电压 U_L 和线电流 I_L 较容易测量，三相用电设备上的铭牌也是标注线电压和线电流，故式（4-20）多用线电压和线电流表示。

对于三相对称负载星形联结，有如下关系：

$$U_L = \sqrt{3} U_P \qquad I_L = I_P$$

对于三相对称负载三角形联结，有如下关系：

$$U_L = U_P \qquad I_L = \sqrt{3} I_P$$

分别代入式（4-20）中，均可得三相对称负载电路的有功功率：

$$P = \sqrt{3} U_L I_L \cos \varphi \qquad (4-21)$$

4.4.2 无功功率

设每相电路的无功功率分别为 Q_U、Q_V、Q_W，则三相电路无功功率为

$$Q = Q_U + Q_V + Q_W \qquad (4-22)$$

若是三相对称负载，则有

$$Q = 3Q_U = 3U_P I_P \sin \varphi \qquad (4-23)$$

同理，根据三相对称负载电压、电流的关系，可得三相对称负载电路的无功功率：

$$Q = \sqrt{3} U_L I_L \sin \varphi \qquad (4-24)$$

4.4.3 视在功率

三相负载电路的视在功率定义为

$$S = \sqrt{P^2 + Q^2} \qquad (4-25)$$

一般情况下三相负载的视在功率不等于各相视在功率之和，只有当负载对称时，三相视在功率才等于各相视在功率之和。

三相对称负载的视在功率为

$$S = 3U_P I_P = \sqrt{3} U_L I_L \qquad (4-26)$$

例 4.3 三相对称负载 $Z = 3 + \text{j}4\ \Omega$，接于线电压为 380 V 的三相电源上，试分别求负载星形联结和三角形联结时三相电路消耗的总功率。

解 当三相负载星形联结时，有

$$U_L = \sqrt{3} U_P \qquad I_L = I_P$$

而　$U_L = 380$ V，$Z = 3 + 4j = 5 \underline{/53°}$ Ω

所以　$U_P = \dfrac{U_L}{\sqrt{3}} = \dfrac{380}{\sqrt{3}} = 220$ V

$$I_P = \frac{U_P}{|Z|} = \frac{220}{5} = 44 \text{ A}$$

三相电路的总功率为

$$P = \sqrt{3} U_L I_L \cos\varphi = \sqrt{3} \times 380 \times 44 \times \cos 53° = 17.3 \text{ kW}$$

当三相对称负载三角形联结时，有

$$U_L = U_P, I_L = \sqrt{3} I_P$$

所以　$I_L = \sqrt{3} I_P = \sqrt{3}\dfrac{U_P}{|Z|} = \dfrac{\sqrt{3} \times 380}{5} = 131.6$ A

三相电路的总功率为

$$P = \sqrt{3} U_L I_L \cos\varphi = \sqrt{3} \times 380 \times 131.6 \times \cos 53° = 52.1 \text{ kW}$$

例题计算结果表明：在电源电压不变的情况下，同一负载由星形联结改接成三角形联结时，功率将增加成为原来的 3 倍。因此，若要使负载正常工作，则负载的接法必须正确。若正常工作是星形联结的负载，接成三角形联结，将因功率过大而烧毁；若正常工作是三角形联结的负载，接成星形联结，则因功率过小而不能正常工作。

4.4.4　电功率的测量

测量电功率通常用电动式仪表。测量功率时，电动式仪表可动线圈的电流从旋转弹簧流入，因为线圈的导线较细，所通过的电流较小，所以用可动线圈作为电压线圈（即可动线圈）串联倍压器后，与测量电路并联以测量负载电压。

固定线圈的电流可直接流入线圈，因为线圈的导线较粗，可以通过较大电流，所以可作为电流线圈（固定线圈）与被测电路串联以测量电流。功率表的结构示意如图 4 – 11 所示。

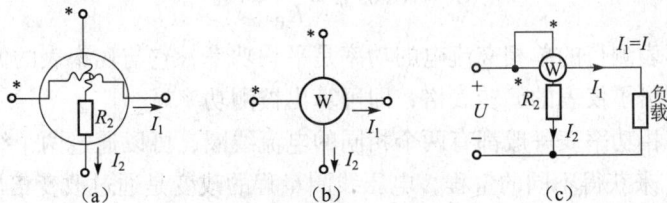

图 4 – 11　功率表的结构示意图

（a）结构示意图；（b）图形符号；（c）接线图

1. 直流电功率的测量

直流电功率可以用电压表和电流表间接测量求得，也可以用功率表来直接测量。直接测量时的接线如图 4-11（c）所示。应该注意，电压线圈与电流线圈的进线端一般标记为"＊"，应把两个进线端接到电源的同一端，使得两个线圈的电流参考方向相同。

电动式功率表的偏转角 α 与功率 UI 成正比。也就是说，只要测出了指针的偏转格数，就可以算出被测量的电功率，即

$$P = UI = \frac{U_N I_N}{\alpha_m} \alpha = C\alpha \tag{4-27}$$

式中，$C = \dfrac{U_N I_N}{\alpha_m}$ 为功率表每格所代表的功率，用量程 $U_N I_N$ 除以满标值 α_m 求得。

例 4.4 功率表的满标值为 1 000，现选用电压为 100 V，电流为 5 A 的量程，若读数为600，求被测功率为多少？

解 选用的量程为 $U_N I_N$，则功率表每格所代表的功率为

$$C = \frac{U_N I_N}{\alpha_m} = \frac{5 \times 100}{1\,000} = 0.5 \text{ W/格}$$

于是，被测功率为

$$P = C\alpha = 0.5 \times 600 = 300 \text{ W}$$

从上例可以看出，功率表的量程选择实际上是通过选择电压和电流量程来实现的。

2. 单相交流电功率的测量

在测量交流电时，电动式仪表的偏转角 α 不仅与电压电流有效值的乘积有关，而且与它们的相位差的余弦有关。电动式功率表的电压线圈上的电压与其所通过的电流有一定的相差，但电动式仪表的电压线圈串有很大的分压电阻，其感抗与电阻相比可忽略，认为电压线圈上的电压与其电流基本同相，则有

$$\alpha = K I_1 I_2 \cos\varphi = K I_1 \frac{U}{R_2} \cos\varphi = \frac{K}{R_2} IU\cos\varphi = K_P IU \cos\varphi \tag{4-28}$$

则单相交流电的功率

$$P = IU\cos\varphi = \frac{\alpha}{K_P} = C\alpha \tag{4-29}$$

可见，由功率表测得的单相交流电的功率是平均功率，它与功率表的偏转角成正比。

同理，只要测出了仪表的偏转表格，即可算出被测功率。

实验室用的单相功率表一般都有两个相同的电流线圈，可以通过两个线圈的不同连接方法（串联或并联）来获得不同的量程，电压线圈量程的改变是通过改变倍压器来实现的。

3. 三相交流电功率的测量

三相交流电的功率有以下三种测量方法。

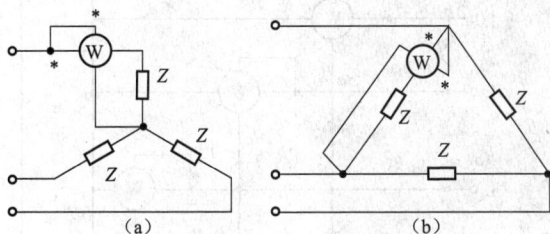

图 4 - 12　一表法测量三相对称电路功率
（a）星形联结；（b）三角形联结

（1）一表法。对于三相对称负载电路，由于各相负载所消耗的功率相等，所以采用一个功率表测量出某一相的功率 P_1，然后乘以 3，如图 4 - 12 所示，则三相对称负载电路的功率为

$$P = 3P_1 \qquad (4-30)$$

（2）两表法。对于三相三线制电路，不论负载是星形还是三角形，都可以采用两表法来测量功率，如图 4 - 13 所示。

采用两表法进行测量时，两个功率表的电流线圈串接在三相电路中任意两相以测线电流，电压线圈分别跨接在电流线圈所在相和公共相之间以测线电压。应该注意的是，电压线圈和电流线圈的进线端 "*" 仍然应该接在电源的同一侧，否则将损坏仪表。

设两个功率表的读数分别为 P_1、P_2，由图 4 - 13 可以看出

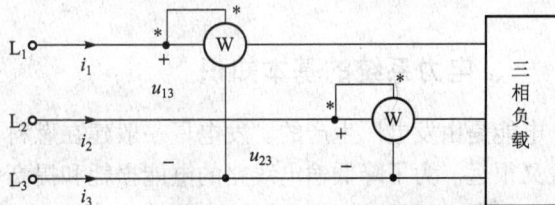

图 4 - 13　两表法测量三相三线制电路功率

$$\begin{cases} P_1 = U_{13}I_1\cos\alpha \\ P_2 = U_{23}I_2\cos\beta \end{cases}$$

式中，α 为线电压 u_{13} 与线电流 i_1 的相位差；β 为线电压 u_{23} 与线电流 i_2 的相位差。

三相瞬时功率为

$$\begin{aligned} P &= P_1 + P_2 + P_3 = u_1i_1 + u_2i_2 + u_3i_3 \\ &= u_1i_1 + u_2i_2 + u_3(-i_1 - i_2) = (u_1 - u_3)i_1 + (u_2 - u_3)i_2 \\ &= u_{13}i_1 + u_{23}i_2 \end{aligned}$$

平均功率为

$$\begin{aligned} P &= \frac{1}{T}\int_0^T P\mathrm{d}t = \frac{1}{T}\int_0^T P\mathrm{d}t = \frac{1}{T}\int_0^T (u_{13}i_1 + u_{23}i_2)\mathrm{d}t \\ &= U_{13}I_1\cos\alpha + U_{23}I_2\cos\beta = P_1 + P_2 \end{aligned}$$

即

$$P = P_1 + P_2 \qquad (4-31)$$

由式（4 - 31）可知，三相三线制电路采用两表法测量时，三相总功率等于两表的读数之和。

当负载的功率因数很低时，线电压和线电流的相位差可能大于 90°，功率表的指针要反

偏，这时必须将功率表的电流线圈反接才能测量出结果，但计算总功率时，必须将此项计为负值，即式（4-31）是两表的代数和。

（3）三表法。对于三相四线制电路，通常采用三表法测量功率，如图4-14所示。三个功率表的代数和即为三相总功率，即

$$P = P_1 + P_2 + P_3 \qquad (4-32)$$

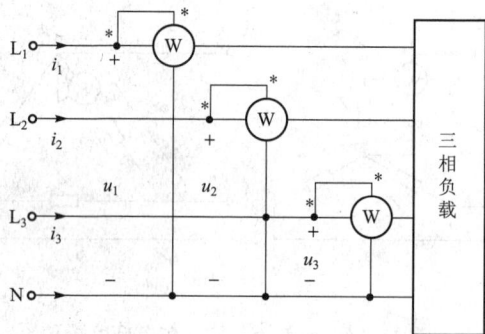

图 4-14　三表法测量三相四线制电路功率

阅读与应用7　安全用电常识

一、电力系统的基本知识

电能是由发电厂生产的。发电厂一般建在燃料、水力丰富的地方，而和电能用户的距离一般又很远。为了降低输电线路的电能损耗和提高传输效率，由发电厂发出的电能，要经过升压变压器升压后，再经输电线路传输，这就是所谓的高压输电。电能经高压输电线路送到距用户较近的降压变电所，经降压后分配给用户应用。这样，就完成一个发电、变电输电、配电和用电的全过程。我们把连接发电厂和用户之间的环节称为电力网。把发电厂、电力网和用户组成的统一整体称为电力系统，如图4-15所示。

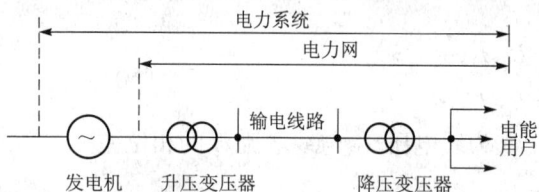

图 4-15　电力系统示意图

1. 发电厂

发电厂是生产电能的工厂，它把非电形式的能量转换成电能，它是电力系统的核心。根据所利用能源的不同，发电厂分为水力发电厂、火力发电厂、核能发电厂、风力发电厂、地热发电厂、太阳能发电厂等类型。

2. 电力网

电力网是连接发电厂和电能用户的中间环节，由变电所和各种不同电压等级的电力线路组成。它的任务是将发电厂生产的电能输送、变换和分配到电能用户。其中，电力线路是输送电能的通道，是电力系统中实施电能远距离传输的环节，是将发电厂、变电所和电力用户联系起来的纽带；变电所是接受电能、变换电压和分配电能的场所，一般可分为升压变电所和降压变电所两大类。升压变电所是将低电压变换为高电压，一般建在发电厂；降压变电所

是将高电压变换为一个合理、规范的低电压，一般建在靠近负荷中心的地点。

电力网按电压高低和供电范围大小分为区域电网和地方电网。区域电网的范围大，电压一般在 220 kV 以上。地方电网的范围小，最高电压不超过 110 kV。

3. 电力用户

电力用户是指电力系统中的用电负荷，电能的生产和传输最终是为了供用户使用。不同的用户，对供电可靠性的要求不一样。根据用户对供电可靠性的要求及中断供电造成的危害或影响的程度，我们把用电负荷分为三级：

（1）一级负荷。中断供电将造成人身伤亡或在政治、经济上造成重大损失的用电负荷。如重大产品报废、使用重要原料生产的产品大量报废、重点企业的连续生产过程被打乱需要长时间才能恢复等。

对一级负荷应保证连续供电，应采用两个独立电源供电，其中，一个系统为备用电源。对特别重要的一级负荷，除采用两个独力电源外，还应增设应急电源。

（2）二级负荷。中断供电将造成主要设备损坏，大量产品报废，连续生产过程被打乱，需较长时间才能恢复从而在政治、经济上造成较大损失的负荷。

对于二极负荷，一般由两个回路供电，两个回路的电源线应尽量引自不同的变压器或两段母线。

（3）三级负荷。不属于一级和二级负荷的一般负荷，即为三级负荷。

对于三级负荷无特殊要求，采用单电源供电即可。

二、触电

当人体触及带电体承受过高的电压而导致死亡或局部受伤的现象称为触电。触电依伤害程度不同可分为电击和电伤两种。

1. 电击

电击是指电流触及人体而使内部器官受到损害，它是最危险的触电事故。当电流通过人体时，轻者使人体肌肉痉挛，产生麻电感觉，重者会造成呼吸困难，心脏麻痹，甚至导致死亡。

电击多发生在对地电压为 220 V 的低压线路或带电设备上，因为这些带电体是人们日常工作和生活中易接触到的。

2. 电伤

电伤是由于电流的热效应、化学效应、机械效应以及在电流的作用下使熔化或蒸发的金属微粒等侵入人体皮肤，使皮肤局部发红、起泡、烧焦或组织破坏，严重时也可危及人命。

电伤多发生在 1 000 V 及 1 000 V 以上的高压带电体上，它的危险虽不像电击那样严重，但也不容忽视。

3. 安全电流与安全电压

人体触电伤害程度主要取决于流过人体电流的大小和电击时间长短等因素，我们把人体触电后最大的摆脱电流，称为安全电流。我国规定安全电流为 30 mA·s，即触电时间在 1 s 内，通过人体的最大允许电流为 30 mA。人体触电时，如果接触电压在 36 V 以下，通过人体的电流就不致超过 30 mA，故安全电压通常规定为 36 V，但在潮湿地面和能导电的厂房，安全电压则规定为 24 V 或 12 V。

三、触电方式

1. 单相触电

在人体与大地之间互不绝缘情况下，人体的某一部位触及三相电源线中的任意一根导线，电流从带电导线经过人体流入大地而造成的触电伤害。单相触电又可分为中性线接地和中性线不接地两种情况。

（1）中性点接地电网的单相触电。在中性点接地的电网中，发生单相触电的情形如图 4-16（a）所示。这时，人体所触及的电压是相电压，在低压动力和照明线路中为 220 V。电流经相线、人体、大地和中性点接地装置而形成通路，触电的后果往往很严重。

（2）中性点不接地电网的单相触电。在中性点不接地的电网中，发生单相触电的情形如图 4-16（b）所示。当站立在地面的人手触及某相导线时，由于相线与大地间存在电容，所以，有对地的电容电流从另外两相流入大地，并全部经人体流入到人手触及的相线。一般来说，导线越长，对地的电容电流越大，其危险性越大。

2. 两相触电

两相触电，也叫相间触电，这是指在人体与大地绝缘的情况下，同时接触到两根不同的相线，或者人体同时触及电气设备的两个不同相的带电部位时，电流由一根相线经过人体到另一根相线，形成闭合回路，如图 4-17 所示。两相触电比单相触电更危险，因为此时加在人体上的是线电压。

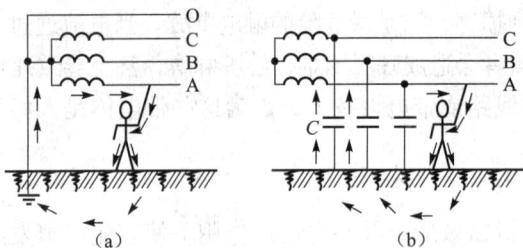

图 4-16　单相触电示意图
（a）中性点接地电网的单相触电；（b）中性点不接地电网的单相触电

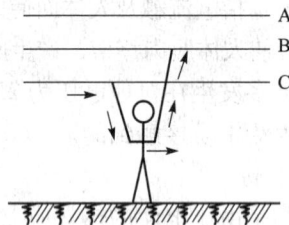

图 4-17　两相触电示意图

3. 跨步电压触电

当电气设备的绝缘损坏或线路的一相断线落地时，落地点的电位就是导线的电位，电流

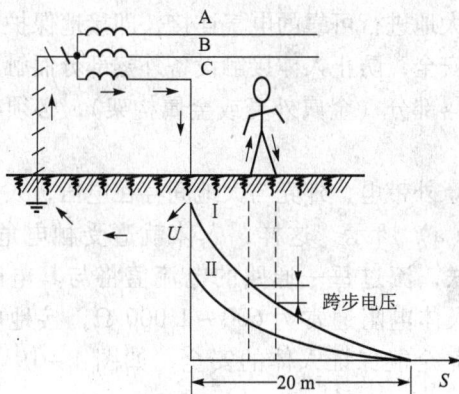

图4-18 跨步电压触电示意图

就会从落地点（或绝缘损坏处）流入地中。离落地点越远，电位越低。根据实际测量，在离导线落地点20 m以外的地方，由于入地电流非常小，地面的电位近似等于零。如果有人走近导线落地点附近，由于人的两脚电位不同，则在两脚之间出现电位差，这个电位差叫做跨步电压。离电流入地点越近，则跨步电压越大；离电流入地点越远，则跨步电压越小；在20 m以外，跨步电压很小，可以看做零。跨步电压触电情况，如图4-18所示。当发现跨步电压威胁时应赶快把双脚并在一起，或赶快用一条腿跳着离开危险区，否则，因触电时间长，也会导致触电死亡。

四、安全用电措施

安全用电是指在保证人身及设备安全的条件下，应采取的科学措施和手段。通常从以下两方面着手。

1. 建立健全各种操作规程和安全管理制度

（1）安全用电，节约用电，自觉遵守供电部门制定的有关安全用电规定，做到安全、经济、不出事故。

（2）禁止私拉电网，禁用"一线一地"接照明灯。

（3）屋内配线，禁止使用裸导线或绝缘破损、老化的导线，对绝缘破损部分，要及时用绝缘胶皮缠好。发生电气故障和漏电起火事故时，要立即拉断电源开关。在未切断电源以前，不要用水或酸、碱泡沫灭火器灭火。

（4）电线断线落地时，不要靠近，对于6~10 kV的高压线路，应离开落地点10 m远。更不能用手去捡电线，应派人看守，并赶快找电工停电修理。

（5）电气设备的金属外壳要接地；在未判明电气设备是否有电之前，应视为有电；移动和抢修电气设备时，均应停电进行；灯头、插座或其他家用电器破损后，应及时找电工更换，不能"带病"运行。

（6）用电要申请，安装、修理找电工。停电要有可靠联系方法和警告标志。

2. 技术防护措施

为了防止人身触电事故，通常采用的技术防护措施有电气设备的接地和接零、安装低压触电保护器三种方式。

（1）保护接地。电气设备在使用中，若设备绝缘损坏或击穿而造成外壳带电，人体触及外壳时有触电的可能。为此，电气设备必须与大地进行可靠的电气连接，即接地保护，使人体免受触电的危害。保护接地是指为保证人身安全，防止人体接触设备外露部分而触电的一种接地形式。在中性点不接地系统中，设备外露部分（金属外壳或金属构架），必须与大地进行可靠电气连接，即保护接地。

在中性点不接地系统中，设备外壳不接地且意外带电，外壳与大地间存在电压，人体触及外壳，人体将有电容电流流过，如图 4－19（a）所示，这样，人体就遭受触电危害。如果将外壳接地，人体与接地体相当于电阻并联，流过每一通路的电流值将与其电阻的大小成反比。人体电阻比接地体电阻大得多，人体电阻通常为 600～1 000 Ω，接地电阻通常小于 4 Ω，流过人体的电流很小，这样就完全能保证人体的安全，如图 4－19（b）所示。

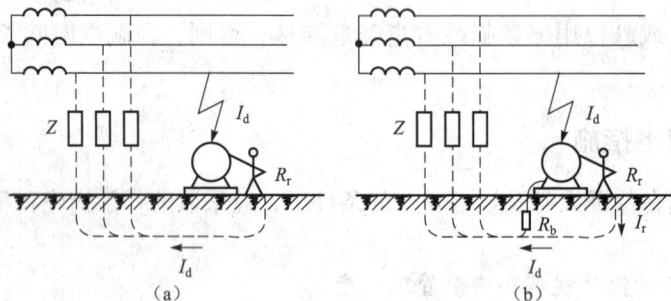

图 4－19　保护接地原理图

（a）无接地；（b）有接地

保护接地适用于中性点不接地的低压电网。在不接地电网中，由于单相对地电流较小，利用保护接地可使人体避免发生触电事故。但在中性点接地电网中，由于单相对地电流较大，保护接地就不能完全避免人体触电的危险，而要采用保护接零。

（2）保护接零。保护接零是指在电源中性点接地的系统中，将设备需要接地的外露部分与电源中性线直接连接，相当于设备外露部分与大地进行了电气连接。当设备正常工作时，外露部分不带电，人体触及外壳相当于触及零线，无危险，如图 4－20 所示。采用保护接零时，应注意不宜将保护接地和保护接零混用，而且中性点工作接地必须可靠。

（3）漏电保护。漏电保护为近年来推广采用的一种新的防止触电的保护装置。在电气设备中发生漏电或接地故障而人体尚未触及时，漏电保护装置已切断电源；或者在人体已触及带电体时，漏电保护器能在非常短的时间内切

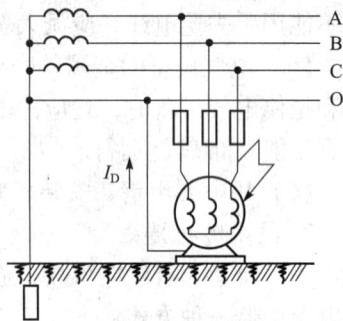

图 4－20　保护接零原理图

断电源，减轻对人体的危害。

阅读与应用8 三相交流电动机

　　根据电磁感应原理进行机械能与电能互换的旋转机械称为电机。其中将机械能转换为电能的电机称为发电机，将电能转换为机械能的电机称为电动机。由于生产过程的机械化，电动机作为拖动生产机械的原动机，在现代生产中有着广泛的应用。

　　电动机可分为交流电动机和直流电动机两大类。交流电动机又可分为异步电动机（或称感应电动机）和同步电动机。异步电动机有单相和三相两种。单相电动机一般为 1 kW 以下的小容量电机，在实验室和日常生活中应用较多。三相异步电动机因为具有构造简单、价格低廉、工作可靠、易于控制及使用维护方便等突出优点，在工农业生产中应用很广。如工业生产中的轧钢机、起重机、机床、鼓风机等，均用三相异步电动机来拖动。

一、三相异步电动机的结构

　　三相异步电动机由静止的定子和旋转的转子两个重要部分组成，定子和转子之间由气隙分开。图4-21为三相异步电动机结构示意图。

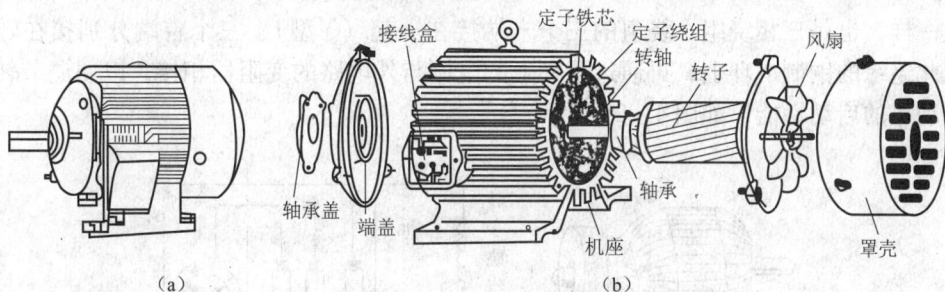

图4-21 三相异步电动机结构示意图

(a) 外形图；(b) 内部结构图

1. 定子

　　定子由定子铁芯、定子绕组、机座和端盖等组成。机座的主要作用是支撑电机各部件，因此应有足够的机械强度和刚度，通常用铸铁制成。为了减少涡流和磁滞损耗，定子铁芯用 0.5 mm 厚涂有绝缘漆的硅钢片叠成，铁芯内圆周上有许多均匀分布的槽，槽内嵌放定子绕组，如图4-22所示。

　　定子绕组分布在定子铁芯的槽内，小型电动机的定子绕组通常用漆包线绕制，三相绕组在定子内圆周空间彼此相隔120°，共有 6 个出线端，分别引至电动机接线盒的接线柱上。三相定子绕组可以连接成星形或三角形，如图4-23所示。其接法根据电动机的额定电压和三相电源电压而定，通常三个绕组的首端分别用 U_1、V_1、W_1 表示，末端分别用 U_2、V_2、W_2 表示。

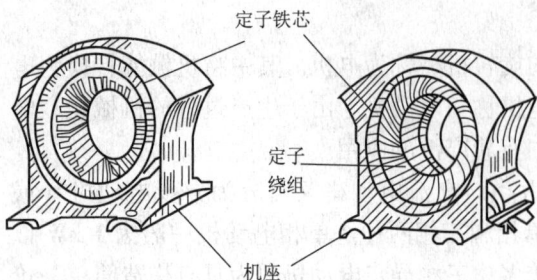

图 4 – 22　三相异步电动机的定子

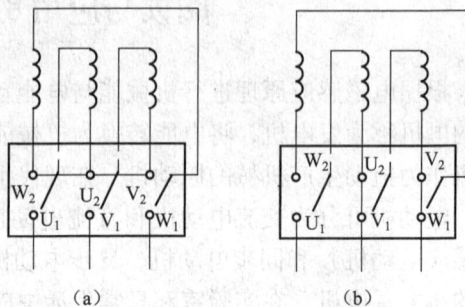

图 4 – 23　三相定子绕组的接法
（a）星形联结；（b）三角形联结

2. 转子

转子由转子铁芯、转子绕组、转轴和风扇等组成。转子铁芯也用 0.5 mm 厚硅钢片冲成转子冲片叠成圆柱形，压装在转轴上。其外围表面冲有凹槽，用以安放转子绕组。

异步电动机按转子绕组形式不同，可分为绕线式和鼠笼式两种。绕线式转子的绕组和定子绕组一样，也是三相绕组，绕组的三个末端接在一起（Y型），三个首端分别接在转轴上三个彼此绝缘的铜制滑环上，再通过滑环上的电刷与外电路的变阻器相接，以便调节转速或改变电动机的启动性能，如图 4 – 24 所示。

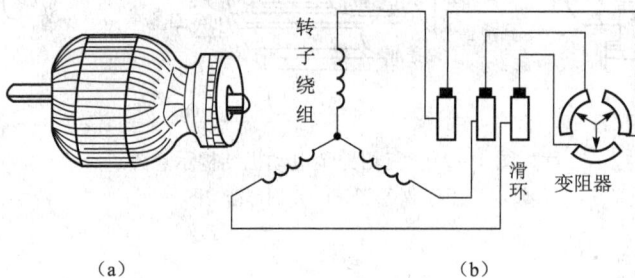

图 4 – 24　绕线式转子
（a）转子；（b）等效电路

绕线式异步电动机由于其结构复杂，价位较高，所以通常用于启动性能或调速要求高的场合。

鼠笼式转子绕组是在转子铁芯槽内插入铜条，两端再用两个铜环焊接而成的。若把铁芯拿出来，整个转子绕组外形很像一个鼠笼，故称鼠笼式转子。对于中小功率的电机，目前常用铸铝工艺把鼠笼式绕组及冷却用的风扇叶片铸在一起，如图 4 - 24 所示。

虽然绕线式异步电动机与鼠笼式异步电动机的结构不同，但它们的工作原理是相同的。

二、三相异步电动机的工作原理

三相异步电动机通入三相交流电流之后，在定子绕组中将产生旋转磁场，此旋转磁场将在闭合的转子绕组中感应出电流，从而使转子转动起来。因此，在研究三相异步电动机的原理之前，应首先介绍旋转磁场的产生及特点。

1. 旋转磁场的产生

三相异步电动机定子绕组是空间对称的三相绕组，即 $U_1 - U_2$、$V_1 - V_2$ 和 $W_1 - W_2$，空间位置相隔120°。若将它们作星形联结，如图 4 - 25 所示，将 U_2、V_2、W_2 连在一起，U_1、V_1、W_1 分别接三相对称电源的 U、V、W 三个端子，就有三相对称电流流入对应的定子绕组，即

$$\begin{cases} i_U = I_m \sin \omega t \\ i_V = I_m \sin (\omega t - 120°) \\ i_W = I_m \sin (\omega t + 120°) \end{cases}$$

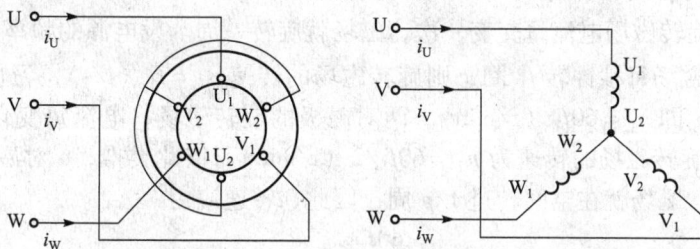

图 4 - 25　三相定子绕组的分布

其波形如图 4 - 26 所示。

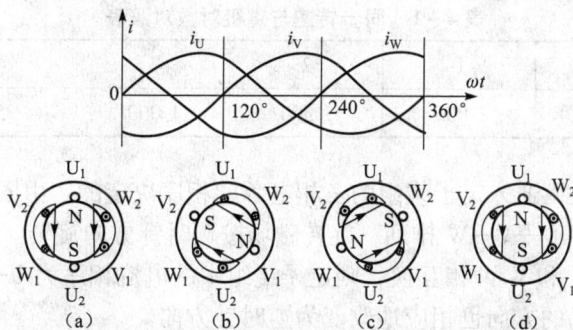

图 4 - 26　一对磁极的旋转磁场及对应波形

(a) $\omega t = 0°$；(b) $\omega t = 120°$；(c) $\omega t = 240°$；(d) $\omega t = 360°$

由波形图可看出，在 $\omega t = 0$ 时刻，$i_U = 0$，i_V 为负值，说明 i_V 的实际电流方向与参考方向相反，即从 V_2 流入（用⊗表示），从 V_1 流出（用⊙表示）；i_W 为正值，说明实际电流方向与 i_W 的参考方向相同，即从 W_1 流入（用⊗表示），从 W_2 流出（用⊙表示）。根据右手螺旋法则，可判断出转子铁芯中磁力线的方向是自上而下，相当于定子内部是 N 极在上，S极在下的一对磁极在工作，如图 4 − 26（a）所示。

当 $\omega t = 120°$ 时，i_U 为正值，电流从 U_1 流入（用⊗表示），从 U_2 流出（用⊗表示）；$i_V = 0$；i_W 为负值，电流从 W_2 流入（用⊗表示），从 W_1 流出（用⊙表示）。合成磁场如图 4 − 26（b）所示。从图可以看出，合成磁场在空间上沿顺时针方向转过了 120°。

当 $\omega t = 240°$ 时，同理，合成磁场如图 4 − 26（c）所示。从图可以看出，它又沿顺时针方向转过了 120°。

$\omega t = 360°$ 时的磁场与 $\omega t = 0$ 时刻相同，合成磁场沿顺时针方向又转过了 120°，N、S 磁极回到 $\omega t = 0$ 时刻的位置，如图 4 − 26（d）所示。综上所述，当三相交流电变化一周时，合成磁场在空间上正好转过一周。若三相交流电不断变化，则产生的合成磁场在空间不断转动，形成旋转磁场。

2. 旋转磁场的转速和转向

一对磁极的旋转磁场电流每交变一次，磁场就旋转一周。设电源的频率为 f_1，即电流每秒钟变化 f_1 次，磁场每秒钟转 f_1 圈，则旋转磁场的转速 $n_1 = f_1$（r/s），习惯上用每分钟的转数来表达转速，即 $n_1 = 60f_1$（r/min）。两对磁极的旋转磁场，电流每变化 f_1 次，旋转磁场转 $f_1/2$ 圈，即旋转磁场的转速为 $n_1 = 60f_1/2$（r/min）。依此类推，p 对磁极的旋转磁场，电流每交变一次，磁场就在空间转过 $1/p$ 周，因此，转速应为

$$n_1 = \frac{60f_1}{p}(\text{r/min}) \tag{4−33}$$

旋转磁场的转速 n_1 也称为同步转速，由式（4 − 33）可知，它取决于电源频率和旋转磁场的磁极对数。我国的工频为 50 Hz，因此，同步转速与磁极对数的关系如表 4 − 1 所示。

表 4 − 1　同步转速与磁极对数对照表

磁极对数 p	1	2	3	4	5
同步转速 $n_1/$（r·min^{-1}）	3 000	1 500	1 000	750	600

旋转磁场的转向是由通入定子绕组的三相电源的相序决定的。由图 4 − 26 可知，定子绕组中电流的相序按顺序 U—V—W 排列，旋转磁场按顺时针方向旋转。如果将三相电源中的任意两相对调，例如 V 和 W 两相互换，则定子绕组中的电流相序为 U—W—V，应用前面讲的分析方法，旋转磁场的方向也相应地改变为逆时针方向。

3. 转子的转动原理

图 4 − 27 为三相异步电动机工作原理示意图。为简单起见，图中用一对磁极来进行

分析。

　　三相定子绕组中通入交流电后，便在空间产生旋转磁场，在旋转磁场的作用下，转子将做切割磁力线的运动而在其两端产生感应电动势，感应电动势的方向可根据右手螺旋法则来判断。由于转子本身为一闭合电路，所以在转子绕组中将产生感应电流，称为转子电流，电流方向与电动势的方向一致，即上面流出，下面流进，转子电流在旋转磁场中受到电磁力的作用，其方向可由左手定则来判断，上面的转子导条受到向右的力的作用，下面的转子导条受到向左的力的作用。电磁力对转子的

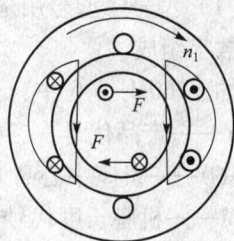

图 4 - 27　三相异步电动机
工作原理图

作用称为电磁转矩。在电磁转矩的作用下，转子就沿着顺时针方向转动起来，显然转子的转动方向与旋转磁场的转动方向一致。虽然转子的转动方向与旋转磁场的转动方向一致，但转子的转速 n 永远达不到旋转磁场的转速 n_1，即 $n < n_1$。这是因为，若转子的转速等于旋转磁场的转速，则转子与磁场间不存在相对运动，即转子绕组不切割磁力线，转子电流、电磁转矩都将为零，转子根本转动不起来，因此转子的转速总是低于同步转速。正是由于转子转速与同步转速间存在一定的差值，故将这种电动机称为异步电动机。又因为异步电动机是以电磁感应原理为工作基础的，所以异步电动机又称为感应电动机。为了更清楚地分析异步电动机的工作过程，需要引入转差率 s 这个参数：

$$s = \frac{n_1 - n}{n_1} \qquad\qquad (4-34)$$

　　转差率是用来表示转子转速与同步转速之差的相对程度的一个物理量，其中 $n_1 - n$ 为转速差。当定子绕组接通电源的瞬间，转子转速 $n = 0$，此时 $s = 1$，转差率最大；稳定运行以后，电机的转速 n 比较接近同步转速 n_1，此时 s 很小，额定转差率约为 0.01 ~ 0.08；空载时，转子转速可以很接近同步转速，即 $s \approx 0$，但 $s = 0$ 的情况在实际运行时是不存在的。

三、三相异步电动机的铭牌和选择

　　1. 三相异步电动机的铭牌
　　某三相异步电动机铭牌如下，现对铭牌的各项数据作些简要介绍。

型号：Y160M - 6	功率：7.5 kW	频率：50 Hz
电压：380 V	电流：17 A	接法：△
转速：970 r/min	绝缘等级：B	工作方式：连续
年　　月	编号	××电机厂

（1）型号。型号用来表示电动机的种类和形式，由汉语拼音字母、国际通用符号和阿拉伯数字组成。

如 Y160M - 6 中：

Y——产品代号，三相异步电动机；

160——机座中心高 160 mm；

M——机座长度代号（M 表示中机座，S 表示短机座，L 表示长机座）；

6——磁极数。

各类常见电动机的产品名称代号及其意义如下：

YR——绕线型三相异步电动机；

YB——防爆型异步电动机；

YZ——起重、冶金用异步电动机；

YQ——高启动转矩异步电动机；

YD——多速三相异步电动机。

（2）额定功率。额定功率为电动机在额定状态下运行时，转子轴上输出的机械功率，单位为 kW。

（3）额定电压和接法。额定电压指定子绕组按铭牌上规定的接法连接时应加的线电压值。Y 系列电动机功率在 4 kW 以上均采用三角形联结，以便采用 Y - △ 接法。

（4）额定电流。额定电流指电动机在额定运行情况下，定子绕组取用的线电流值。

（5）额定转速。额定转速为电动机在额定运行状态时的转速，单位为 r/min。

（6）额定频率。额定频率指额定电压的频率，国产电动机均为 50 Hz。

（7）温升及绝缘等级。绝缘等级是电动机定子绕组所用的绝缘材料的等级。温升是电动机运行时绕组温度允许高出周围环境温度的数值。绝缘等级及极限工作温度列于表 4 - 2 中，极限工作温度是指电动机运行时绝缘材料的最高允许温度。

表 4 - 2　绝缘等级及极限工作温度

绝缘等级	A	E	B	F	H	C
极限工作温度/℃	105	120	130	155	180	>180

（8）工作方式。工作方式即电动机的运行方式。按负载持续时间的不同，国家标准把电动机分成三种工作方式：连续工作制、短时工作制和断续周期工作制。

除了铭牌数据外，还可以根据有关产品目录或电工手册查出电动机的其他一些技术数据。

2. 三相异步电动机的选择

（1）功率选择。功率选择的原则是根据拖动的负载，最经济、最合理地确定电动机的功率。要防止选择的功率过大，避免出现"大马拉小车"现象，既浪费能源，又增加了投资；同时也应当防止选择的功率过小，电动机可能在过载状态下工作，很容易烧坏定子绕组。电动机的功率选择，一般按电动机的工作方式通过计算确定。详细的计算方法可参阅有关电机手册。

实践证明，电动机在接近额定状态下工作时，定子电路的功率因数最高。

（2）类型的选择。电动机的类型选择，应根据生产机械的要求，从技术和经济方面全面考虑选择。生产机械不带负载启动的，通常采用鼠笼式异步电动机，如一般机床、水泵等；若要带一定大小的负载启动，可采用高启动转矩电动机；若启动、制动频繁，且要求启动转矩大，可选用绕线型异步电动机，如起重机、轧钢机等。

（3）结构形式的选择。为使电动机在不同的环境中安全可靠地工作，防止电动机可能对环境造成灾害，必须根据不同的环境要求选用适当的防护形式。常见的防护形式有开启式、防护式、封闭式和防爆式四种。

（4）转速选择。电动机的额定转速应根据生产机械的要求选定。转速高的电动机，体积小，价格便宜；而转速低的电动机，体积大，价格贵。应当本着经济的目的，结合生产机械传动机构的成本选择合适转速的电动机。

（5）电压的选择。电压选择主要依据电动机运行场所供电网的电压等级，同时还应兼顾电动机的类型和功率。小容量的电动机额定电压均为 380 V，大容量的电动机有时采用 3 kV 和 6 kV 的高压电动机。

本 章 小 结

1. 三相交流电源的三相电压是对称的，即大小相等，频率相同，相位互差120°。

在三相四线制供电系统中，线电压是相电压的$\sqrt{3}$倍，且在相位上超前于相应的相电压30°。

2. 三相负载有星形和三角形两种联结方式，至于采用哪种联结方式，应根据负载的额定电压和三相电源的线电压而定，即使每相负载承受的电压等于额定电压。

3. 三相对称负载星形联结，三相四线制中的中性线可省略，成为三相三线制，不对称负载中性线不能省略，以保证每相负载的相电压始终保持不变，否则不能正常。

4. 三相对称电路的计算可归结到一相进行，求得一相的电压和电流后，可根据对称关系得出其他两相的结果。

在计算三相对称电路时要注意两个$\sqrt{3}$的关系：

星形联结时，$U_\mathrm{L} = \sqrt{3} U_\mathrm{P}$，但 $I_\mathrm{L} = I_\mathrm{P}$；

三角形联结时，$I_\mathrm{L} = \sqrt{3} I_\mathrm{P}$，但 $U_\mathrm{L} = U_\mathrm{P}$。

5. 三相对称电路的功率为

$$P = \sqrt{3}\,U_L I_L \cos\varphi$$
$$Q = \sqrt{3}\,U_L I_L \sin\varphi$$
$$S = \sqrt{3}\,U_L I_L$$

式中，φ 是相电压与相电流的相位差角，即每相负载的阻抗角或功率因数角。

功率的测量可采用功率表计量。根据三相电路的特点，采用一表法、两表法、三表法测量三相电路的功率。

习 题 4

4-1 现有 120 只 220、100 W 的白炽灯泡，怎样将其接入线电压为 380 V 的三相四线制供电线路最为合理？按照这种接法，在全部灯泡点亮的情况下，线电流和中线电流各是多少？

4-2 电路如图 4-28 所示，已知 $R_U = 10\ \Omega$，$R = 20\ \Omega$，$R_W = 30\ \Omega$，$U_L = 380$，试求：

（1）各相电流及中线电流的大小；

（2）U 相断路时，各相负载所承受的电压和通过的电流大小；

（3）U 相和中线均断开时，各相负载的电压和电流大小；

（4）U 相负载短路，中线断开时，各相负载的电压和电流大小。

4-3 如图 4-29 所示，正常工作时电流表的读数是 26 A，电压表的读数是 380 V，三相对称电源供电，试求下列各情况下各相的电流大小：

（1）正常工作；

（2）W 相负载断路；

（3）W 相线断路。

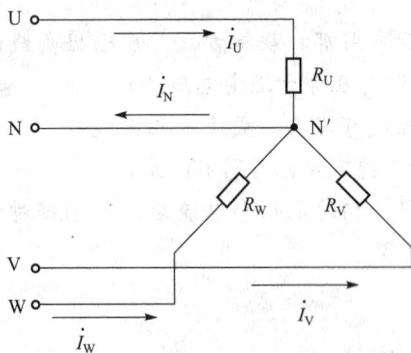

图 4-28　习题 4-2 图

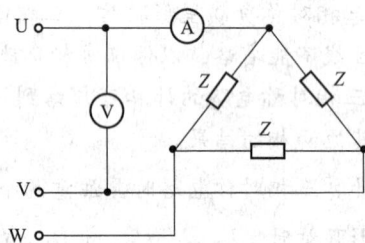

图 4-29　习题 4-3 图

4 - 4 三相对称负载作三角形联结，线电压为 380 V，线电流为 17.3 A，三相总功率为 4.5 kW，求每相负载的电阻和感抗。

4 - 5 三相电阻炉每相电阻 $R = 10\ \Omega$，接在额定电压 380 V 的三相对称电源上，分别求星形联结和三角形联结时，电炉从电网各吸收多少功率？

4 - 6 三相四线制电路中，星形负载各相阻抗分别为 $Z_U = 8 + j6\ \Omega$，$Z_V = 3 - j4\ \Omega$，$Z_W = 10\ \Omega$，电源线电压为 380 V，求各相电流及中线电流。

4 - 7 对称负载接成三角形，接入线电压为 380 V 的三相电源，若每相阻抗 $Z = 6 + j8\ \Omega$，求负载各相电流及各线电流。

4 - 8 有一对称三相负载，每相阻抗 $Z = 80 + j60\ \Omega$，电源线电压为 380 V。求当三相负载分别联结成星形和三角形时电路的有功功率和无功功率。

4 - 9 如图 4 - 30 所示三相电路，电源电压对称，且相电压有效值 $U_P = 220$ V，电灯组负载的电阻为 $R_U = 5.5\ \Omega$、$R_V = 22\ \Omega$、$R_W = 10\ \Omega$，电灯额定电压为 220 V。求三相电路的线电流的有效值 I_U、I_V、I_W 及中线电流的有效值 I_N。

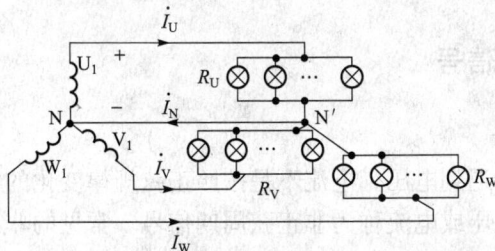

图 4 - 30 习题 4 - 9 图

4 - 10 分析图 4 - 30 所示电路在下面几种故障情况下会发生什么现象：

（1）U 相断路；

（2）中线断开；

（3）中线断开，U 相断路。

4 - 11 某对称三相负载的额定电压是 380 V，每相负载阻抗 $Z = 50 + j50\ \Omega$，对称三相电源线电压 $U_L = 380$ V。

（1）该三相负载应如何接入三相电源？

（2）计算相电流 I_P 和线电流 I_L。

第5章 非正弦周期电路

教学要求：了解并识别常见的非正弦周期信号，熟悉非正弦周期信号的频谱结构，理解非正弦周期信号的有效值、平均值和功率的含义，会计算非正弦周期信号的有效值、平均值和功率

5.1 非正弦周期信号及频谱分析

5.1.1 非正弦周期性信号

1. 常见的非正弦信号

在实际工程中往往会遇到电压、电流不是按照正弦规律变化的情况，将电路中不是按照周期性正弦规律变化的电压或电流称为非正弦周期信号。常见的非正弦信号如图 5-1 所示。

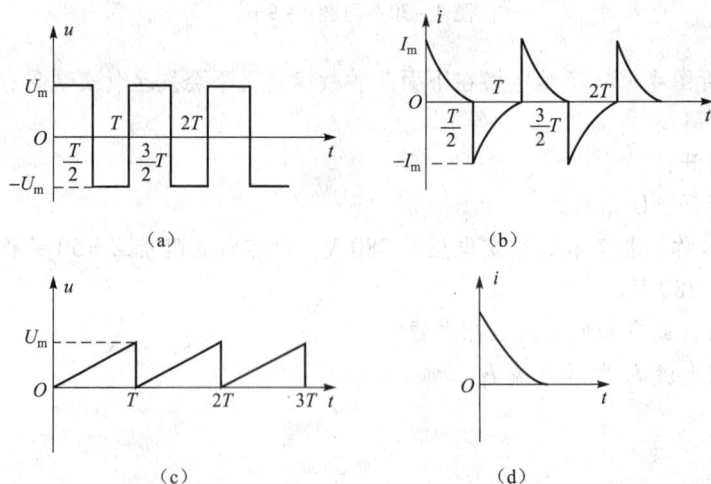

图 5-1 常见的非正弦信号

（a）方波电压；（b）脉冲电流；（c）锯齿波电压；（d）单个尖脉冲

2. 非正弦信号产生的原因

电路中产生这种非正弦信号主要原因有以下几种情况：

（1）电路中存在非线性元件。当电路中存在非线性元件时，即使电源提供的电压是正弦的，也会导致电路中的电流或电压为非正弦。如半波整流电路中，加在输入端的电压是正弦电压，但由于二极管是非线性元件，具有单向导电性，所以经过整流电路后输出的电压是非正弦的，称为半波整流电压，如图 5-2 所示。

（2）电源电压本身就是非正弦的。如脉冲信号发生器提供的电压就是矩形脉冲电压，如图 5-3 所示。

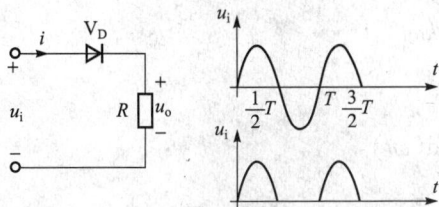

图 5-2　半波整流电路及输出电压

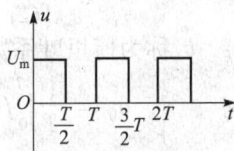

图 5-3　矩形脉冲电压

（3）电路中含有多个不同频率的电源共同作用。当电路中多个不同频率的电源同时作用时，由于各个电源频率不同，即使这些电源本身输出的电压都是正弦量，但重叠在一起之后波形就为非正弦的了，如图 5-4 所示。

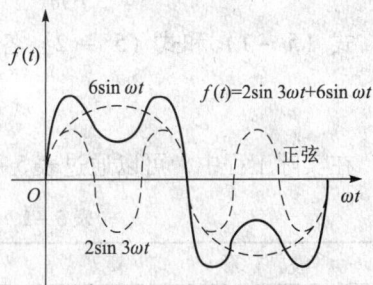

图 5-4　不同频率的正弦波

5.1.2　非正弦信号的合成与分解

由图 5-4 可知，几个频率不同的正弦信号叠加之后所形成的为非正弦信号。同样，也可以将这个非正弦信号分解为若干个不同频率的正弦信号分量。

由数学知识可知，如果一个函数是周期性的，且满足狄里赫利条件，那么它可以展开成傅里叶级数。电气电工工程中所遇到的周期函数一般都能满足这个条件。

设周期为 T，角频率 $\omega = 2\pi/T$ 的周期性信号 $f(t)$ 满足狄里赫利条件，则 $f(t)$ 的傅里叶级数展开式为

$$f(t) = A_0 + A_{1m}\sin(\omega t + \varphi_1) + A_{2m}\sin(2\omega t + \varphi_2) + \cdots$$

$$= A_0 + \sum_{k=1}^{\infty} A_{km}\sin(k\omega t + \varphi_k)$$

$$(5-1)$$

式中，$f(t)$ 为非正弦周期信号；A_0 是不随时间变化的常数，为 $f(t)$ 的恒定分量或直流分量，也

称为零次谐波；$A_{1m}\sin(\omega t+\varphi_1)$ 属于正弦函数，其幅值为 A_{1m}，初相位为 φ_1，角频率为 ω，$T=2\pi/\omega$ 是 $f(t)$ 的周期，被称为一次谐波，也叫做基波；$A_{2m}\sin(2\omega t+\varphi_2)$ 代表频率为基波频率的 2 倍，称为二次谐波；$A_{km}\sin(k\omega t+\varphi_k)$ 代表频率为基波频率的 k 倍，称为 k 次谐波。

式中，$k=1$、3、5、7 次等谐波称为奇次谐波，$k=2$、4、6 次等谐波称为偶次谐波。由于傅里叶级数具有收敛性，故在实际工程中常计算到 7 次谐波左右就可以了。

利用三角函数公式，还可以把式（5-1）写成另一种形式：

$$f(t)=a_0+(a_1\cos\omega t+b_1\sin\omega t)+(a_2\cos 2\omega t+b_2\sin 2\omega t)+\cdots+$$
$$(a_k\cos k\omega t+b_k\sin k\omega t)+\cdots \tag{5-2}$$
$$=a_0+\sum_{k=1}^{\infty}(a_k\cos k\omega t+b_k\sin k\omega t)$$

式中，a_0，a_k，b_k 称为傅里叶系数。

$$a_0=\frac{1}{T}\int_0^T f(t)\,\mathrm{d}t=\frac{1}{2\pi}\int_0^{2\pi}f(t)\,\mathrm{d}(\omega t)$$

$$a_k=\frac{2}{T}\int_0^T f(t)\cos k\omega t\,\mathrm{d}t=\frac{1}{\pi}\int_0^{2\pi}f(t)\cos k\omega t\,\mathrm{d}(\omega t) \tag{5-3}$$

$$b_k=\frac{2}{T}\int_0^T f(t)\sin k\omega t\,\mathrm{d}t=\frac{1}{\pi}\int_0^{2\pi}f(t)\sin k\omega t\,\mathrm{d}(\omega t)$$

式（5-1）和式（5-2）各系数之间存在如下关系：

$$a_k=A_{km}\sin\varphi_k \tag{5-4}$$
$$b_k=A_{km}\cos\varphi_k \tag{5-5}$$

在实际工程中，可以通过表 5-1 直接写出几种常见的信号的傅里叶级数形式。

表 5-1　几种常见信号的傅里叶级数展开式

波　形	傅里叶级数展开式	有效值	平均值
 正弦波	$f(t)=A_m\sin(\omega t)$	$\dfrac{A_m}{\sqrt{2}}$	$\dfrac{2A_m}{\pi}$
 方波	$f(t)=\dfrac{4A_m}{\pi}\left[\sin\omega t+\dfrac{1}{3}\sin(3\omega t)+\dfrac{1}{5}\sin(5\omega t)+\right.$ $\left.\cdots+\dfrac{1}{k}\sin(k\omega t)+\cdots\right]$ $k=1,3,5,\cdots$	A_m	A_m

波 形	傅里叶级数展开式	有效值	平均值
锯齿波	$f(t)=\dfrac{A_m}{2}-\dfrac{A_m}{\pi}\left[\begin{array}{l}\sin(\omega t)+\dfrac{1}{2}\sin(2\omega t)+\dfrac{1}{3}\sin(3\omega t)+\\ \cdots+\dfrac{1}{k}\sin\ (k\omega t)\ +\cdots\end{array}\right]$ $k=1,2,3,4,\cdots$	$\dfrac{A_m}{\sqrt{3}}$	$\dfrac{A_m}{2}$
半波整流	$f(t)=\dfrac{2A_m}{\pi}$ $\left[\begin{array}{l}\dfrac{1}{2}+\dfrac{\pi}{4}\cos(\omega t)\ +\dfrac{1}{3}\cos(2\omega t)-\\ \dfrac{1}{15}\cos(4\omega t)\ +\cdots-\dfrac{\cos\left(\dfrac{k\pi}{2}\right)}{k^2-1}\cos(k\omega t)\ +\cdots\end{array}\right]$ $k=2,4,6,\cdots$	$\dfrac{A_m}{2}$	$\dfrac{A_m}{\pi}$
全波整流	$f(t)=\dfrac{4A_m}{\pi}\left[\begin{array}{l}\dfrac{1}{2}+\dfrac{1}{3}\cos(2\omega t)-\dfrac{1}{15}\cos(4\omega t)+\\ \cdots-\dfrac{\cos\left(\dfrac{k\pi}{2}\right)}{k^2-1}\cos(k\omega t)\ +\cdots\end{array}\right]$ $k=2,4,6,\cdots$	$\dfrac{A_m}{\sqrt{2}}$	$\dfrac{2A_m}{\pi}$
三角波	$f(t)=\dfrac{8A_m}{\pi^2}\left[\begin{array}{l}\sin(\omega t)-\dfrac{1}{9}\sin(3\omega t)+\dfrac{1}{25}\sin(5\omega t)+\\ \cdots+\dfrac{(-1)\frac{k-1}{2}}{k^2}\cos(k\omega t)\ +\cdots\end{array}\right]$ $k=1,3,5,\cdots$	$\dfrac{A_m}{\sqrt{3}}$	$\dfrac{A_m}{2}$
梯形波	$f(t)=\dfrac{4A_m}{\omega t_0\pi}$ $\left[\begin{array}{l}\sin(\omega t_0)\sin(\omega t)+\dfrac{1}{9}\sin(3\omega t_0)\sin(3\omega t)+\\ \dfrac{1}{25}\sin(5\omega t_0)\sin(5\omega t)+\cdots+\dfrac{1}{k^2}\sin(k\omega t_0)\sin(k\omega t)+\cdots\end{array}\right]$ $k=1,3,5,\cdots$	$A_m\sqrt{1-\dfrac{4\omega t_0}{3\pi}}$	$A_m\left(1-\dfrac{\omega t_0}{\pi}\right)$

波　　形	傅里叶级数展开式	有效值	平均值
脉冲波	$f(t) = \dfrac{\tau A_m}{T} + \dfrac{2A_m}{\pi}$ $\left[\sin\left(\omega\dfrac{\tau}{2}\right)\cos(\omega t) + \dfrac{\sin\left(2\omega\dfrac{\tau}{2}\right)}{2}\cos(2\omega t) + \right.$ $\left. \cdots + \dfrac{\sin\left(k\omega\dfrac{\tau}{2}\right)}{k}\cos(k\omega t) + \cdots \right]$ $k = 1,2,3\cdots$	$A_m\sqrt{\dfrac{\tau}{T}}$	$A_m\dfrac{\tau}{T}$

例 5.1　已知矩形周期电压的波形如图 5-5 所示。求 $u(t)$ 的傅里叶级数。

解　在一个周期内的表示式为

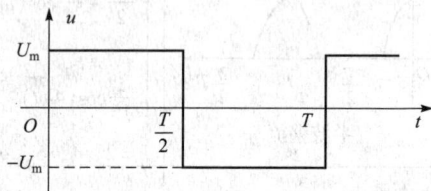

图 5-5　例 5.1 图

$$u_t(t) = \begin{cases} U_m\left(0 \leqslant t \leqslant \dfrac{T}{2}\right) \\[2mm] -U_m\left(\dfrac{T}{2} < t < T\right) \end{cases}$$

由式 (5-3) 可知

$$a_0 = \frac{1}{2\pi}\int_0^{2\pi} u(t)\,\mathrm{d}(\omega t) = \frac{1}{2\pi}\left[\int_0^\pi U_m\mathrm{d}(\omega t) + \int_\pi^{2\pi} -U_m\mathrm{d}(\omega t)\right] = 0$$

$$a_k = \frac{1}{\pi}\int_0^{2\pi} u(t)\cos k\omega t\,\mathrm{d}(\omega t)$$

$$= \frac{1}{\pi}\int_0^\pi U_m\cos k\omega t\,\mathrm{d}(\omega t) + \frac{1}{\pi}\int_\pi^{2\pi} -U_m\cos k\omega t\,\mathrm{d}(\omega t)$$

$$= \frac{U_m}{k\pi}\left[\sin k\omega t\right]_0^\pi - \frac{U_m}{k\pi}\left[\sin k\omega t\right]_\pi^{2\pi} = 0$$

$$b_k = \frac{1}{\pi}\int_0^{2\pi} u(t)\sin k\omega t\,\mathrm{d}(\omega t)$$

$$= \frac{1}{\pi}\left[\int_0^\pi U_m\sin k\omega t\,\mathrm{d}(\omega t) + \int_\pi^{2\pi} -U_m\sin k\omega t\,\mathrm{d}(\omega t)\right]$$

$$= \frac{2U_m}{\pi}\int_0^\pi \sin k\omega t\,\mathrm{d}(\omega t) = \frac{2U_m}{k\pi}\left[-\cos k\omega t\right]_0^\pi$$

$$= \frac{2U_m}{k\pi}(1 - \cos k\pi)$$

当 k 为奇数时，$\cos k\pi = -1$，$b_k = \dfrac{4U_m}{k\pi}$

当 k 为偶数时，$\cos k\pi = 1$，$b_k = 0$

由此可得

$$u(t) = \frac{4U_m}{\pi}\left(\sin \omega t + \frac{1}{3}\sin 3\omega t + \frac{1}{5}\sin 5\omega t + \cdots + \frac{1}{k}\sin k\omega t\right) \quad (k \text{ 为奇数})$$

5.1.3　非正弦周期信号的频谱

一个非正弦周期性函数展开成傅里叶级数如式（5 – 1）所示。但这种数学表达式却不能直观地表示出一个非正弦周期信号所包含的频率分量和各个分量的比重，因此为了更加详尽和直观地观测到频率分量和各个分量的"比重"，故采用了频谱图分析方法。

在一个直角坐标中，以相应的谐波角频率 $k\omega$ 为横坐标，在各谐波角频率所对应的点上，作出一条条垂直的线（称为谱线），线段长度由展开式中直流分量和各次谐波分量的幅值而定。图 5 – 6 所示为锯齿波频谱图。

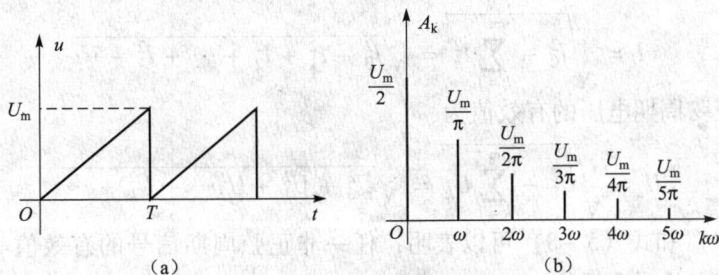

图 5 – 6　锯齿波频谱图

5.2　非正弦周期信号的有效值、平均值和功率

5.2.1　非正弦周期信号的有效值

与正弦信号相同，周期性非正弦信号的大小也可以用有效值来表示。

对于任一非正弦周期电流的有效值为

$$I = \sqrt{\frac{1}{T}\int_0^T i^2 \mathrm{d}t} \tag{5 – 6}$$

将其展成傅里叶级数的形式

$$i = I_0 + I_{1m}\sin(\omega t + \varphi_1) + I_{2m}\sin(2\omega t + \varphi_{2m}) + \cdots + I_{km}\sin(k\omega t + \varphi_k)$$

$$= I_0 + \sum_{k=1}^{\infty} I_{km}\sin(k\omega t + \varphi_k)$$

将该表达式代入到式（5-6）中，得

$$I = \sqrt{\frac{1}{T}\int_0^T \left[I_0 + \sum_{k=1}^{\infty} I_{km}\sin(k\omega t + \varphi_k)\right]^2 dt}$$

将上式积分号内直流分量与各次谐波之和的平方展开，可以得到以下四种结果：

（1）$\dfrac{1}{T}\int_0^T I_0^2 dt = I_0^2$

（2）$\dfrac{1}{T}\int_0^T I_{km}^2 \sin^2(k\omega t + \varphi_k)dt = \dfrac{I_{km}^2}{2} = I_k^2$

（3）$\dfrac{1}{T}\int_0^T 2I_0 I_{km}\sin(k\omega t + \varphi_k)dt = 0$

（4）$\dfrac{1}{T}\int_0^T 2I_{km}\sin(k\omega t + \varphi_k)I_{qm}\sin(q\omega t + \varphi_q)dt = 0 \quad (k \neq q)$

因此，可以得到电流 i 的有效值计算公式为

$$I = \sqrt{I_0^2 + \sum_{k=1}^{\infty} I_k^2} = \sqrt{I_0^2 + I_1^2 + I_2^2 + \cdots + I_k^2 + \cdots} \qquad (5-7)$$

同理，非正弦周期电压的有效值为

$$U = \sqrt{U_0^2 + \sum_{k=1}^{\infty} U_k^2} = \sqrt{U_0^2 + U_1^2 + U_2^2 \cdots + U_k^2 + \cdots} \qquad (5-8)$$

由式（5-7）和式（5-8）可以表明，任一非正弦周期信号的有效值等于各次谐波分量的有效值平方和的平方根值。

应当注意，非正弦信号的最大值和有效值之间不再存在 $\sqrt{2}$ 倍的关系，但对于各次谐波而言，最大值和有效值之间仍然存在 $\sqrt{2}$ 的关系，即

$$I_k = \frac{I_{km}}{\sqrt{2}}, U_k = \frac{U_{km}}{\sqrt{2}}$$

例 5.2　已知非正弦周期电压 $u = [100 + 70.7\sin(\omega t - 20°) + 42\sin(2\omega t + 50°)]$ V，试求其有效值。

解　给定电压中包括直流分量和不同频率的正弦量，并且已知各正弦量的振幅，所以周期电压的有效值由式（5-8）可知

$$U_0 = 100 \text{ V}$$

$$U_1 = \frac{70.7}{\sqrt{2}} = 50 \text{ V}$$

$$U_2 = \frac{42}{\sqrt{2}} = 30 \text{ V}$$

$$U = \sqrt{U_0^1 + U_1^2 + U_2^2} = \sqrt{100^2 + 50^2 + 30^2} = 116 \text{ V}$$

5.2.2　非正弦周期性信号的平均值

在实际工程中还会用到平均值这个概念来分析周期量的大小。以非正弦周期电流 i 为例，其平均值为

$$I_{\mathrm{av}} = \frac{1}{T}\int_0^T |\,i\,|\,\mathrm{d}t \qquad\qquad (5-9)$$

即非正弦周期电流的平均值等于该电流绝对值在一个周期内的平均值。

同理，非正弦周期电压平均值的表示式为

$$U_{\mathrm{av}} = \frac{1}{T}\int_0^T |\,u\,|\,\mathrm{d}t \qquad\qquad (5-10)$$

例 5.3　求正弦电流 $i = I_{\mathrm{m}}\sin\omega t$ 的平均值。

解　将 i 代入到式（5-9）中得

$$I_{\mathrm{av}} = \frac{1}{T}\int_0^T |\,I_{\mathrm{m}}\sin\omega t\,|\,\mathrm{d}t = \frac{2}{T}\int_0^{\frac{T}{2}} I_{\mathrm{m}}\sin\omega t\mathrm{d}t = \frac{2I_{\mathrm{m}}}{\pi} = 0.637I_{\mathrm{m}} = 0.898I\ \mathrm{A}$$

5.2.3　平均功率

设任意一个二端网络在关联参考方向下其端电压和端电流分别为 u，i，则其瞬时功率为

$$p = ui$$

其平均功率可表示为瞬时功率在一个周期内的平均值

$$p = \frac{1}{T}\int_0^T p\mathrm{d}t = \frac{1}{T}\int_0^T ui\mathrm{d}t \qquad\qquad (5-11)$$

设非正弦周期电压和电流的傅里叶级数为

$$u = U_0 + \sum_{k=1}^{\infty} U_{km}\sin(k\omega t + \varphi_{ku})$$

$$i = I_0 + \sum_{k=1}^{\infty} I_{km}\sin(k\omega t + \varphi_{ki})$$

将其代入到式（5-11）中，得平均功率为

$$P = \frac{1}{T}\int_0^T \Big[U_0 + \sum_{k=1}^{\infty} U_{km}\sin(k\omega t + \varphi_{ku})\Big]\Big[I_0 + \sum_{k=1}^{\infty} I_{km}\sin(k\omega t + \varphi_{ki})\Big]\mathrm{d}t$$

将上式被积分部分展开，可得

$$P = U_0I_0 + \sum_{k=1}^{\infty} U_kI_k\cos\varphi_k = P_0 + \sum_{k=1}^{\infty} P_k$$

$$= P_0 + P_1 + P_2 + \cdots + P_k + \cdots \qquad\qquad (5-12)$$

φ_k 为 k 次谐波电压与 k 次谐波电流的相位差。

必须注意，只有同频率的谐波电压和电流才能构成平均功率，不同频率的谐波电压和电流不能构成平均功率，也不等于端口电压的有效值与端口电流有效值的乘积。

例 5.4 已知某无源二端网络的端电压及电流分别为

$$u = \left[50 + 84.6\sin(\omega t + 30°) + 56.6\sin(2\omega t + 10°) \right] \text{V}$$

$$i = \left[1 + 0.707\sin(\omega t - 20°) + 0.424\sin(2\omega t + 50°) \right] \text{A}$$

求二端网络吸收的平均功率。

解 根据式（5-12）可得

$$P = 50 \times 1 + \frac{84.6}{\sqrt{2}} \times \frac{0.707}{\sqrt{2}}\cos(30° + 20°) + \frac{56.6}{\sqrt{2}} \times \frac{0.424}{\sqrt{2}}\cos(10° - 50°)$$

$$= 50 + 30\cos50° + 12\cos(-40°)$$

$$= 78.5 \text{ W}$$

阅读与应用9 示波器的原理与使用

一、示波器的基本结构

示波器的种类很多，但它们包含下列基本组成部分，如图5-7所示。

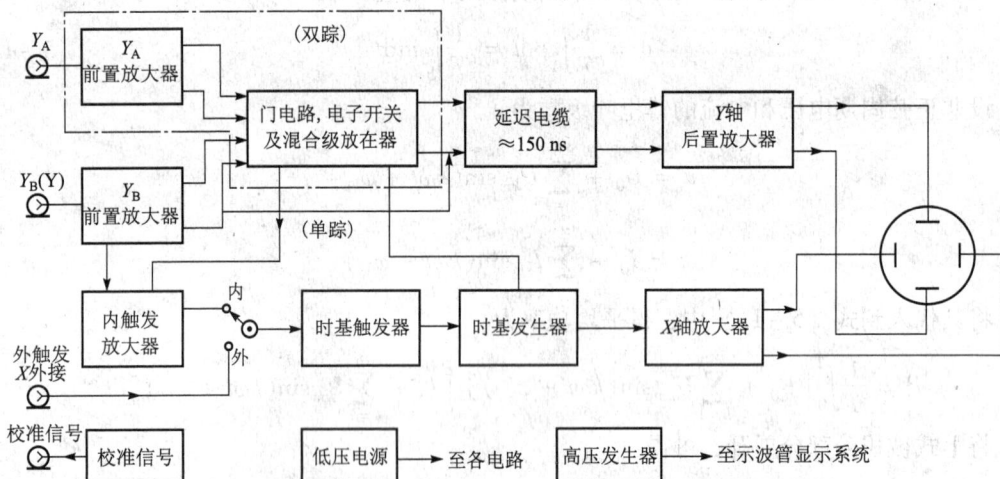

图5-7 示波器的基本结构框图

下面介绍各组成部分的功能。

1. 垂直通道

它包括 Y 轴衰减器、Y 轴放大器和配用的高频头。通常示波器的偏转灵敏度比较低，因此被测信号往往需要经过 Y 轴放大器放大后加到垂直偏转板上，才能在屏幕上显示出一定幅度的波形。为了保证 Y 轴放大不失真，加到 Y 轴放大器的信号不宜太大，但是实际的被测信号幅度往往在很大范围内变化，此 Y 轴放大器前还必须加一 Y 轴衰减器，以适应观察不同幅度的被测信号。示波器面板上设有"Y 轴衰减器"（通称"Y 轴灵敏度选择"开关）和"Y 轴增益微调"旋钮，分别调节 Y 轴衰减器的衰减量和 Y 轴放大器的增益。

为了避免杂散信号的干扰，被测信号一般都通过同轴电缆或带有探头的同轴电缆加到示波器 Y 轴输入端。但必须注意，检测信号通过探头，幅度有 10:1 的衰减。

2. 水平放大器

水平放大器的作用类似于垂直放大器，是用来提高 X 轴偏转灵敏度的。X 轴信号额可以从"X 轴输入"旋钮输入，也可以从机内扫描发生器直接引入扫描电压，经放大后控制电子束水平扫描。

3. 扫描发生器

扫描发生器能产生与时间呈直线关系的周期性的锯齿波电压，作为 X 轴偏转板的扫描电压。锯齿波的频率（或周期）可通过旋转"扫描频率范围"和"扫描微调"两个旋钮进行调节。但是仅靠这两个旋钮调节，是很难维持扫描周期与待测信号电压周期之间的整数倍关系的，因为扫描电压和信号电压都可能因电源电压或其他因素而波动，从而引起波形的不稳定。因此，在示波器电路中都有同步装置，它的作用是引进一个幅度可调的电压迫使扫描电压的周期与信号周期始终保持整数倍关系。根据不同测量场合的需要，同步方式分为三种：

1）内同步是从 Y 轴放大器中取出被测信号电压来控制扫描电压周期。这是一种常用的同步方式。

2）外同步是通过"同步输入"旋钮从外部输入一个电压来控制扫描电压周期。这个电压的周期应该与被测信号的周期满足整数倍关系。

3）电源同步是用 50 Hz 交流电来控制扫描电压周期，用来测量与电源频率有关的信号。

4. 比较信号发生器

为了便于测量，有些示波器还装有比较信号发生器等电路。比较信号发生器实际上就是一个频率固定的标准方波发生器，其输出电压也校准为某一定值。此方波电压输出到 Y 轴放大器，用来校准 Y 轴放大器的灵敏度，于是在接入待测信号时便能正确地根据 Y 轴灵敏度和波形高度推算其大小。同时，利用方波信号周期的宽度，可以对水平时基扫描速度进行校准，以满足对信号周期测量的要求。

5. 显示器

双踪示波器借助门电路和电子开关的作用，它不仅可以把两种不同的电信号的波形同时在屏幕上显示，而且还可以把两个信号叠加后显示出来。此外，也可以任选某一通道单独工作，作为单踪示波器使用。图 5-7 所示点线框内即为双踪示波器的另一路 Y_A 衰减、前置放大器、门电路、电子开关及混合级放大器。其他单元电路基本上和单踪示波器的有关电路相同。

二、固纬 GOS-620 双综示波器

1. 简介

GOS-620 是频宽从 DC ~ 20 MHz（-3dB）的可携带式双频道示波器，灵敏度最高可达 1 mV/DIV，并具有长达 0.2 μs/DIV 的扫描时间，放大 10 倍时最高扫描时间为 100 ns/DIV。

本示波器采用内附红色刻度线的直角阴极射线管。可获得精确的量测值。

有如下特点：

（1）高亮度、高加速电压的阴极射线管。阴极射线管是采用 2 kV 高加速电压来达到强电子束传输，并具有高亮度特性，即使在高扫描速度时，亦可显示清晰的轨迹。

（2）宽频带、高灵敏度。频宽高达 DC ~ 20 MHz（-3 dB），并且提供 5 mV/DIV（或放大 5 倍时 1 mV/DIV）的高灵敏度特性。频率于 20 MHz 时可获得稳定的同步触发。

（3）交替触发。当观察 2 个不同信号源的波形时，可交替触发获得稳定的同步。

（4）TV 同步触发。内附 TV 同步分离电路，可清楚观测 TV-V 及 TV-H 视频信号。

（5）CH1 信号输出。于后面板上之 CH1 信号输出端子可以作为频率计数之用，或连接至其他仪器配合使用。

（6）Z 轴输入。提供 Z 轴输入时间或频率标记信号来作为亮度调变，正向信号将使轨迹遮没变暗。

（7）X-Y。设定 X-Y 模式时，本示波器可成为 X-Y 示波器，CH1 可作为水平偏向（X-AXIS），CH2 可作为垂直偏向（Y-AXIS）

2. 使用示波器时应注意的问题

使用示波器时一般应注意：

（1）在接通电源前，应检查电源电压是否与示波器额定电源电压一致（AC115 V，适用范围 97 ~ 132 V；AC230 V，适用范围 195 ~ 250 V）。接通电源后，需预热 2 ~ 3 s，等机内原件工作稳定后，再进行调试使用。

（2）光点不宜太亮，也不要长时间地停留在一点上，既容易使眼睛疲劳，又影响荧光屏寿命。在实验过程中，若暂时不使用示波器，应将"辉度"调小，但不要关闭示波器的电源。因为电源时通时断，容易损坏机内示波管等机件。

（3）Y 轴输入的"接地"端与 X 轴输入的"接地"端在机内是相连的，当同时使用 Y 轴和 X 轴两路输入时，要避免被测电路的短路。

（4）测量衰减开关要由大到小进行调节，不能让波形扩大到荧光屏外，以免机内元件因过载而损坏。

（5）使用旋钮调节各量时，切勿用力过猛，以免损坏旋钮或机内零件。

3. 规格

GOS－620 20MHz 示波器性能见表5－2所示。

表5－2　GOS－620 20MHz 示波器性能

规　格 机　型		GOS－620 20 MHz 示波器
垂直系统	灵敏度	5 mV～5 V/DIV，以 1－2－5 顺序共 10 文件
	灵敏准确度	≤3%，（×5 MAG；≤5%）
	频宽	DC～20 MHz（×5 MAG，DC～7 MHz）
		AC 耦合：最低限制频率 10 Hz（频响于 －3 dB 时。参考频率为 100 kHz，8 DIV）
	上升时间	约 17.5 ns（×5 MAG 约 50 ns）
	输入阻抗	约 1 MΩ//约 25 pF
	方波特性	过激量：≤5%（在 10 mV/DIV 挡位时） 其他失真度及其他挡位：上项数值加 5%
	DC 平衡漂移	可从面板上调整
	线性度	当在刻度线中央的 2 DIV 波形垂直移动时，振幅变化 < ±0.1 DIV
	垂直模式	CH1：CH1 单一频道
		CH2：CH2 单一频道
		DUAL：CH1&CH2 双频道显示，并可选择切换 ALT/CHOP 模式
		ADD：CH1 + CH2 代数相加
	重复斩波频率	约 250 kHz
	输入耦合方式	AC、GND、DC
	最大输入电压	300 V（DC + ACpeak）、AC：1 kHz 或较低之频率
	共模拒斥比	50 kHz 之正弦波时为 50:1 或更好（CH1 及 CH2 的灵敏度设定相同时）
	频道间的隔离比	50 kHz 时 >1 000:1 20 MHz 时 >30:1（在 5 mV/DIV 挡位时）
	CH1 信号输出	于 50 Ω 终端时约 20 mV/DIV 以上，频率为 50 Hz～5 MHz 以上
	CH2 INV 平衡	平衡点变化：≤1 DIV（参考值在中央刻度线）

机　型 规　格		GOS－620 20 MHz 示波器
触发系统	触发源	CH1，CH2，LINE，EXT（CH1 及 CH2 仅可在垂直模式为 DUAL 或 ADD 时选用。在 ALT 模式中按下 TRIG. ALT 钮，即可交替触发两个不同的信号来源）
	耦合	AC：20 Hz ~ 20 MHz
	极性	＋／－
	灵敏度	20 Hz ~ 2 MHz：0. 5 DIV，TRIG － ALT：2 DIV，EXT：200 mV 2 MHz ~ 2 MHz：1. 5 DIV，TRIG － ALT：3 DIV，EXT：800 mV TV：同步脉波 1 DIV（EXT：1V）
	触发模式	AUTO：无触发输入信号时，以自由模式扫描（适用于 25 Hz 或更高频之重复信号） NORM：无触发信号时，轨迹将处于预备（Ready）状态而不会显示。观测 TV 垂直信号 TV － V： TV － H：观测 TV 水平信号
	EXT　触发信号输入 　　　输入阻抗 　　　最大输入电压	约1M Ω//约 25 pF 300 V（DC ＋ AC peak），AC：频率小于 1 kHz

4. 面板说明

（1）前面板说明　如图 5 － 8 所示。

CRT 显示屏

② INTEN　　　　　　　　：轨迹及光点亮度控制按钮

③ FOCUS　　　　　　　：轨迹聚焦调整钮

④ TRACE FOTATION　：水平轨迹与刻度线成平行的按钮

⑥ Power　　　　　　　　：电源主开关，压下此钮可接通电源，电源指示灯⑤会发亮；再按一次，开关凸起时，则切断电源。

㉝ FILTER　　　　　　　：滤光镜片，可使波形易于观察。

YERTICAL 垂直偏向

⑦㉒ VOLTSON　　　　　：垂直衰减选择钮，以此钮选择 CH1 及 CH2 的输入信号衰减

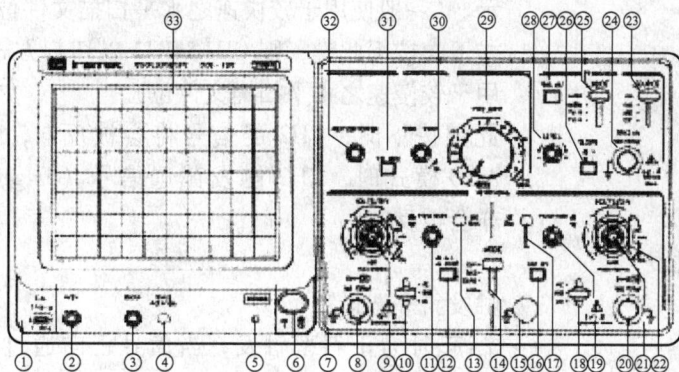

图 5 - 8　前面版示意图

幅度，范围为 5 mV/DIV – 5 V/DIV，共 10 档。

⑩ ⑱ AC – GND – DC　输入信号耦合选择按键钮

AC　　　　　　：垂直输入信号电容耦合，截止直流式极低频信号输入。

GND　　　　　：按下此键则隔离信号输入，并将垂直衰减器输入端接地。使之产生一个零电压参考信号。

DC　　　　　　：垂直输入信号直流耦合，AC 与 DC 信号一齐输入放大器。

⑧ CH1（X）输入　：CH1 的垂直输入端在 X – Y 模式中，为 X 轴的信号输入端。

⑨㉑ VARIABLE　：灵敏度微调控制，至少可调到显示值的 1/2.5，在 CAL 位置时，灵敏度即为挡住显示值。当此旋钮拉出时（×5 MAG 状态），垂直放大器灵敏度增加 5 倍。

㉒ CH2（Y）输入　：CH2 的垂直输入端，在 X – Y 模式中，为 Y 轴的信号输入端。

⑪ ⑲ POSITION　：轨迹及光点的垂直位置调整钮

⑭ VERT MODE　：CH1 及 CH2 选择垂直操作模式

CH1　　　　　：设定本波器以 CH1 单一频道方式工作。

CH2　　　　　：设定本示波器以 CH2 单一频道方式工作。

DUAL　　　　：设定本示波器以 CH1 及 CH2 双频道方式工作，此时并可切换 ALT/CHOP 模式来显示两轨迹。

ADD　　　　　：用以显示 CH1 及 CH2 的相加信号；当 CH2 1NV 键⑯为压下状态时，即可显示 CH1 及 CH2 的相减信号。

⑬⑰ CH1 & CH2　：调整垂直直流平衡点，详细调整步骤参见 DC BAL 的调整
　　DC BAL

⑫ ALT/CHOP　：当在双轨迹模式下，放开此键，则 CH1&CH2 以交替方式显

示。（一般使用于较快速之水平扫描文件位）当在双轨迹模式下，按下此键，则 CH1&CH2 以切割方式显示。（一般使用于较慢速之水平扫描文件位）

⑯ CH2 INV　　　　　：此键按下时，CH2 的信号将会被反向，CH2 输入信号于 ADD 模式时，CH2 触发截选信号（Trigger Signal Pickoff）亦会被反向。

TRIGGER 触发

㉖ SLOPE　　　　　　：触发斜率选择键

　　＋：凸起时为正斜率触发，当信号正向通过触发准位时进行触发。

　　－：压下时为负斜率触发，当信号负向通过触发准位时进行触发。

㉕ EXT TRIG IN　　　：TRIG IN 输入端子，可输入外部触发信号。欲用此端子时，须先将 SOURCE 选择器㉓置于 EXT 位置。

㉗ TRIG ALT　　　　 ：触发源交替设定键，当 VERT MODE 选择器⑭在 DUAL 或 ADD 位置，且 SOURCE 选择器㉓置于 CH1 或 CH2 位置时，按下此键，本仪器即会自动设定 CH1 与 CH2 的输入信号以交替方式轮流作为内部触发信号源。

㉓ SOURCE　　　　　：内部触发源信号及外部 EXT TRIG IN 输入信号选择器。

　 CH1　　　　　　　：当 VERT MODE 选择器⑭在 DUAL 或 ADD 位置时，以 CH1 输入端的信号作为内部触发源。

　 CH2　　　　　　　：当 VERT MODE 选择器⑭在 DUAL 或 ADD 位置时，以 CH2 输入端的信号作为内部触发源。

　 LINE　　　　　　 ：将 AC 电源线频率作为触发信号。

　 EXT　　　　　　　：将 TRIG IN 端子输入的信号作为外部触发信号源。

㉖ TRIGGER MODE　　：触发模式选择开关

　 AUTO　　　　　　 ：当没有触发信号或触发信号的频率小于 25 Hz 时，扫描会自动产生。

　 NORM　　　　　　 ：当没有触发信号时，扫描将处于预备状态，屏幕上不会显示任何轨迹。本功能主要用于观察≤25 Hz 之信号。

　 TV－V　　　　　　：用于观测电视信号之垂直画面信号。

　 TV－H　　　　　　：用于观测电视信号之水平画面信号。

㉘ LEVEL　　　　　　：触发准位调整钮，旋转此钮以同步波形，并设定该波形的起始点。将旋钮向"＋"方向旋转，触发准位会向上移：

将旋钮向"－"方向旋转，则触发准位向下移。

水平偏向

㉙ TIME/DIV : 扫描时间选择钮，扫描范围从 0.2 μs/DIV ~ 0.5 μs/DIV 共
20 个挡位。

$X - Y$：设定为 $X - Y$ 模式。

㉚ SWP VAR : 扫描时间的可变控制旋钮，若按下 SWP UNCAL 键⑲，并旋
转此控制钮，扫描时间可延长至少为指示数值的 2.5 倍；
该键若未压下时，则指示数值将被校准。

㉛ ×10 MAG : 水平放大键，按下此键可将扫描放大 10 倍。

㉜ ◄POSITION► : 轨迹及光点的水平位置调整钮

其他功能

CAL（2 V_{p-p}） : 此端子会输出一个 2 V_{p-p}，1 kHz 的方波，用以校正测试棒
及检查垂直偏向的灵敏度。

⑮ GND : 本示波器接地端子

（2）后面板说明如图 5 - 9 所示。

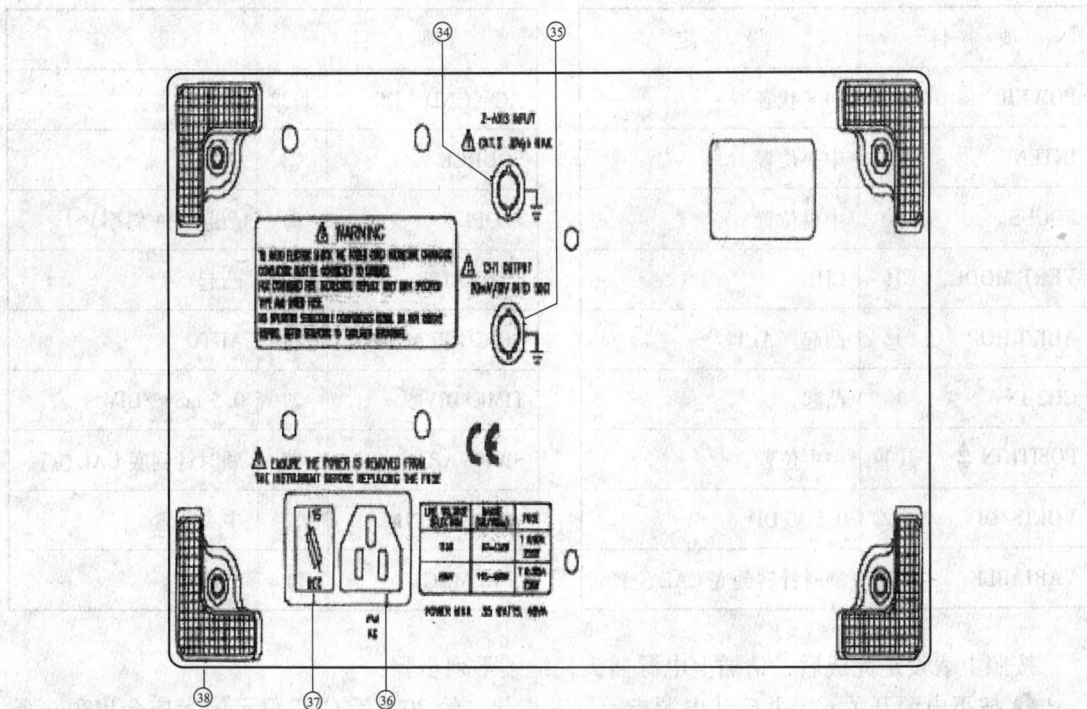

图 5 - 9　后面板示意图

㉞ ZAXIS INPUT　　　　　　：Z 轴输入端子，此输入端的信号将作为外接亮度调变信号。

㉟ CH1 OUTPUT　　　　　　：CH1 输出端，以大约 20 mV/DIV 的电压输出 CH1 信号（须加 50 Ω负载），此输出信号可作为计频器的输入信号源或其他用途。

AC 电源输入电路

㊱ AC 电源线插座。

㊲ 保险丝及电源电压选择器。

㊳ 示波器脚垫，亦可作为电源线的绕线架。

三、基本操作法

1. 单一频道基本操作法

本节以 CH1 为范例，介绍单一频道的基本操作法。CH2 单频道的操作程序是相同的，仅需注意要改为设定 CH2 栏的旋钮及按键组。

插上电源插头之前，请务必确认后面板上的电源电压选择器已调至适当的电压文件位，确认之后，请依照下表，顺序设定各旋钮及按键。

项　目		设　定	项　目		设　定
POWER	⑥	OFF 状态	AC - GND - DC	⑩⑱	GND
INTEN	②	中央位置	SOURCE	㉓	CH1
FOCUS	③	中央位置	SLOPE	㉖	凸起（＋斜率）
VERT MODE	⑭	CH1	TRIG ALT	㉗	凸起
ALT/CHOP	⑫	凸起（ALT）	TRIGGER MODE	㉕	AUTO
CH2 INV	⑯	凸起	TIME/DIV	㉙	0.5 mSec/DIV
POSITION ▲▼	⑪⑲	中央位置	SWP VAR	㉚	顺时针到底 CAL 位置
VOLTS/DIV	⑦㉒	0.5 V/DIV	◀POSITION▶	㉜	中央位置
VARIABLE	⑨㉑	顺时针转到底 CAL 位置	×10 MAG	㉛	凸起

按照上表设定完成后，请插上电源插头，继续下列步骤：

❶ 按下电源开关⑥，并确认电源指示灯⑤亮起，约 20 s 后 CRT 显示屏上应会出现一条轨迹，若在 60 s 之后仍未有轨迹出现，请检查上列各项设定是否正确。

❷ 转动 INTEN②及 FOCUS③钮，以调整出适当的轨迹亮度及聚焦。

❸ 调 CH1 POSITION 钮⑪及 TRACE ROTATION④，使轨迹与中央水平刻度线平行。

❹ 将探棒连接至 CH1 输入端⑧，并将探棒接上 2V$_{p-p}$校准信号端子①。

❺ 将 AC – GND – DC⑩置于 AC 位置，此时，CRT 上会显示如图 5 – 10 的波形

❻ 调整 FOCUS③钮，使轨迹更清晰。

❼ 欲观察细微部分，可调整 VOLTS/DIV⑦及 TIME/DIV 按钮，以显示更清晰的波形。

❽ 调整 ▲▼POSITION⑪㉛及 ◀POSITION▶㉜钮，以使波形与刻度线齐平，并使电压值
（V$_{p-p}$）及周期（T）易于读取。

2. 双频道操作法

双频道操作法与单频道操作法的步骤大致相同，仅需按照下列说明略作修改：

❶ 将 VERT MODE⑭置于 DUAL 位置。此时，显示屏上应有两条扫描线，CH1 的轨迹为
校准信号的方波；CH2 则因尚未连接信号，轨迹呈一条直线。

❷ 将探棒连接至 CH2 输入端⑳，并将探棒接上 2V$_{p-p}$校准信号端子①。

❸ 按下 AC – GND – DC 置于 AC 位置，调▲▼POSITION 钮⑪⑲，以使两条轨迹如图
5 – 11显示。

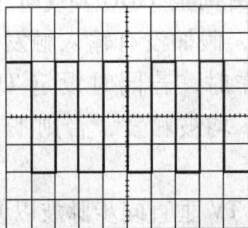

图 5 – 10　校正标准波形　　　　　　　图 5 – 11　双频道校正波形

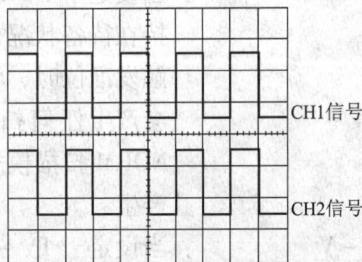

当 ALT/CHOP 放开时（ALT 模式），则 CH1&CH2 的输入信号将以交替扫描方式轮流显
示，一般使用于较快速之水平扫描文件位；当 ALT/CHOP 按下时（CHOP 模式），则
CH1&CH2 的输入信号将以大约 250 kHz 斩切方式显示在屏幕上，一般使用于较慢速之水平
扫描文件位。

在双轨迹（DUAL 或 ADD）模式中操作时，SOURCE 选择器㉓必须拨向 CH1 或 CH2 位
置，选择其一作为触发源。若 CH1 及 CH2 的信号同步，二者的波形皆会是稳定的；若不同
步，则仅有选择器所设定之触发源的波形会稳定，此时，若按下 TRIG ALT 键㉗，则两种波
形皆会同步稳定显示。

注意：请勿在 CHOP 模式时按下 TRIG ALT 键，因为 TRIG ALT 功能仅适用于 ALT 模式。

1）ADD 之操作

将 MODE 选择器⑭置于 ADD 位置时，可显示 CH1 及 CH2 信号相加之和：按下 CH2 INV 键⑪，则会显示 CH1 及 CH2 信号之差，为求得正确的计算结果，事前请先以 VAR 钮⑨ ㉑将两个频道的精确度调成一致。任一频道的 ◆ POSITION 钮皆可调整波形的垂直位置，但为了维持垂直放大器的线性，最好将两个旋钮都置于中央位置。

2）触发

触发是操作示波器时相当重要的项目，请依照下列步骤仔细进行。

（1）MODE（触发模式）功能说明：

AUTO	：当设定于 AUTO 位置时，将会以自动扫描方式操作。在这种模式之下即使没有输入触发信号，扫描产生器仍会自动产生扫描线，若有输入触发信号时，则会自动进入触发扫描方式工作。一般而言，当在初次设定面板时，AUTO 模式可以清轻易得到扫描线，直到其他控制旋钮设定在适当位置。一旦设定完后，时常将其再切回 NORM 模式因为此种模式可以得到更好的灵敏度，AUTO 模式一般用于直流测量以及信号振幅非常低。低到无法触发扫描的情况下使用。
NORM	：当设定于 NORM 位置时，将会以正常扫描方式操作，扫描线一般维持在待备状况，直到输入触发信号由调整 TRIG LEVEL 控制钮越过触发准位时，将会产生一次扫描线，假如没有输入触发信号、将不会产生任何扫描线，在双轨迹操作时，若同时设定 TRIG ALT 及 NORM 扫描模式。除非 CH1 及 CH2 均被触发，否则不会有扫描线产生。
TV－V	：当设定于 TV－V 位置时，将会触发 TV 垂直同步脉波以便于观测 TV 垂直图场（field）或图框（frame）之电视复合影像信号。水平扫描时间设定于 2 ms/div 时适合观测影像图场信号，而 5 ms/div 适合观测一个完整的影像图框（两个交叉图场）。
TV－H	：当设定于 TV－H 位置时，将会触发 TV 水平同步脉波以便于观测 TV 水平线（lines）之电视复合影像信号，水平扫描时间一般设定于 10 ms/div，并可立用转动 SWP. VAR 控制钮来显示更多的水平线波形。

本示波器仅适用于负极性电视复合影像信号，也就是说，同步脉波位于负端面影像信号位于正端，如图 5－12 所示。

（2）SOURC 触发源功能说明：

CH1：CH1 内部触发

CH2：CH2 内部触发，加入垂直输入端的信号，自前置放大器中分离出来之后，透过 SOURCE 选择 CH1 或 CH2 作为内部触发信号。因为触发信号是自动调整过的，所以 CRT1 会显示稳定触发的波形。

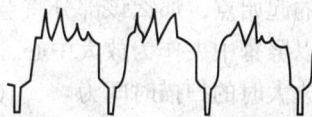

图 5 – 12 负极性电视复合影像信号

LINE：自交流电源中拾取触发信号，此种触发源适合用于观察与电源频率有关的波形，尤其在测量音频设备与媒流体等低准位 AC 噪声方面，特别有效。

EXT：外部信号加入外部触发输入端以产生扫描，所使用的信号应与被测量的信号有周期上的关系，因为被测量的信号若不作为触发信号，那么此法将可以捕捉到想要的波形。

（3）TRIG LEVEL（触发准位）及 SLOPE（斜率）功能说明。TRIG LEVEL 旋钮可用来调整触发准位以显示稳定的波形，当触发信号通过所设定的触发准位时，便会触发扫描，并在屏幕上显示波形，将旋旋向 " + " 方向旋转，触发准位会向上移动：将旋钮向 " – " 方向旋转，触发准位会向下移动：当旋钮转至中央时，则触发准位大约设定在中向面，调整 TRIG LEVEL 可以设定波形中任何一点作为扫描线的起始点，以正弦波为例，可以调整起始点来改变显示波形的相位。但请注意，假如转动 TRIG LEVEL 旋钮超出 + 或 – 设定值，在 NORM 触发模式下将不会有扫描线出线出现，因为触发准位已经超出同步信号的峰值电压。

当 TRIG SLOPE 开关设定在 + 位置，则扫描线的产生将发生在触发同步信号之正斜率方向通过触发准位时，若设定在一位置，则扫描线的产生将发生在触发同步信号之负斜率方向通过触发准位时，如图 5 – 13 所示。

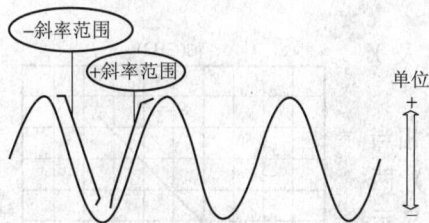

图 5 – 13 发生在触发同步信号之负斜率方向

（4）TRIG. ALT（交替触发）功能说明。TRIG. ALT 设定键一般使用在双轨迹并以交替模式显示时，作交替同步触发来产生稳定的波形。在此模式下，CH1 与 CH2 会轮流作为触发源信号各产生一次扫描，此项功能非常适合用来比较不同信号源之周期或频率关系，但请注意，不可用来测量相位或时间差，当在 CHOP 模式时按下 TRIG. ALT 键，则是不被允许的，请切回 ALT 模式或选择 CH1 与 CH2 作为触发器。

3）TIME/DIV 功能说明

此旋钮可用来控制所要显示波形的周期数，假如所显示的波形太过于密集时，则可将此旋钮转至较快速之扫描文件位：假如所显示的波形太过于扩张，或当输入脉波信号时可能呈现一直线，则可将此旋钮转至低速挡，以显示完整的周期波形。

4）扫描放大

若欲将波形的某一部分放大，则须使用较快的扫描速度，然而，如果放大的部分包含了扫描的起始点，那么该部分将会超出显示屏之外。在这种情况下，必须按下 ×10 MAG 键，即可以屏幕中央作为放大中心，将波形向左右放大十倍。如图 5 – 14 所示。

放大时的扫描时间为 　　　(TIME/DIV 所显示之值)×1/10

因此，未放大时的最高扫描速度 1 μsec/DIV 在放大后，可增加为 100 nsee/DIV

计算方式：1 μsee/DIV ×1/10 = 100 nsee/DIV

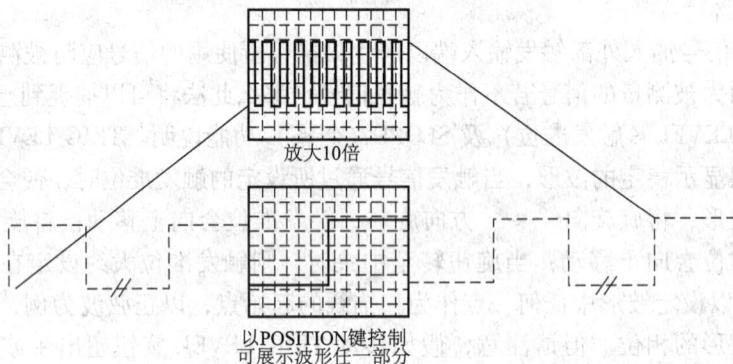

放大10倍

以POSITION键控制
可展示波形任一部分

图 5 – 14　以屏幕中央作为放大中心

5）X – Y 模式操作说明

将 TIME/DIV 旋钮设定至 X – Y 模式，则本仪器即可作为 X – Y 示波器。其输入端关系如下：

注意：当 X – Y 模式是操作在高频模式，注意 X 及 Y 轴的频宽及相位差。

X – Y 模式可以使示波器在无扫描的操作下进行相当多的量测应用。以 X 轴（水平轴）与 Y 轴（垂直轴）两端各输入电压来作显示，就如同向量显示波器可以显示影像彩色条状图形一般，当然，假如能够利用转换器将任何特性（频率，温度，速度…等）转换为电压信号，那么在 X – Y 模式之下几乎可以作任何的动态特性区线图形，但请注意，当应用于频率响应量测时，Y 轴必须为信号峰值大小，而 X 轴必须为频率轴。其一般设定调整如下：

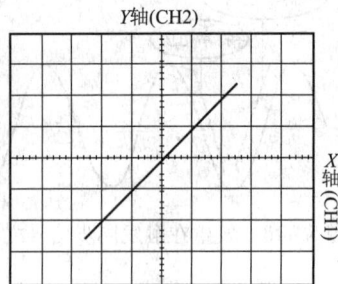

Y轴(CH2)

X 轴(CH1)

图 5 – 15　X – Y 模式

X 轴（水平轴）信号：CH1 输入端

Y 轴（垂直轴）信号：CH2 输入端

① 设定 TIME/DIV 旋钮至 X – Y 位置（逆时钟方向至底），CH1 为 X 轴输入端。CH2 为 Y 轴输入端。

② X 及 Y 之位置可调整水平◀　▶POSITION 及 CH2 ♦POSITION 旋钮。

③ 垂直（Y 轴）偏向感度可调整 CH2 VOL T/DIV 及 VAR 旋钮。

④ 水平（X 轴）偏向感度可调整 CH1 VOL T/DIV 及 VAR 旋钮。

6）探棒校正

探棒可进行极大范围的衰减，因此，若没有适当的相位补偿，所显示的波形可能会失真而造成量测错误。因此，在使用探棒之前，请参阅图 5－16，并依照下列骤做好补偿；

① 将探棒的 BNC 连接至示波器上 CH1 或 CH2 的输入端，（探棒上的开关置于×10 位置）

② 将 VOLTS/DIV 钮转至 50 mV 位置。

③ 将探棒连接至校正电压输出端 CAL。

④ 调整探棒上的补偿螺丝，直到 CRT 出现最佳、最平坦的方波为止。

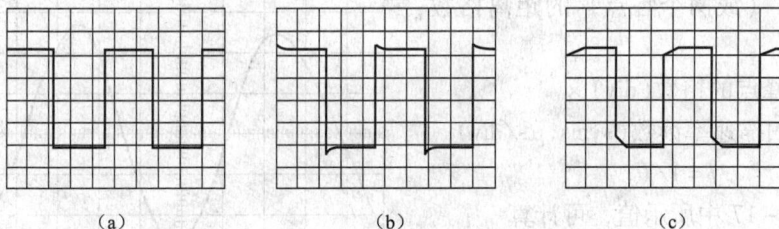

（a）　　　　　　　　　（b）　　　　　　　　　（c）

图 5－16　探棒校正

（a）正确补偿；（b）过度补偿；（c）补偿不足

7）DC BAL 的调整

垂直轴衰减直流平衡的调整十分容易，其步骤如下：

（1）设定 CH1 及 CH2 之输入耦合开关至 GND 位置，然后设定 TRIG MODE 置于 AUTO，利用◀　▶POSITION 将时基线位管调整到 CRT 中央。

（2）重复移动 VOLT/DIV 5 mV ~ 10 mV/DIV，并调整 DC BAL 直到时基线不在移动为止。

四、参数测量

（1）当需被测信号是直流或含直流成分的电压信号时，应先设置被选用通道的耦合方式为"接地"。调节"垂直位移"旋钮，使扫描基线与水平中心刻度线相重合，并定义此为参考地电平。将被测信号馈入被选用的通道插座，并把输入耦合方式改置于"DC"，调节时应将 Y 轴灵敏度旋钮置其微调开关于校正位置，使被测波形显示在屏幕中合适的位置上。读出被测直流电平偏移参考地线的格数。即被测电压为

$$U = 垂直方向格数 × Y 轴灵敏度读数（V/div）× 偏转方向（+ 或 -）。$$

式中，基线向上偏移取正号，基线向下偏移取负号。

（2）测量被测信号的交流成分时，将被测信号馈入被选用的通道插座，并把输入耦合键置于"AC"。调节对应的 Y 轴灵敏度旋钮，置其微调开关于校正位置，并调节其他有关控制键，使屏幕上显示稳定，易观察波形，则交流电压幅值为

$$U_{p-p} = 垂直方向格数(div) \times Y轴灵敏度读数(div)$$

如信号为正弦波，则

$$U_{有效值} = U_{p-p}/2\sqrt{2}$$

如使用探极置 10:1 位置，则应该将值乘以 10。

（3）测量交流信号周期，先按上述方法使被测波形稳定，使两个波形处于屏幕中央。将扫描微调旋钮置校准位置。测量波形中的两个峰点（或两个谷点）的距离格数，信号周期则为

$$T = 两个峰点的格数(div) \times$$
$$X轴扫描速率读数(s,ms,\mu s/div)$$
$$f = 1/T$$

根据图 5-17 中所示值，可计算

$$U_{p-p} = 5.6\ div \times 0.5\ V/div = 2.8\ V$$
$$U_{有效值} = 2.8\ V/2\sqrt{2} = 1\ V$$
$$T = 5\ div \times 0.2\ ms/div = 1\ ms$$
$$f = 1/T = 1/1\ ms = 1\ kHz$$

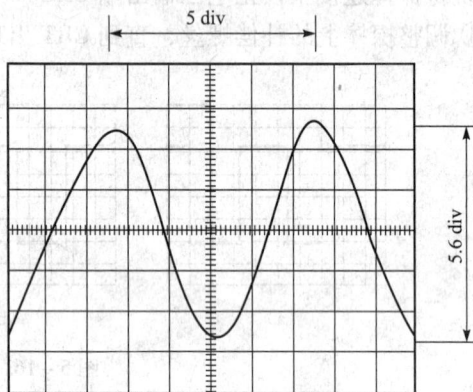

图 5-17　交流信号的测量

阅读与应用 10　滤波器及其应用

在电子技术中，常常需要从宽广的频率范围中选出所需成分，而将其余部分加以滤除，即滤波。所谓滤波，就是保留信号中所需频段的成分，抑制其他频段信号的过程。滤波器就是实现这一功能的特殊电路。根据输出信号中所保留的频率段的不同，即选频作用可将滤波器分为低通滤波（LPF）、高通滤波（HPF）、带通滤波（BPF）、带阻滤波（BEF）四种滤波器。它们的幅频特性如图 5-18 所示，被保留的频率段称为"通带"，被抑制的频率段称为"阻带"。A_u 为各频率的增益，A_{um} 为通带的最大增益。

根据构成滤波器的电路性质，滤波器可分为有源滤波器和无源滤波器；根据滤波器所处理的信号性质，可分为模拟滤波器和数字滤波器等。滤波电路的理想特性是：

（1）通带范围内信号无衰减地通过，阻带范围内无信号输出；

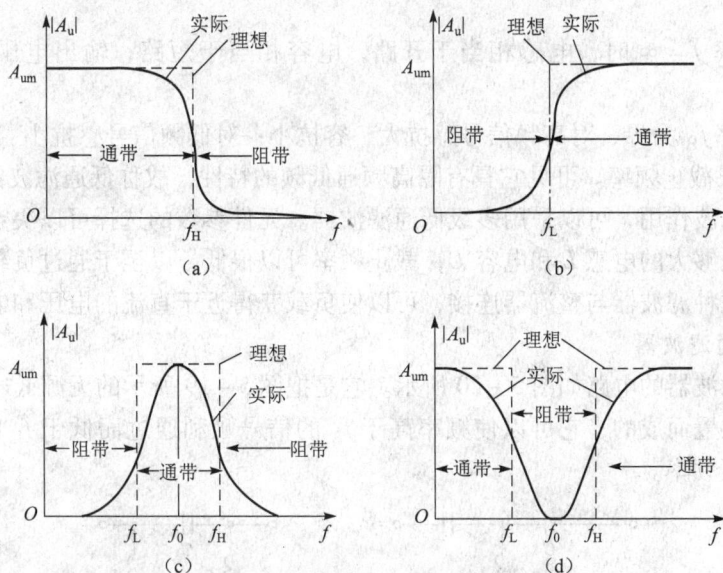

图 5 - 18　滤波电路的幅频特性

（a）低通滤波；（b）高通滤波；（c）带通滤波；（d）带阻滤波

（2）通带与阻带之间的过渡带为零。

具有理想幅频特性的滤波器是很难实现的，只能用实际的幅频特性去逼近理想的。

一、无源滤波电路

无源滤波电路由无源元件 R、C、L 组成。

1. 无源低通滤波器

无源低通滤波器的电路如图 5 - 19 所示。

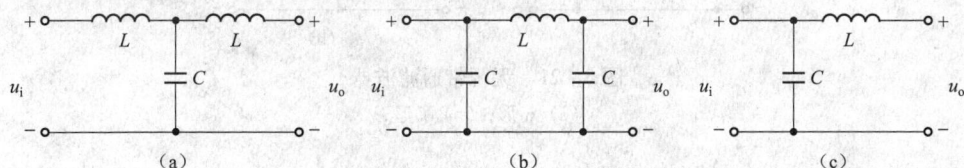

图 5 - 19　无源低通滤波器

（a）T 形滤波器；（b）Π 形滤波器；（c）Γ 形滤波器

无源低通滤波器的工作原理如图 5 - 19（a）所示。设输出端接负载，输入电压为非正弦周期信号，由于电感和电容对谐波的抑制作用不同，表现为：

（1）当频率 $f=0$ 时，电感相当于短路，电容相当于开路，输出电压等于输入电压，信号顺利通过。

（2）当频率 $f = \infty$ 时，电感相当于开路，电容相当于短路；输出电压为零，信号被截止。

（3）以频率 f_H 为界，对高频信号感抗大、容抗小；对低频信号感抗小、容抗大。

f_H 称为上限截止频率。可见它具有隔高频通低频的特性，故称低通滤波器。

为了强化滤波作用，可以采用多级低通滤波器。元件参数的选择可以决定滤波器的截止频率。如选择足够大的电感 L 和电容 C，截止频率可以很低，以至于通过负载的电流基本上是直流分量。这种滤波器与整流器连接，可以使负载获得近于直流的电压和电流。

2. 无源高通滤波器

无源高通滤波器的电路如图 5-20 所示。它是把图 5-19 所示的无源低通滤波器中的电感、电容互换位置而成的，它可以使频率高于 f_L 的信号顺利通过而低于 f_L 的信号被滤除。f_L 称为下限截止频率。

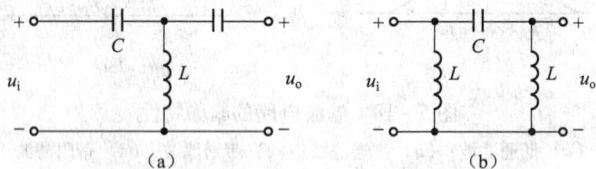

图 5-20　无源高通滤波器

（a）T 形；（b）π 形

3. 无源带通滤波器

无源带通滤波器的电路如图 5-21 所示。

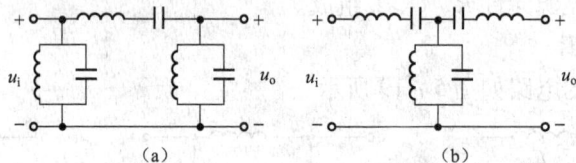

图 5-21　无源带通滤波器

（a）π 形；（b）T 形

这种滤波器的串联臂采用串联谐振电路，并联臂采用并联谐振电路。对于 $f_L \sim f_H$ 间信号可以通过，在此之外的频率信号不能通过，故称带通滤波器。

4. 无源带阻滤波器

无源带阻滤波器的电路如图 5-22 所示。它是把图 5-21 无源带通中串联臂与并联臂电路互换而成。因此它的原理与无源带通滤波器恰好相反。小于 f_L 或大于 f_H 的信号都可以通过。

无源滤波电路结构简单，但有以下缺点：

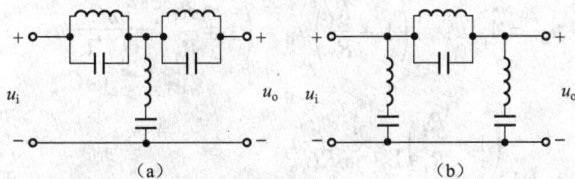

图 5 - 22　无源带阻滤波器
（a）T 形；（b）π 形

（1）带负载能力差，负载变化时，输出信号的幅值将随之改变，滤波特性（截止频率）也随之变化；

（2）过渡带较宽，幅频特性不理想。

因此要改进无源滤波电路，克服其缺点，使其不受负载的改变而改变，在这种情况下，有源滤波电路便孕育而生了。

二、有源滤波电路

有源滤波电路由工作在线性区的集成运放和 RC 网络组成，RC 无源滤波网络接在放大器的同相输入端。

1. 有源低通滤波电路

有源低通滤波电路如图 5 - 23 所示。其中图 5 - 23（a）为一阶有源低通滤波电路。

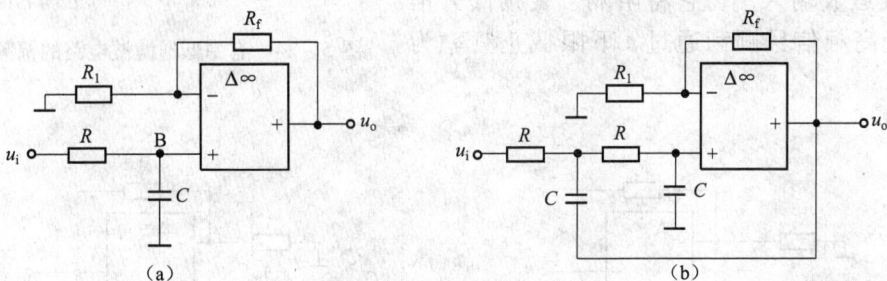

图 5 - 23　有源低通滤波电路
（a）一阶；（b）二阶

R 和 C 为无源低通滤波器，运算放大器接成同相比例放大组态，对输入信号中各频率分量均有如下的关系：

$$u_o = A_{ud}u_B = \left(1 + \frac{R_f}{R_1}\right)u_B = \left(1 + \frac{R_f}{R_1}\right)\frac{\frac{1}{j\omega C}}{R + \frac{1}{j\omega C}}u_i$$

$$= \left(1 + \frac{R_f}{R_1}\right)\frac{1}{1 + j\omega RC}u_i$$

由上式可看出，输入信号频率越高，相应的输出信号越小，而低频信号则可得到有效的放大，故称为低通滤波器。上限截止频率为 $f_H = \frac{1}{2\pi RC}$。由于图 5-23（a）集成运放引入的是电压串联负反馈，其输入电阻很大，它作为 RC 无源滤波电路的负载，对 RC 电路的影响可忽略不计；它的输出电阻很小，带负载能力强，故可以消除负载对放大倍数和截止频率的影响。其放大作用又使通带放大倍数增加，但通带与阻带之间仍无明显界限，幅频特性、滤波性能较差，因而这类电路一般只用于滤波要求不高的场合。

为了得到更好的滤波效果，可在一阶低通滤波电路前再加一级 RC 滤波，组成二阶有源低通滤波电路，如图 5-23（b）所示，其幅频特性如图 5-24 所示。由图 5-24 可以看出，二阶低通滤波器的幅频特性比一阶的好。

2. 有源高通滤波电路

将图 5-23（a）中 R 和 C 的位置调换，就成为有源高通滤波电路，如图 5-25（a）所示，称为一阶有源高通滤波电路。在图中，滤波电容接在集成运放输入端，它将阻隔、衰减低频信号，而让高频信号顺利通过。下限截止频率为 $f_L = \frac{1}{2\pi RC}$。

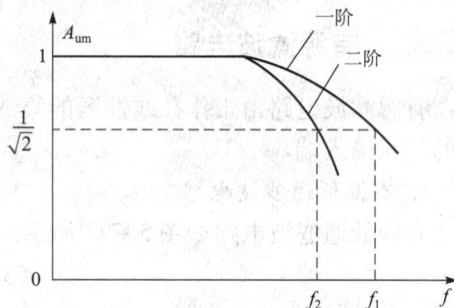

图 5-24 有源低通滤波电路的幅频特性

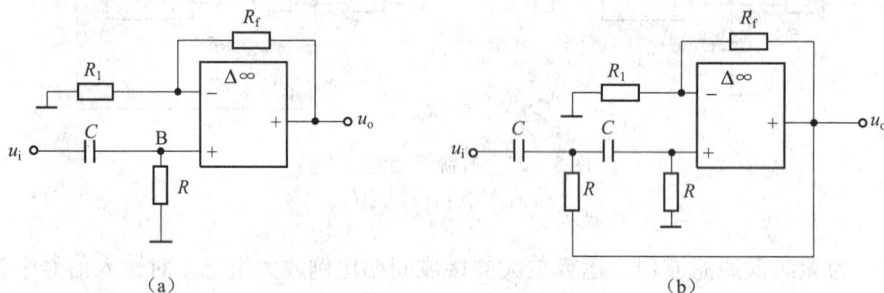

图 5-25 有源高通滤波电路
(a) 一阶；(b) 二阶

一阶有源高通滤波电路带负载能力强，并能补偿 RC 网络上压降对通带增益的损失，但存在过渡带较宽，滤波性能较差的缺点。采用二阶高通滤波，可明显改善滤波性能。将图 5 – 23（b）中的 R 与 C 的位置对调，就成为二阶有源高通滤波电路，如图 5 – 25（b）所示。

3. 有源带通滤波电路

这种滤波器的作用是只允许在某一个通频带范围内的信号通过，而比通频带下限频率低和比上限频率高的信号均加以衰减或抑制。

典型的带通滤波器可以从二阶低通滤波器中将其中一级改成高通而成。如图 5 – 26 所示。

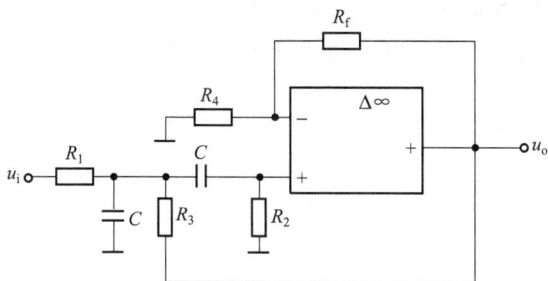

图 5 – 26　有源二阶带通滤波电路

中心频率：

$$f_0 = \frac{1}{2\pi}\sqrt{\frac{1}{R_2 C^2}\left(\frac{1}{R_1} + \frac{1}{R_3}\right)}$$

通带宽度：

$$B = \frac{1}{C}\left(\frac{1}{R_1} + \frac{2}{R_2} - \frac{R_f}{R_3 R_4}\right)$$

此电路的优点是改变 R_f 和 R_4 的比例就可改变频宽而不影响中心频率。

4. 有源带阻滤波电路

在双 T 网络后加一级同相比例运算电路就构成了基本的有源二阶带阻滤波电路，如图 5 – 27 所示，这种电路的性能和带通滤波器相反，即在规定的频带内，信号不能通过（或受到很大衰减或抑制），而在其余频率范围，信号则能顺利通过。

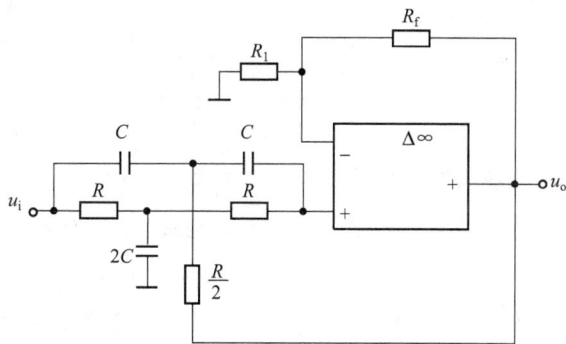

图 5 – 27　有源二阶带阻滤波电路

中心频率：

$$f_0 = \frac{1}{2\pi RC}$$

带阻宽度：

$$B = 2(2 - A_{up})f_0$$

通带增益：

$$A_{up} = 1 + \frac{R_f}{R_1}$$

滤波电路广泛应用于通信、测量和控制系统中，常用来选取有用频率的信号，滤除无用频率的噪声或干扰信号。

1. 在电子电路中经常出现非正弦周期信号，其产生的原因主要有以下三种：

（1）电路中存在非线性元件。

（2）电源电压本身就是非正弦的。

（3）电路中含有多个不同频率的电源共同作用。

2. 非正弦周期信号在满足狄里赫利条件时，可以展开成傅里叶级数

$$f(t) = A_0 + \sum_{k=1}^{\infty} A_{km} \sin(k\omega t + \varphi_k)$$

或

$$f(t) = a_0 + \sum_{k=1}^{\infty} (a_k \cos k\omega t + b_k \sin k\omega t)$$

两种形式的系数之间的对应关系为

$$A_k = \sqrt{a_k^2 + b_k^2}$$

$$\varphi_k = \arctan \frac{a_k}{b_k}$$

3. 为了更直观地了解非正弦周期信号，提出频谱图这个概念。其步骤为在一直角坐标系中，用谱线表示各次谐波的振幅和相位，然后把这些线段由高到低对应横坐标上的谐波频率依次排列起来。

4. 非正弦周期信号有效值的定义为

$$I = \sqrt{\frac{1}{T} \int_0^T i^2 \, dt}$$

$$U = \sqrt{\frac{1}{T} \int_0^T u^2 \, dt}$$

与各次谐波分量有效值的关系为

$$I = \sqrt{I_0^2 + I_1^2 + \cdots + I_k^2 + \cdots}$$

$$U = \sqrt{U_0^2 + U_1^2 + \cdots + U_k^2 + \cdots}$$

即任一非正弦周期信号的有效值等于各次谐波分量的有效值平方和的平方根值。

5. 非正弦交流电路的平均值指一个周期内函数绝对值的平均值。其定义为

$$I_{av} = \frac{1}{T} \int_0^T |i| \, dt$$

$$U_{av} = \frac{1}{T} \int_0^T |u| \, dt$$

6. 非正弦交流电路的平均功率表示为瞬时功率在一个周期内的平均值

$$P = \frac{1}{T}\int_0^T p\,\mathrm{d}t = \frac{1}{T}\int_0^T ui\,\mathrm{d}t$$

值得注意的是在非正弦周期交流电路中，只有同频率的电压和电流才能产生平均功率，平均功率与各次谐波功率之间的关系为

$$P = P_0 + P_1 + P_2 + \cdots + P_k + \cdots$$
$$= U_0 I_0 + U_1 I_1 \cos\varphi_1 + U_2 I_2 \cos\varphi_2 + \cdots + U_k I_k \cos\varphi_k + \cdots$$

习 题 5

5-1 电路中产生非正弦周期信号的原因有哪几种？举例说明。

5-2 一矩形波电压的幅值为 10 V，周期为 0.02 s，试写出其傅里叶级数的展开式（取前四项）。

5-3 如图 5-28 为矩形脉冲电压的波形，其中脉冲幅度为 U_m，脉冲的持续时间为 τ，脉冲的周期为 T，试画出其频谱图。

5-4 求下列周期性非正弦电流的有效值。

（1） $i = 1 + 2\sqrt{2}\sin(100t) + \sqrt{2}\cos(200t)$ A

（2） $i = 100 - 63.7\sin\omega t - 31.8\sin 2\omega t - 21.2\sin 3\omega t$ A

（3） $i = 2 + 3\sin(t + 30°) + 4\sin(2t - 45°)$ A

5-5 试求图 5-29 所示电压的有效值和平均值

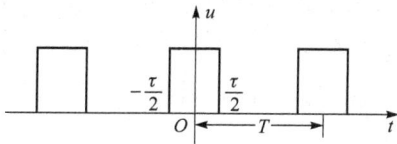

图 5-28　习题 5-3 图

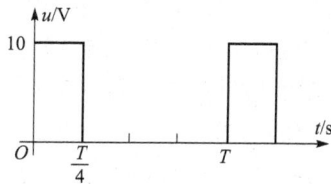

图 5-29　习题 5-5 图

5-6 流过 10 Ω 电阻的电流为 $i = 10 + 28.28\cos t + 14.14\cos 2t$ A，求其平均功率。

5-7 某二端网络的电压和电流为关联参考方向，已知：

$$u = 100 + 100\sqrt{2}\sin t + 30\sqrt{2}\sin 3t + 15\sqrt{2}\sin 5t \text{ V}$$

$$i = 10 + 50\sqrt{2}\sin(t - 45°) + 10\sqrt{2}\sin(2t - 60°) \text{ A}$$

试求电压、电流有效值及网络的平均功率。

第6章 磁路与变压器电路

教学要求：了解互感的原理及互感器的使用方法；掌握变压器的作用；理解变压器的结构和工作原理、外特性；了解磁路和铁磁材料的基本知识、变压器的额定值及含义；熟悉变压器绕组极性的测试及联结方法。

6.1 磁场的基本物理量与铁磁材料

6.1.1 磁场的基本知识

我国是世界上最早发现并且应用磁现象的国家之一，早在战国时期人们就已经发现了磁铁矿石能够吸引铁片的现象。我们把具有吸引铁、镍、钴等物质的性质叫做磁性，又把具有磁性的物体称为磁体。

通过研究发现，磁体之间的相互作用力是通过磁体周围产生的磁场进行的，磁场不仅对处于其中的别的磁体或载流导体有力的作用，同时磁场本身也具有能量，称之为磁场能。

我们将小磁针放在磁场中任意一个位置让它可以自由转动时，它总是因为疏导磁力作用转动到一定的方向上而静止，这说明磁场在每一点都有确定的方向。因此，我们规定小磁针停止转动后，它的 N 极所指的方向就是该点的磁场方向。

在研究磁场时，常引用磁力线来形象地描绘磁场的特性，磁力线上各点切线的方向表示该点的磁场方向；而磁力线的疏密程度则表示该点磁场的强弱。磁力线都是连续、闭合的曲线。

在试验中还发现，除了磁铁能产生磁场外，电流也可以产生磁场。通电直导线磁场的磁力线是以导线上各点为圆心的同心圆，这些同心圆都在和导线垂直的平面上；而通电线圈产生的磁场和条形磁铁一样，也存在两个磁极。电流产生的磁场的方向和电流的关系可以用右手螺旋定则来确定。

6.1.2 磁场的基本物理量

1. 磁感应强度

磁感应强度是描述磁场内某点磁场强弱的物理量，用字符 B 表示。试验证明，在磁场

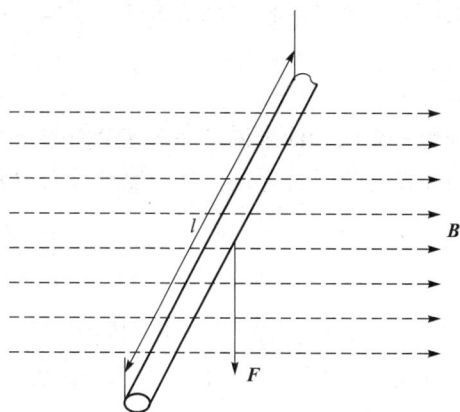

图 6-1　磁场中的通电导体

中的某一点放一段长为 l、电流为 I，并与磁场方向垂直的通电导体，如图 6-1 所示，此时该导体受到的磁场力最大，为

$$F = BlI \qquad (6-1)$$

因此有

$$B = \frac{F}{lI} \qquad (6-2)$$

在国际单位制中，磁感应强度 B 的单位是特斯拉，简称特（T）。在工程上，还使用高斯（Gs）作为 B 的单位，两者之间的换算关系为

$$1 \text{ Gs} = 10^{-4} \text{ T}$$

磁感应强度是矢量，不仅有大小而且有方向，它的方向即为磁场的方向。磁场强度的大小和方向都相同的磁场称为匀强磁场。

2. 磁通

磁通是反映磁场中某个面上磁场情况的物理量，用字符 Φ 表示。我们把穿过磁场并垂直于某一面积 S 的磁力线条数称为该面积的磁通，可用下面这个式子表示：

$$\Phi = \int_S B \mathrm{d}S \qquad (6-3)$$

在匀强磁场中，若磁感应强度的方向与面积 S 相互垂直，如图 6-2（a）所示，则磁通 Φ 为

$$\Phi = BS \qquad (6-4)$$

或者

$$B = \frac{\Phi}{S} \qquad (6-5)$$

如果两者不垂直，面积 S 的法线 n 的方向与 B 的方向夹角为 θ，如图 6-2（b）所示，则磁通为

$$\Phi = B_n S = BS\cos\theta \qquad (6-6)$$

或者

$$B = \frac{\Phi}{S\cos\theta} \qquad (6-7)$$

在国际单位制中，磁通 Φ 的单位是韦伯，简称韦（Wb）。在工程上还使用麦克斯韦（Mx）作为 Φ 的单位，两者之间的换算关系是

$$1 \text{ Mx} = 10^{-8} \text{ Wb}$$

由式（6-7）可以看出，磁感应强度在数值上

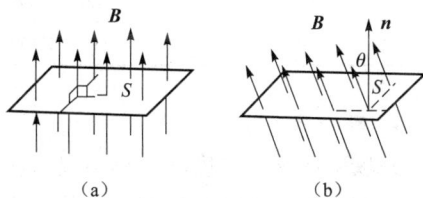

图 6-2　磁通的几种情况

等于与磁场方向相垂直的单位面积通过的磁通,因此磁感应强度又称为磁通密度。那么二者存在如下关系

$$1\ T = 1\ Wb/m^2$$

由于磁力线是连续、闭合的曲线,对磁场中的任意一个闭合面来说,穿入这个面的磁力线的根数等于从该闭合面穿出的磁力线的根数,这就是磁通连续性原理。这一原理可表示为

$$\oint_S B_n \mathrm{d}S = 0 \tag{6-8}$$

3. 磁导率

实验证明,磁场的强弱除了与电流的大小、导体的形状和位置有关外,还和周围空间的介质有关。我们用磁导率来表示介质对磁场的影响。磁导率也叫磁导系数,用字符 μ 表示。在国际单位制中, μ 的单位是亨/米(H/m)。

不同的介质有不同的磁导率。磁导率大的磁介质导磁性能好,磁导率小的磁介质导磁性能差。由实验可测得真空的磁导率

$$\mu_0 = 4\pi \times 10^{-7} H/m$$

为了方便,我们把其他介质的磁导率采用与 μ_0 的比值来表示,这个比值称为磁介质的相对磁导率,用字符 μ_r 来表示,即

$$\mu_r = \frac{\mu}{\mu_0} \tag{6-9}$$

显然, μ_r 没有单位,它表示在其他条件相同的情况下,介质中的磁感应强度是真空中的几倍。

根据相对磁导率的大小可以把物质分成非磁性物质和铁磁性材料两大类。非磁性物质的相对磁导率近似为1,如铜、铝、木材、橡胶和空气等。而铁磁性材料的相对磁导率可达到几百甚至几千,如铸铁、硅钢和锰锌铁氧体等。

表6-1给出了几种常用铁磁材料的相对磁导率。

表6-1　常用铁磁材料的相对磁导率

材料名称	μ_r	材料名称	μ_r
铸铁	200 ~ 400	铝硅铁粉心	7 ~ 25
铸钢	500 ~ 2 200	锰锌铁氧体	300 ~ 5 000
硅钢片	7 000 ~ 10 000	镍锌铁氧体	10 ~ 1 000

4. 磁场强度

磁场中磁感应强度的大小不仅与产生磁场的电流有关,还与磁场中的介质有关。而介质的磁导率 μ 不是常数,计算起来并不方便,因此为了使磁场计算简便,我们常常使用磁场强度来确定电流产生的磁场。

磁场中某点的磁场强度就是该点的磁感应强度 B 和介质的磁导率 μ 的比值，用字母 H 表示，即

$$H = \frac{B}{\mu} \qquad (6-10)$$

磁场强度也是矢量，其方向与该点磁感应强度的方向相同。在国际单位制中，H 的单位是安/米（A/m）。如图 6-3 所示的均匀密绕环形线圈内某点磁感应强度的大小为

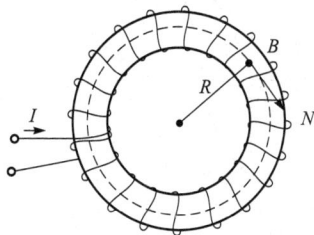

$$B = \mu \frac{NI}{2\pi R} \qquad (6-11)$$

式中，I 为线圈电流（A）；N 为线圈的匝数；r 为环中某点的半径（m）；μ 为环中介质的磁导率。可见，如果其他条件不变而 μ 不同，则 B 也不同。但是同一点的磁场强度 H 为

图 6-3 通电环形线圈

$$H = \frac{NI}{2\pi R} \qquad (6-12)$$

与 μ 无关，它只取决于线圈的形状、尺寸、线圈中的电流和这一点在磁场中的位置。

6.1.3 铁磁材料

1. 铁磁材料的磁化

铁磁性物质的导磁能力很强，在外磁场作用下容易被磁化。而非磁性物质之所以没有这样的磁性，是因为它们的结构不同，在铁磁性物质内部存在许多自然磁化的小区域，称为磁畴。每个磁畴排列杂乱，对外不显磁性。在外磁场作用下，磁畴排列规则，极性一致，于是产生了与外磁场方向相同的附加磁场，对外显示很强的磁性，即铁磁材料的磁化。

铁磁材料的磁化特性，可通过磁化曲线和磁滞回线来说明。

2. 磁化曲线

磁化曲线是指铁磁材料中的磁感应强度 B 随外加磁场强度 H 变化的曲线，如图 6-4 所示。

铁磁材料初始状态为 $H=0$、$B=0$（完全退磁）。H 值从 0 开始增加，B 值随之增加。开始时（$0a$ 段），因为磁畴的方向不断与外磁场趋向一致，所以 B 增加很快，曲线呈直线状。磁化过程中（ab 段），当外磁场（激励电流）增强到一定值时，磁性材料内部的磁畴基本上均转向与外磁场方向一致，B 的增加变缓，铁磁材料开始进入饱和状态，b 点称为饱和点。b 点以上段，磁畴方向已经趋向一致，内部附加的磁场不再增强，此时铁磁材料处于饱和状态。

由图 6-4 可见，铁磁材料的 B 和 H 的关系是非线性的，所以其磁导率 μ 不是常数。

3. 磁滞回线

在实际工作中我们发现，如果铁磁材料在交变的磁场中反复磁化，则磁感应强度 B 的

变化总是滞后于磁场强度 H 的变化。这种现象称为铁磁材料的磁滞现象，磁化曲线表现为回线的形式，称为磁滞回线，如图 6-5 所示。

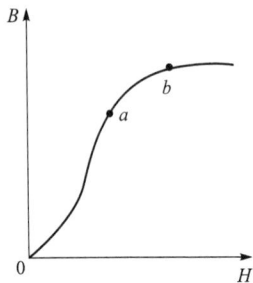

图 6-4　磁化曲线

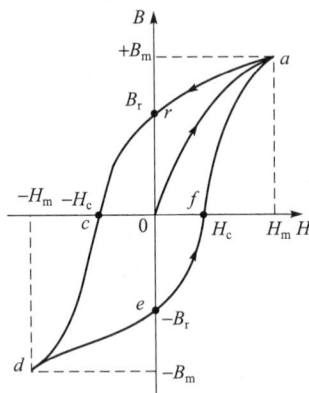

图 6-5　磁滞回线

由图 6-5 可见，当 H 减小时，B 也随之减小，但当 $H=0$ 时，B 并未回到 0 值，而是 $B=B_r$，B_r 称为剩磁感应强度，简称剩磁。当 $H=-H_c$ 时，磁感应强度 B 才为 0，成为矫顽磁力，它表示铁磁材料反抗退磁的能力。图中所示回线是在相同的 H 和 $-H$ 下反复磁化多次获得的结果。在不同的 H 和 $-H$ 下就可得到磁滞回线族，将原点和各回线的顶点（H，B）描成得一条曲线称为基本磁化曲线，工程上给出的磁化曲线都是基本磁化曲线。

按铁磁材料的磁滞回线的宽度、形状把铁磁材料分为软磁材料、硬磁材料和矩磁材料三种类型。

6.2　磁路及磁路定律

6.2.1　磁路

具有铁芯的线圈，由于铁磁材料的磁导率远大于周围的其他介质（如空气），即使通入较小的电流，也能产生很强的磁场，并且可以改变磁场在空间的分布，使绝大部分磁通集中在铁芯所构成的路径内，形成了磁通的定向流动。我们把通过磁通的闭合回路称之为磁路。工程上，根据实际需要，把磁铁材料制成适当形状来控制磁通的路径。图 6-6 所示为几种常见的磁路。

绝大部分磁通通过铁芯构成闭合回路，称为主磁通，用 Φ 表示。另有极少部分磁通穿出铁芯，经过线圈周围的空气闭合，称为漏磁通，用 Φ_σ 表示。分析磁路问题时，漏磁通往往可以忽略不计，因此通常把磁通集中通过的路径称为磁路。

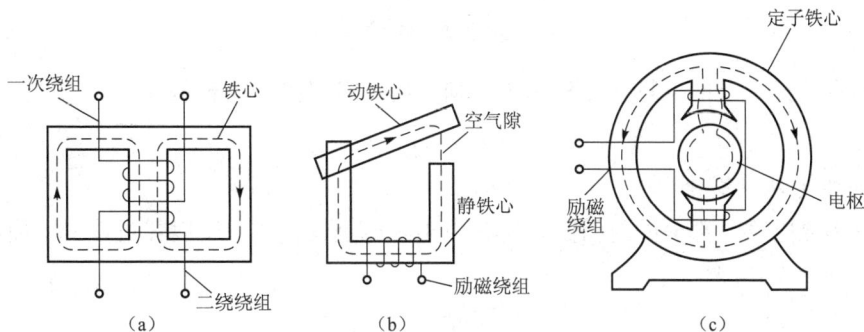

图6-6 几种常见的磁路

(a) 变压器；(b) 电磁铁；(c) 直流电机

与电路相似，磁路也分为有分支磁路和无分支磁路。图6-6（b）是无分支磁路，图6-6（a）和图6-6（c）是有对称分支磁路。

6.2.2 磁路定律

1. 磁路中的物理量

（1）磁动势。磁路中的磁动势是产生磁能的原因。通电线圈产生的磁通与线圈的匝数 N 和通过电流 I 的乘积成正比，我们把 NI 称为磁动势，用符号 F_m 表示，即

$$F_m = NI \tag{6-13}$$

（2）磁阻。磁路用磁阻来表示磁通通过磁路时受到阻碍作用，用符号 R_m 表示。磁阻 R_m 的大小与磁路的长度 l 成正比，与磁路的横截面积 S 成反比，并与组成磁路材料的磁导率 μ 有关，即

$$R_m = \frac{l}{\mu S} \tag{6-14}$$

由于铁磁性材料的磁导率 μ 比空气的磁导率 μ_0 大得多，所以根据上面公式可知，在磁路长度和横截面积相同的情况下，铁磁性材料的磁阻比空气的磁阻小得多。

（3）磁位差。和电场内存在电位差一样，在磁场中也有一个被称做磁位差的物理量。我们把磁场强度 H 和沿磁力场方向的一段长度 l 的乘积称为该长度之间的磁位差，用字母 U_m 表示，其单位是安（A）。在均匀磁场中可以得到以下关系式

$$U_m = Hl \tag{6-15}$$

式中，l 为沿磁场强度方向的一段长度（m），H 为线圈中的磁场强度（A/m），U_m 为长度之间的磁位差（A）。

磁位差与电流之间的关系可以由安培环路定律来描述。安培环路定律也叫全电流定律，它的具体内容是：磁场中沿任意闭合路径一周的磁位差等于该闭合路径所包围的全部电流的代数和，即

$$U_m = \oint H dl = \sum I \qquad (6-16)$$

如果闭合路径 L 上的磁场强度均为 H，则安培环路定律可以表示成

$$HL = \sum I \qquad (6-17)$$

2. 基尔霍夫第一定律

对于包围磁路某一部分的封闭面来说，由于磁通是连续的，所以穿过该封闭面的所有磁通的代数和等于零，即

$$\sum \Phi = 0 \qquad (6-18)$$

这就是磁路的基尔霍夫第一定律。

图 6 - 7 所示为一分支磁路的示意图，分支汇集处的 c 点和 d 点称为磁路的节点，连在节点之间的分支磁路称为支路。在线圈 N_1 和 N_2 中分别通过电流 i_1 和 i_2，3 条支路的磁通分别为 Φ_1、Φ_2 和 Φ_3，磁通与电流方向如图中所示，它们之间的关系符合右手螺旋关系。

在节点 c 作任意闭合面 S，根据磁通的连续性原理可知，穿入闭合面的磁通应等于闭合面的磁通，有

$$\Phi_1 + \Phi_2 = \Phi_3$$

规定穿出 S 面的磁通为正，穿入 S 面的磁通为负，则上式可写成

$$-\Phi_1 - \Phi_2 + \Phi_3 = 0$$

即

$$\sum \Phi = 0$$

它表明，在磁路中任一节点的磁通代数和等于零。

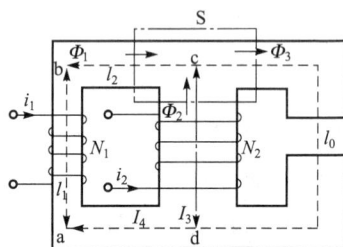

图 6 - 7 磁路基尔霍夫定律

3. 基尔霍夫第二定律

若一段磁路的材料相同，横截面也相同，则它就是均匀磁路，否则就是不均匀磁路。磁路中的任何一个闭合路径不一定是均匀磁路。在应用安培环路定律时，必须将回路根据材料和截面的不同分段，使各段都有相同的 H 值。例如图 6 - 7 所示 abcda 回路，虽然材料相同，但截面不同，可以把磁路分为 4 段，各段的平均长度分别为 l_1、l_2、l_3、l_4，相应段的磁场强度分别为 H_1、H_2、H_3、H_4。取回路的绕行方向为顺时针方向，则由安培环路定律得

$$\oint H dl = i_1 N_1 - i_2 N_2$$

即

$$H_1 l_1 + H_2 l_2 - H_3 l_3 + H_4 l_4 = i_1 N_1 - i_2 N_2$$

故

$$\sum Hl = \sum Ni \tag{6-19}$$

这就是磁路的基尔霍夫第二定律，它指出：沿磁路中的任一闭合路径的总磁压等于磁路的总磁动势。应用上式时，决定正负号的原则是：任意设定回路绕行方向，当 H 的方向与绕行方向一致时，则磁压为正，否则为负；当电流参考方向与绕行方向符合右手螺旋关系时为正，反之为负。

4. 磁路欧姆定律

磁路中任何一段的磁压

$$U_\mathrm{m} = Hl = \frac{B}{\mu}l = \frac{\Phi}{\mu S}l = \frac{l}{\mu S}\Phi$$

又

$$R_\mathrm{m} = \frac{l}{\mu S}$$

则

$$U_\mathrm{m} = R_\mathrm{m}\Phi \tag{6-20}$$

上式在形式上与电路的欧姆定律相似，称为磁路的欧姆定律。其中，磁压 U_m 与电路中的电压对应，磁通 Φ 与电路中的电流对应；磁阻 R_m 与电路中导体的电阻对应。由于铁磁性物质的磁导率 μ 随励磁电流而变化，所以磁阻呈非线性，这给欧姆定律的应用带来局限性。在一般情况下，不能直接用磁路的欧姆定律来进行计算，但可以用它来对磁路进行定性分析。

例 6.1 如图 6-8 所示为一有气隙的铁芯线圈。若线圈中通以直流电流，试分析气隙的大小对磁路中的磁阻、磁通和磁动势的影响。

解 直流情况下，线圈中的电流 I 仅决定于外加直流电压和线圈导线的电阻，为恒定值，而与气隙的大小无关。因此，磁动势 $F = NI$ 也是恒定值，与气隙的大小无关。但由于空气的磁导率远远低于铁芯的，而使气隙磁阻成为磁路总磁阻的主要组成部分。气隙大则磁阻 R_m 会显著增大，而磁动势 F 为恒定

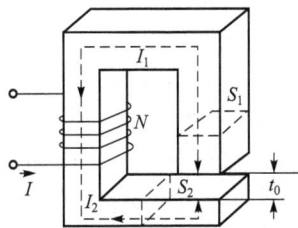

图 6-8 有气隙的磁路

值，由磁路的欧姆定律可知，磁通 $\Phi = \dfrac{F}{R_\mathrm{m}}$ 将减小。

6.3 自感与互感

6.3.1 自感

前面我们已经知道，通电导体周围存在磁场，因此当回路中通有电流时，必定有该电流产生的磁通量通过回路自身。又由电磁感应定律可知，当通过回路面积的磁通量发生变化时，回路中就有感应电动势产生。这种由于回路中电流产生的磁通量发生变化，而在回路自身中激起感应电动势的电惯性现象，称为自感现象，简称自感。

当线圈中通过变化的电流时，这个电流产生的磁场使该线圈每匝具有的磁通 Φ 叫做自感磁通。使 N 个线圈具有的磁通叫做自感磁链，用字母 ψ 表示，即

$$\Psi = N\Phi \tag{6-21}$$

由于同一电流 i 通过不同的线圈时，所产生的自感磁链 ψ 不一定相同。为了表明各个线圈产生自感磁链的能力，将线圈的自感磁链 ψ 与电流 i 的比值称为线圈的自感系数，简称电感，用符号 L 表示，即

$$L = \frac{\Psi}{i} \tag{6-22}$$

电感是线圈的固有参数，它的大小取决于线圈的匝数、几何形状以及线圈周围磁介质的磁导率。电感的单位是亨利（H）。实际应用中，一般线圈具有的电感量比较小，因而常采用比亨利小的单位，如毫亨（mH）、微亨（μH）。它们之间的换算关系是

$$1\ \text{H} = 1 \times 10^3\ \text{mH}$$
$$1\ \text{mH} = 1 \times 10^3\ \text{μH}$$

根据电磁感应定律，可以得出线圈中产生的自感电动势为

$$e_{\text{L}} = \left| \frac{\Delta \Psi_{\text{L}}}{\Delta t} \right| \tag{6-23}$$

当 L 为常数，即线圈的匝数、几何形状和磁导率都保持不变的情况下，由 $\Psi_{\text{L}} = Li$ 有

$$e_{\text{L}} = \left| L \frac{\Delta i}{\Delta t} \right| \tag{6-24}$$

式中，$\frac{\Delta i}{\Delta t}$ 为电流对时间的变化率（A/s）。

自感电动势的方向可以用楞次定律来判断。如图 6-9 所示当电流线圈的电流增加时，自感电动势的方向要与原电流方向相反；当流过线圈的电流减小时，自感电动势的方向要与原电流方向一致，即自感电动势的方向总是阻碍原电流的变化。线圈的电感越大，自感应的作用也越大，线圈中的电流也越不容易改变。

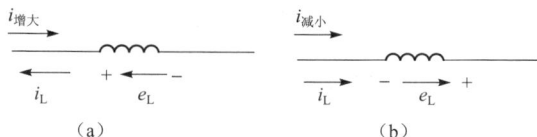

图 6-9　自感电动势的方向
(a) 电流增加时；(b) 电流减小时

例 6.2　有一个电感 $L = 50$ H 的线圈接在电源上，通过的电流为 1 A，当电路的开关断开时，在 0.02 s 的时间内，电流降为零。试求线圈中的自感电动势。

解　因为
$$\Delta i = i_2 - i_1 = 0 - 1 = -1\ \text{A}$$
又
$$\Delta t = 0.02\ \text{s}$$
所以
$$e = \left| L \frac{\Delta i}{\Delta t} \right| = \left| 50 \times \frac{-1}{0.02} \right| = 2\ 500\ \text{V}$$

6.3.2　互感

两个相互邻近的线圈，如图 6-10 所示。线圈 1 和线圈 2 匝数分别为 N_1、N_2，当线圈 1 通有电流 i_1 时，在线圈 1 中产生了磁通 Φ_{11}，称为线圈 1 的自感磁通，线圈 1 中各匝磁通的总和称为线圈 1 的自感磁链 Ψ_{11}，$\Psi_{11} = N_1\Phi_{11}$。由于线圈 1 和线圈 2 靠得很近，使 Φ_{11} 中的一部分 Φ_{21} 同时穿过线圈 2，这部分磁通 Φ_{21} 称为线圈 2 的互感磁通。这种一个线圈的磁通交链另一个线圈的现象，称为磁耦合。设磁通 Φ_{21} 与线圈 2 的每一匝都有相交链，则此时线圈 2 中各匝磁通的总和称为线圈 2 的互感磁链 Ψ_{21}，$\Psi_{21} = N_2\Phi_{21}$。

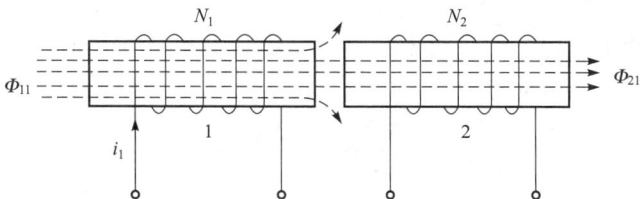

图 6-10　两线圈的互感

当线圈 1 中的电流 i_1 发生变化时，自感磁通 Φ_{11} 也随之变化，不仅在线圈 1 中产生自感电压 u_{11}，而且通过互感磁通 Φ_{21} 在线圈 2 中也产生感应电压，这个电压称为互感电压 u_{21}，同理，当线圈 2 中通以变化电流 i_2 时，线圈 1 中也会产生感应电压 u_{12}。我们把这种由于一个线圈中电流变化而在邻近其他线圈中产生感应电压的现象称为互感现象，简称互感。

对比自感现象可知：自感是一个线圈发生的电磁感应；而互感是两个（或多个）线圈发生的电磁感应。其本质都是一样的，只不过是电磁感应的表现形式不同而已。

与自感定义类似，当选取磁通（或磁链）的参考方向与产生它的电流参考方向符合右手螺旋关系时，定义互感磁链 Ψ_{21} 与产生它的电流 i_1 的比值为线圈 1 对线圈 2 的互感系数，用 M_{21} 表示，即

$$M_{21} = \frac{\Psi_{21}}{i_1} \tag{6-25}$$

同理，线圈 1 中的互感磁链 Ψ_{12} 与产生它的电流 i_2 的比值称为线圈 2 对线圈 1 的互感，用 M_{12} 表示，即

$$M_{12} = \frac{\Psi_{12}}{i_2}$$

理论和实验都可以证明，$M_{12} = M_{21}$。因此一般省略下标，直接用 M 表示互感，即

$$M = M_{12} = M_{21} \tag{6-26}$$

线圈间的互感 M 是线圈的固有参数，它与量线圈的匝数、几何尺寸、相对位置和磁介质等有关。当磁介质为非铁磁性物质时，M 是常数。它和自感有相同的单位：亨（H）、毫

亨（mH）或微亨（μH）。

工程上通常用耦合系数 k 表示两个线圈磁耦合的紧密程度，并定义为

$$k = \frac{M}{\sqrt{L_1 L_2}} \qquad (6-27)$$

式中，L_1、L_2 分别是线圈 1 和线圈 2 的自感。

显然，k 的最大值是 1，而最小值是 0，前者意味着由一个线圈中电流所产生的磁通全部与另一个线圈交链，已经达到无法再使 M 增加的地步，后者出现于无互感的情况。耦合系数 k 反映了磁通相耦合的程度，$k=1$ 时称为全耦合，k 近似等于 1 时称为紧耦合，k 值较小时称为松耦合。

由互感现象产生的感应电动势叫做互感电动势，用 e_M 表示。假定线圈 1 中电流发生变化，线圈 2 中产生的互感电动势为

$$e_{M2} = -N_2 \frac{\Delta \Phi_{12}}{\Delta t} = -\frac{\Delta \Psi_{12}}{\Delta t} = -M \frac{\Delta i_1}{\Delta t}$$

当 M 确定时，一个线圈中互感电动势的大小正比于另一线圈电流的变化率。同样，当线圈 2 的电流变化时，线圈 1 产生的互感电动势的大小为

$$e_{M1} = -M \frac{\Delta i_2}{\Delta t} \qquad (6-28)$$

线圈中的互感电动势与互感系数和另一线圈中电流的变化率的乘积成正比。互感电动势的方向可用楞次定律判断，式中负号即为楞次定律的反映。

在互感线圈中，我们将电位瞬时极性始终保持一致的端点叫做同名端（或同极性端）用符号"·"或"＊"表示。如图 6-11 所示的线圈 A 中，"1"端流入增加的电流 i，则"i"所产生的磁通 Φ 会随时间而增大，这时线圈 A 中产生自感电动势，线圈 B 中产生互感电动势。这两个电动势都是由于 Φ 的变化引起的。根据楞次定律，可以确定线圈 A、B 中感应电动势的方向，如图中"＋"、"－"号所示。可见端点"1"和"3"、"2"和"4"的极性是相同的。若减小时，A、B 中感应电动势方向都相反，但端点"1"和"3"、"2"和"4"的极性仍是相同的。所以端点"1"和"3"、"2"和"4"是同名端，如图 6-11

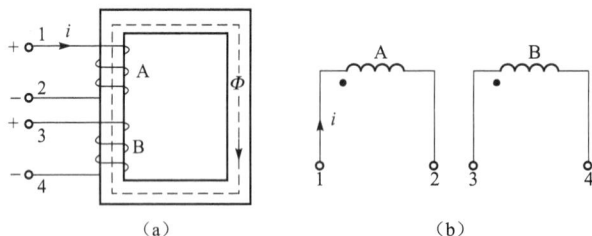

图 6-11　互感线圈的同名端

（a）变压器上的线圈；（b）互感线圈的同名端

所示。

因此，当知道线圈的绕法时，可运用楞次定律直接判定互感电动势极性，或者利用同名端也可以判断出线圈中互感电动势的极性。

6.4　变压器的结构及工作原理

6.4.1　变压器的结构

变压器按相数分有单相、三相和多相，按结构分可分为芯式和壳式。按绕组数目分有双绕组变压器、三绕组变压器、多绕组变压器和自耦变压器。按冷却方式分有油浸式变压器、充气式变压器和干式变压器。尽管变压器的种类很多，但其基本构造是相同的，都由铁芯和绕组两部分组成。

1. 铁芯

铁芯是变压器磁路的主体，它构成了电磁感应所需的磁路，使绕组之间实现电磁耦合。为了增强磁的交链，尽可能地减小涡流损耗，铁芯常用磁导率较高而又相互绝缘的硅钢片相叠而成。每一片厚度为 $0.35 \sim 0.5$ mm，硅含量约为 5%，表面涂有绝缘漆。通信用的变压器多用铁氧体、钕铁硼或其他磁性材料制成的铁芯。

铁芯分为芯式和壳式。芯式铁芯成"口"字形，线圈包着铁芯，如图 6-12（a）所示。壳式铁芯成"日"字形，铁芯包着线圈，如图 6-12（b）所示。

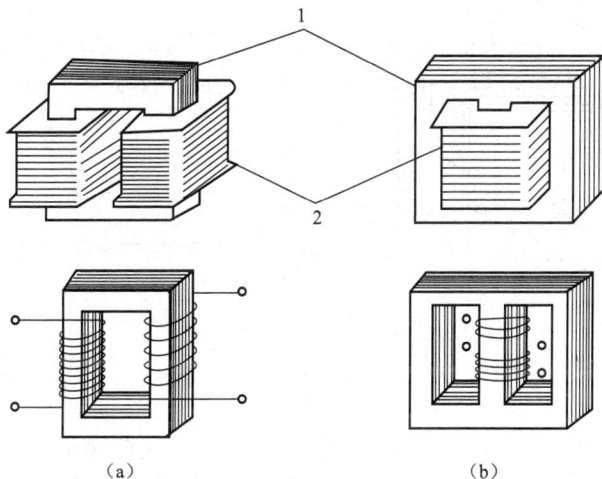

图 6-12　变压器铁芯结构

（a）芯式；（b）壳式

1—铁芯；2—绕组

2. 绕组

绕组是变压器的电路部分，一般用绝缘良好的漆包线、纱包线绕成。绕组是作为电流的载体，产生磁通和感应电动势。

变压器工作时与电源连接的绕组叫初级绕组（也叫原线圈），与负载连接的绕组叫次级绕组（也叫副线圈）。接到高压电网的绕组称高压绕组，接到低压电网的绕组称低压绕组。按高、低压绕组在铁芯柱上放置方式的不同，绕组有同芯式和交叠式两种。同芯式绕组将高、低压绕组同芯地套在铁芯柱上。通常低压绕组靠近铁芯，高压绕组套装在低压绕组外面。国产变压器多采用这种结构；交叠式绕组将高低压绕组分成若干饼线，沿着铁芯柱的高度方向交替排列。这种绕组仅用于壳式变压器中，如大型电炉变压器就采用这种结构。

6.4.2 变压器的工作原理

从变压器的结构可知，变压器是按电磁感应原理工作的。如果把变压器的原线圈接在交流电源上，在原线圈中就有交流电流流过，交变电流将在铁芯中产生交变磁通，这个变化的磁通经过闭合磁路同时穿过原线圈和副线圈。交变的磁通将在线圈中产生感生电动势，因此在变压器原线圈中产生自感电动势的同时，在副线圈中也产生了互感电动势。这时如果在副线圈上接上负载，那么电能将通过负载转换成其他形式的能量。在一般情况下，变压器的损耗和漏磁通都是很小的。因此，下面在变压器铁芯损耗、导线铜损耗和漏磁通都不计的理想变压器情况下，讨论变压器的几个作用。

1. 空载运行

图 6-13 所示，副线圈绕组未接负载的状态就是空载运行状态。

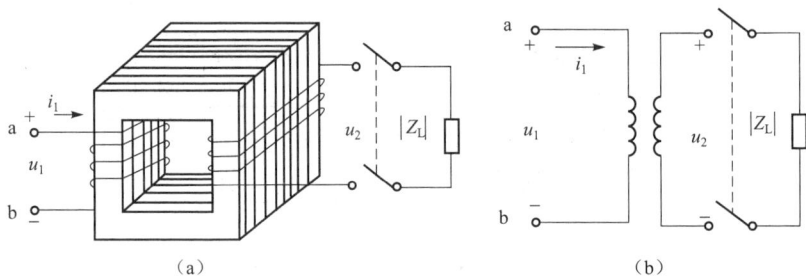

图 6-13　理想变压器
（a）示意图；（b）电路图

空载时，当变压器的原线圈接上交流电压后，在原、副线圈中将有交变的磁通，若漏磁通忽略不计，可以认为穿过原、副线圈的交变磁通相同，因而这两个线圈的每匝所产生的感应电动势相等。设原线圈的匝数是 N_1，副线圈的匝数是 N_2，穿过它们的磁通是 Φ，那么原、副线圈中产生的感生电动势分别是

$$E_1 = N_1 \frac{\Delta \Phi}{\Delta t}, E_2 = N_2 \frac{\Delta \Phi}{\Delta t}$$

由此可得
$$\frac{E_1}{E_2} = \frac{N_1}{N_2}$$

如果忽略漏磁通和绕组上的降压，则原、副线圈的电动势近似等于原、副边电压。
即
$$U_1 = E_1, U_2 = E_2$$

则原、副线圈两端电压之比等于匝数之比

$$n = \frac{E_1}{E_2} = \frac{N_1}{N_2} \tag{6-29}$$

式中，n 叫做变压器的变压比。

如果 $n > 1$，则 $N_1 > N_2$，$U_1 > U_2$，变压器使电压降低，这种变压器叫做降压变压器。如果 $n < 1$，则 $N_1 < N_2$，$U_1 < U_2$ 变压器使电压升高，这种变压器叫做升压变压器。

2. 负载运行

变压器在带负载的情况下，绕组电阻、漏磁及涡流总会产生一定的能量损耗，但是比负载上消耗的功率小得多，一般情况下可以忽略不计。也就是说，可将变压器视为理想变压器，其内部不消耗功率，输入变压器的功率全部消耗在负载上，即

$$U_1 I_1 = U_2 I_2$$

从前面的分析可以得出

$$\frac{I_1}{I_2} = \frac{U_2}{U_1} = \frac{N_2}{N_1} = \frac{1}{n} \tag{6-30}$$

可见，变压器负载工作时，原、副边的电流有效值 I_1 与 I_2 与它们的电压或匝数成反比。变压器具有变换电流的作用，即它在变换电压的同时也变换了电流。

3. 阻抗变换

变压器除了具有电压和电流的变换作用外，还具有阻抗变换的作用。在电子设备中，往往要求负载能获得最大输出功率；而负载要获得最大功率，必须满足负载阻抗与电源阻抗相匹配这一条件，称为阻抗匹配。但是，在一般情况下，负载阻抗是一定的，不能随意改变，因此很难得到满意的阻抗匹配。利用变压器的阻抗变换作用，通过适当选择变压器的电压比，可以在负载阻抗固定时实现阻抗匹配，从而使负载获得最大的输出功率。变压器与阻抗的连接电路如图 6-14 所示。

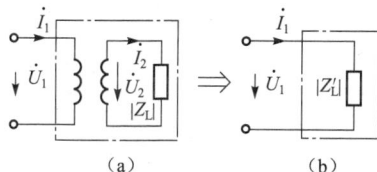

图 6-14　变压器的阻抗变换
(a) 原电路；(b) 等效电路

从图 6-14 中可以看出，变压器原边电路阻抗为

$$|Z_L{}'| = \frac{U_1}{I_1}$$

根据欧姆定律，负载阻抗 $|Z_L|$ 与副边电压 U_2 和电流 I_2 的关系为

$$|Z_L| = \frac{U_2}{I_2}$$

因为

$$n = \frac{U_1}{U_2} = \frac{I_2}{I_1}$$

所以

$$\frac{|Z_L'|}{|Z_L|} = \frac{U_1}{U_2} \cdot \frac{I_2}{I_1} = n^2$$

即

$$|Z_L'| = n^2 |Z_L| \tag{6-31}$$

这表明变压器的副边接上负载 Z_L 后，对电源而言，相当于接上阻抗为 $n^2 Z_L$ 的负载。当变压器负载 Z_L 一定时，改变变压器原、副边匝数，可获得所需要的阻抗。

例6.3 有一台降压变压器，原边电压 $U_1 = 380$ V，副边电压 $U_2 = 36$ V，如果接入一个 36 V、60 W 的灯泡，求：（1）原、副边电流各是多少？（2）相当于原边电路接上一个多少阻值的电阻？

解 灯泡可以看成纯电阻，因此副边电流为

$$I_2 = \frac{P}{U_2} = \frac{60}{36} \text{ A} = 1.666 \text{ A}$$

又因为

$$n = \frac{U_1}{U_2} = \frac{380}{36} = 10.555$$

则原边电流为

$$I_1 = \frac{I_2}{n} = \frac{1.666}{10.555} = 0.158 \text{ A}$$

灯泡的电阻

$$R_L = \frac{U_2^2}{P} = \frac{36^2}{60} = 21.6 \text{ } \Omega$$

则一次绕组的等效电阻为

$$R_L' = n^2 R_L = 10.555^2 \times 21.6 = 2\,406 \text{ } \Omega$$

或

$$R_L' = \frac{U_1}{I_1} = \frac{380}{0.158} = 2\,406 \text{ } \Omega$$

6.5 变压器的工作特性

6.5.1 变压器的功率

变压器原边的输入功率为

$$P_1 = U_1 I_1 \cos \varphi_1 \tag{6-32}$$

式中，U_1 为原边电压，I_1 为原边电流，φ_1 为原边电压和电流的相位差。

变压器副边输出功率为

$$P_2 = U_2 I_2 \cos \varphi_2 \tag{6-33}$$

式中，U_2 为副边电压，I_2 为副边电流，φ_2 为副边电压和电流的相位差。

输入功率和输出功率的差就是变压器所损耗的功率，即

$$P' = P_1 - P_2 \tag{6-34}$$

6.5.2 变压器的损耗与效率

由于变压器存在铜损耗和铁损耗，铜损耗是由原线圈和副线圈绕组中通过电流产生的。铁损耗是由交变的主磁通在铁芯中引起的。因为电流的大小和负载有关，负载变化时铜损耗的大小也要相应变化，因此铜损耗又称可变损耗。变压器正常工作时，原边电压是不变的，因此主磁通的大小也不改变，从而铁损耗也基本不变，所以铁损耗又称不变损耗。

同机械效率的意义相似，变压器的效率是变压器输出功率 P_2 与输入功率 P_1 的百分比，即

$$\eta = \frac{P_2}{P_1} \times 100\% \tag{6-35}$$

通常在满载的 80% 左右时，变压器的效率最高。大容量变压器的效率可达 98%～99%。

例 6.4 有一变压器的原边电压为 2 200 V，副边电压为 220 V，在接有纯电阻性负载时，测得次级电流为 10 A。若变压器的效率为 95%，试求它的损耗功率、原边功率和原边电流。

解 副边负载功率为

$$P_2 = U_2 I_2 \cos \varphi_2 = 220 \times 10 = 2\ 200 \text{ W}$$

原边功率为

$$P_1 = \frac{P_2}{\eta} = \frac{2\ 200}{0.95} \approx 2\ 316 \text{ W}$$

损耗功率为

$$P' = P_1 - P_2 = 2\ 316 - 2\ 200 = 116 \text{ W}$$

原边电流为

$$I_1 = \frac{P_1}{U_1} = \frac{2\ 316}{2\ 200} \approx 1.05 \text{ A}$$

6.5.3 变压器的外特性

对于负载而言，变压器相当于一个电源。对于电源，我们关心的是它的输出电压与负载

电流大小的关系，也就是所谓的变压器的外特性。当原边电压 U_1 和负载的功率因数 $\cos\varphi_2$ 一定时，副边的输出电压 U_2 与负载电流 I_2 的关系，即 $U_2 = f(I_2)$ 称为变压器的外特性。实际外特性曲线可以通过实验的方法取得。一般情况下，这个外特性近似一条稍微向下倾斜的直线，且下降的倾斜度与负载的功率因数有关，功率因数（感性）越低，下降越剧烈，如图 6-15 所示。

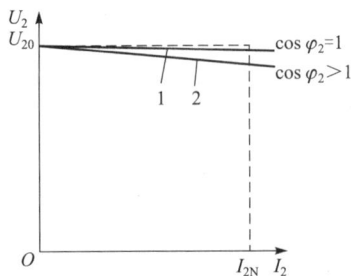

图 6-15　变压器的外特性曲线
1—阻性负载；2—感性负载

图 6-15 说明，功率因数对变压器外特性的影响是很大的，负载的功率因数确定后，变压器的外特性曲线也就随之确定了。

6.5.4　变压器的额定值

为了正确、合理地使用变压器，除了应当知道其外特性外，还应当知道其额定值，并根据其额定值正确使用。电力变压器的额定值通常在其铭牌上给出。变压器的额定值有：

（1）一次额定电压 U_{1N}，指正常情况下一次绕组应当施加的电压；

（2）一次额定电流 I_{1N}，指在 U_{1N} 作用下一次绕组允许长期通过的最大电流；

（3）二次额定电压 U_{2N}，指一次额定电压 U_{1N} 时的二次空载电压；

（4）二次额定电流 I_{2N}，指一次额定电压 U_{1N} 时二次绕组允许长期通过的最大电流；

（5）额定容量 S_N，指输出的额定视在功率，单位为伏安（V·A）；

单相变压器　　　　　　　　$$S_N = U_{2N}I_{2N} = U_{1N}I_{1N}$$

三相变压器　　　　　　　　$$S_N = \sqrt{3}U_{2N}I_{2N} = \sqrt{3}U_{1N}I_{1N}$$

6.6　其他变压器

6.6.1　三相变压器

电能的发生、传输和分配都是三相制的，因此三相变压器在电力系统中有着广泛的应用。三相变压器可以由三台单相变压器组成，称为三相变压器组，用于大容量的电压变换。但大部分三相变压器是将三个铁芯柱和铁轭连接成一个三相磁路，形成三相一体芯式变压器，称为三相变压器。从运行原理来看，三相变压器在对称负载下运行时，各相的电流（电压）大小相等，相位互差 120°。对于任何一相进行分析时，前面所得出的基本结论对三相变压器都是适用的。

三相变压器的原理结构图如图 6-16 所示，它由三根铁芯柱和三组高低压绕组等组成。

高压绕组的首端和末端分别用 A、B、C 和 X、Y、Z 表示，低压绕组的首、末端分别用 a、
b、c 和 x、y、z 表示。绕组的联结方法有多种，其中常用的有星形联结和三角形联结。高、
低压绕组均采用星形联结称为 Y/Y₀ 联结，高压绕组采用星形联结、低压绕组采用三角形称
为 Y/D 联结。如图 6－17 所示为这两种接法的接线情况。

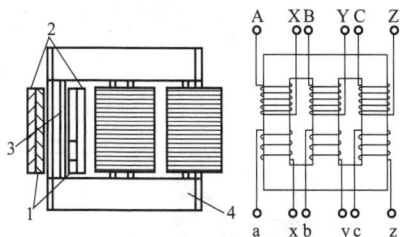

图 6－16　三相芯式变压器的构造原理
1—低压绕组；2—高压绕组；3—铁芯柱；4—磁轭

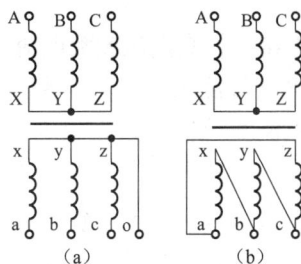

图 6－17　三相变压器绕组的连接
（a）Y/Y₀；（b）Y/D 耦变压器

6.6.2　小功率电源变压器

　　小功率电源变压器广泛用于各种电子设备中，它的特点是副边有多个绕组，如图 6－18 所示，原边接上电源后，通过副边绕组的不同连接组合，可获得多个大小不同的输出电压。如图所示的变压器，当原边接额定正弦电压时，通过副边 1 V 和 3 V 两个绕组或单独输出、或串联输出，即可得到 1、2、3、4 V 共四种输出电压，这个变压器一共可以输出 1～30 V 的 30 种不同有效值的电压。

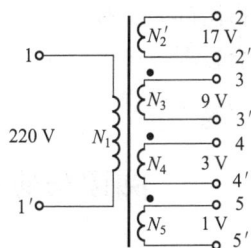

图 6－18　次级有多个绕组的变压器

6.6.3　自耦变压器

　　自耦变压器铁芯上只有一个绕组，副绕组是从原绕组直接由抽头引出。它的特点是原边和副边绕组之间不仅有磁的联系，电的方面也是连通的。

　　自耦变压器可分为可调式和固定抽头式两种。图 6－19（a）所示的是一种可调式自耦变压器，副边抽头是可以沿绕组自由滑动的抽头，这样可以自由、平滑地调节输出电压，因此又叫做自耦调压器。其工作原理与双绕组变压器相同，内部电路如图

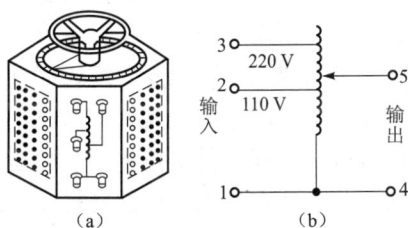

图 6－19　自耦变压器
（a）外观；（b）电路

6-19（b）所示。用同样的分析方法可知，其电压比、电流比与双绕组变压器相同，即

$$\frac{U_1}{U_2} = \frac{I_2}{I_1} = \frac{N_1}{N_2} = n \tag{6-36}$$

6.6.4　电流互感器

电力系统中，高电压和大电流不便于测量，通常用特种专用的变压器把电流变小或把电压降低后再进行测量。这种特种专用的变压器就称为互感器。电流互感器就是把大电流变换成小电流的特种变压器，其结构原理与电路图如图6-20所示。根据变压器的电流变换关系，有

$$I_1 = \frac{N_2}{N_1}I_2 = K_1 I_2 \tag{6-37}$$

式中，K_1 为电流互感器的额定电流比。

测出 I_2 就可以算出 I_1，这样就间接地测量了 I_1 的值。通常电流互感器的二次绕组额定电流设计成标准值5 A或1 A。

需要指出的是，使用电流互感器时，副边不得开路，否则会在副边产生过高的危险电压，为安全起见，副边绕组的一端和铁壳都必须接地。

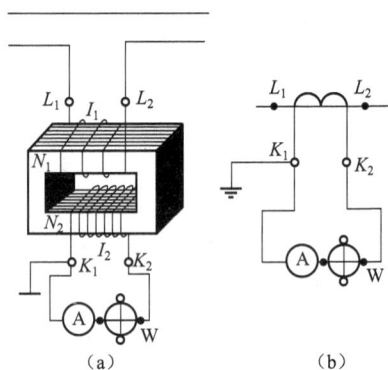

图 6-20　电流互感器
（a）结构原理；（b）基本电路

阅读与应用11　常用磁性材料和电工材料

一、磁性材料

在电气设备中对电磁场起有效作用的材料称为电工材料。常用的电工材料有导电材料、绝缘材料和磁性材料。磁性材料是功能材料的重要分支，利用磁性材料制成的磁性元器件具有转换、传递、处理信息、存储能量、节约能源等功能，广泛地应用于能源、电信、自动控制、通信、家用电器、生物、医疗卫生、轻工、选矿、物理探矿、军工等领域。尤其在信息技术领域已成为不可缺少的组成部分。信息化发展要求磁性材料制造的元器件不仅大容量、小型化、高速度，而且具有可靠性、耐久性、抗振动和低成本的特点，并以应用磁学为技术理论基础，与其他科学技术相互渗透、交叉、相互联系成为现代高新技术群体中不可缺少的组成部分。特别是纳米磁性材料在信息技术领域日益显示出其重要性。

磁性材料广义上分为两大类：软磁材料和硬磁材料。软磁材料能够用相对低的磁场强度磁化，当外磁场移走后保持相对低的剩磁，主要应用于任何包括磁感应变化的场合。硬磁材

料是在经受外磁场后能保持大量剩磁的磁性材料。

软磁材料是应用中占比例最大的传统磁性材料。常用的软磁材料有电工用纯铁和硅钢片。电工用纯铁具有优良的软磁特性，电阻率低。一般用于直流磁场，常用的是 DT 系列电磁纯铁；硅钢片磁导率高、铁损耗小，按其制造工艺不同，分为热轧和冷轧两种。常用的有 DR 系列热轧硅钢片、DW 系列冷轧硅钢片和 DQ 系列冷轧硅钢片。钢片的厚度有 0.35 mm 和 0.5 mm 两种，前者多用于各种变压，后者多用于各种交直流电机。

具有高矫顽力值的硬磁材料称为永磁材料，主要用于提供磁场。永磁材料是人类最早认识到磁性的材料。常用的永磁材料有马氏体钢、铁铬钴合金、铝镍钴合金等。铝镍钴合金主要用于制造永磁电机的磁极铁芯和磁电系仪表的磁钢。铝镍钴合金的剩磁和矫顽力都较大，并且结构稳定、性能可靠。主要分为各向同性系列、热处理各向异性系列、定向结晶各向异性系列等三大系列。

此外，稀土材料与过渡金属的合金——稀土永磁材料以及永磁体粉末与挠性好的橡胶、塑料、树脂等黏结材料相混合而形成黏接磁体也成为应用广泛的新型磁性材料。

二、其他电工材料

1. 导电材料

导电性好，有适当的机械强度，不易被氧化和腐蚀，易于加工和焊接，资源丰富，价格便宜是导电材料应具备的基本条件。导电材料一般都是金属，但并不是所有的金属都可以用作导电材料。最常用的导电材料是铜和铝，但是在一些特殊场合也需要其他金属或合金作为导电材料。例如，电光源的灯丝要求熔点高，所以选用钨丝作导电材料；保险熔丝要求具有较低的熔点，因而选铅锡合金；架空线需要具有较高的机械强度，因而常常选用铝镁硅合金。

1）铜

铜具有良好的导电性能，其常温下有足够的机械强度，具有良好的延展性，便于加工。而且不容易被氧化和腐蚀，容易焊接。用作导电材料的铜是含铜量大于 99.9% 的工业纯铜。其中硬铜做导电零部件，软铜做电机、电器等的线圈。杂质、冷变形、温度和耐蚀性等是影响铜性能的主要因素。

2）铝

铝导电性能比铜稍差，它具有良好的导热性能和耐腐蚀性，且便于加工。铝的机械强度虽然比铜低，但密度比铜小，而且铝资源丰富，价格低廉，是目前推广使用的导电材料。目前，铝已经被广泛使用在架空线路、动力线路、照明线路、汇流排、变压器和中小型电机线圈等场合。惟一不足之处是铝的焊接工艺比较复杂。杂质、冷变形、温度等也是影响铝性能的主要因素。

2. 绝缘材料

绝缘材料也叫电介质，主要作用在于隔离导电体与外界的接触以及绝缘带有不同电位的导体，使电流按指定的方向流动。在一些场合下，绝缘材料还可以起到机械支撑、保护导体及防晕、灭弧等作用。

绝缘材料的电阻率极高，电导率则很低。杂质、温度和湿度是影响绝缘材料电导率的主要因素。绝缘材料在使用过程中，由于热和氧化等各种因素的作用，会缓慢地发生不可逆的变化，使其电气性能及机械强度逐渐恶化，这种变化称为绝缘材料的老化。绝缘材料分为Y、A、E、B、F、H、C七个等级，其极限温度分别为 90 ℃、105 ℃、120 ℃、130 ℃、155 ℃、180 ℃、>180 ℃。绝缘材料在极限温度下工作能保证使用寿命而不影响其他性能。

绝缘材料按其化学性质可分为无机绝缘材料、有机绝缘材料和混合绝缘材料三类。无机绝缘材料有云母、石棉、大理石、瓷器、玻璃、硫黄等，主要用作电机与电器的绕组绝缘、开关的底板和绝缘子等。有机绝缘材料有虫胶、树脂、橡胶、棉纱、纸、麻、蚕丝、人造丝等，大多用以制造绝缘漆、绕组导线的被覆绝缘物等。混合绝缘材料是由以上两种材料经加工后制成的各种成型绝缘材料，主要用作电器的底座、外壳等。

本 章 小 结

1. 磁场的基本物理量

（1）磁感应强度：描述磁场内某点磁场强弱的物理量，用字符 B 表示，单位是特斯拉，简称特（T）。

$$B = \frac{F}{lI}$$

（2）磁通：反映磁场中某个面上磁场情况的物理量，用字符 Φ 表示，单位是韦伯，简称韦（Wb）。

$$\Phi = \int_S B \mathrm{d}S$$

（3）磁导率：描述介质对磁场的影响的物理量，用字符 μ 表示，单位是亨/米（H/m）。其他介质的磁导率 μ 与真空的磁导率 μ_0 的比值称为磁介质的相对磁导率，用字符 μ_r 来表示。

$$\mu_r = \frac{\mu}{\mu_0}$$

（4）磁场强度：磁场中某点的磁场强度就是该点的磁感应强度 B 和介质的磁导率 μ 的比值，用字母 H 表示，单位是安/米（A/m）。

$$H = \frac{B}{\mu}$$

2. 磁路及磁路定律

1）磁路中的物理量

（1）磁动势：线圈的匝数 N 和通过电流 I 的乘积称为磁动势，用符号 F_m 表示。

$$F_\mathrm{m} = NI$$

（2）磁阻：表示磁通通过磁路时受到阻碍作用，用符号 R_m 表示。

$$R_\mathrm{m} = \frac{l}{\mu S}$$

（3）磁位差：磁场强度 H 和沿磁力场方向一段长度 l 的乘积称为该长度之间的磁位差，用字母 U_m 表示，其单位是安（A）。在均匀磁场中

$$U_\mathrm{m} = Hl$$

2）磁路的基尔霍夫第一定律

对于包围磁路某一部分的封闭面来说，由于磁通是连续的，所以穿过该封闭面的所有磁通的代数和等于零，即

$$\sum \varPhi = 0$$

3）磁路的基尔霍夫第二定律

沿磁路中的任一闭合路径的总磁压等于磁路的总磁动势，即

$$\sum Hl = \sum Ni$$

4）磁路欧姆定律

磁压 U_m、磁通 $\varPhi$ 和磁阻 R_m 之间存在这样的关系：

$$U_\mathrm{m} = R_\mathrm{m}\varPhi$$

上式在形式上与电路的欧姆定律相似，称为磁路的欧姆定律。

3. 自感与互感

1）自感

（1）由于回路中电流产生的磁通量发生变化，而在回路自身中激起感应电动势的电惯性现象，称为自感现象，简称自感。

（2）线圈的自感磁链 $\varPsi$ 与电流 i 的比值称为线圈的自感系数，简称电感，用符号 L 表示，单位是亨利（H）。

$$L = \frac{\varPsi}{i}$$

2）互感

（1）由于一个线圈中电流变化而在邻近其他线圈中产生感应电压的现象称为互感现象，简称互感。

（2）互感磁链 $\varPsi_{21}$ 与产生它的电流 i_1 的比值为线圈 1 对线圈 2 的互感系数，用 M_{21} 表示，单位是亨利（H）。

$$M_{21} = \frac{\varPsi_{21}}{i_1}$$

4. 变压器

1）工作原理

变压器是按电磁感应原理工作的。如果把变压器的原线圈接在交流电源上，在原线圈中就有交流电流流过，交变电流将在铁芯中产生交变磁通，这个变化的磁通经过闭合磁路同时穿过原线圈和副线圈。交变的磁通将在线圈中产生感生电动势，因此在变压器原线圈中产生自感电动势的同时，在副线圈中也产生了互感电动势。这时如果在副线圈上接上负载，那么电能将通过负载转换成其他形式的能量。

2）工作特性

（1）变压器的功率

变压器原边的输入功率为 $P_1 = U_1 I_1 \cos \varphi_1$

变压器副边的输出功率为 $P_2 = U_2 I_2 \cos \varphi_2$

变压器所损耗的功率为 $P' = P_1 - P_2$

（2）变压器的效率 $\eta = \dfrac{P_2}{P_1} \times 100\%$

（3）变压器的外特性：当原边电压 U_1 和负载的功率因数 $\cos \varphi_2$ 一定时，副边的输出电压 U_2 与负载电流 I_2 的关系，即 $U_2 = f(I_2)$ 称为变压器的外特性。

（4）变压器的额定值：额定电压、额定电流、额定容量

习题 6

6-1　什么是磁通量、磁感应强度、磁场强度和磁导率？

6-2　磁通和磁感应强度在意义上有什么区别？它们之间又有什么联系？

6-3　铁磁材料具有哪些基本性质？为什么磁导率不是常数？

6-4　什么是磁路？为什么磁路一般是由铁磁材料构成？

6-5　什么是磁位差、磁动势、磁阻？它们之间的关系与电路中的哪些物理量类似？

6-6　磁路欧姆定律和基尔霍夫定律的内容是什么？为什么磁路欧姆定律一般只做定性分析，不宜在磁路中用来计算？

6-7　什么是电磁感应现象？感应电动势的方向如何判定？

6-8　如何应用楞次定律判定感应电流方向？

6-9　理想变压器的作用是什么？是否任何变压器均可视为理想变压器？

6-10　已知真空磁导率 $\mu_0 = 4\pi \times 10^{-7}$ H/m，现有一真空环形螺线管线圈，匝数为 1 000 匝，内径为 0.2 m，外径为 0.3 m，当流入 5 A 电流时，求（1）线圈的 B、Φ、H；（2）若以铸铁作线圈的芯子，再求 B、Φ、H（铸铁 $\mu = 300\mu_0$）

6-11　已知两线圈的自感为 $L_1 = 4$ mH，$L_2 = 9$ mH，试求：

（1）若 $k=0.5$，互感 M 为多少？

（2）若 $M=4$ mH，耦合系数 k 为多少？

（3）若两线圈为全耦合，互感 M 为多少？

6-12 有一理想变压器，已知原边电压 $U_1=220$ V，其匝数 $N_1=440$，输出电压为 $U_2=12$ V，则副边绕组的匝数 N_2 为多少？

6-13 一台单相变压器，额定电压为 220 V/36 V，已知原边的匝数为 1 100 匝，在忽略空载电流和漏阻抗的情况下，若在副边接一盏 36 V、100 W 的白炽灯，求原边的电流是多少？

6-14 一台晶体管收音机，使用阻抗为 4 Ω 的扬声器，输出变压器的一次绕组为 $N_1=250$ 匝，二次绕组 $N_2=60$ 匝。现改接为 8 Ω 的扬声器，若一次绕组的匝数不变，要使阻抗匹配，问二次绕组的匝数应该怎么改变？

6-15 有一 6 000 V/230 V 的单相变压器，其铁芯截面积 $S=150$ cm^2，磁感应强度最大值 $B_m=1.2$ T。当高压绕组接在 $f=50$ Hz 交流电源上时，求原、副绕组的匝数各为多少？

6-16 已知某机修照明变压器的一次绕组额定电压为 220 V，二次绕组额定电压为 36 V，一次绕组的匝数为 4 400 匝，试求该变压器的变压比和二次绕组的匝数。

6-17 一台降压变压器，一次绕组接到 4 400 V 的交流电源上，二次绕组电压为 220 V，试求变压比。若原绕组匝数 $N_1=3 300$ 匝，试求二次绕组匝数 N_2；若电源电压减小到 3 300 V，为使二次绕组电压保持不变，试问一次绕组匝数调整为多少？

6-18 某电力变压器，容量为 160 kV·A，一次绕组额定电压为 10 kV，二次绕组额定电压为 400 V，问该变压器的变压比是多少？

6-19 某车间有一台单相照明变压器，容量为 10 kV·A，一次、二次侧电压分别为 3 300 V、220 V，当变压器在额定状态下运行，问可以安装多少只 220 V、60 Ω 的白炽灯？一次、二次绕组的额定电流为多少？

6-20 单相变压器的一次绕组电压 $U_1=3 000$ V，二次绕组电压 $U_2=220$ V，若在二次绕组中接入一台额定电压为 220 V、功率为 25 kΩ 的电阻炉，则该变压器的一次、二次绕组的电流各为多少？

6-21 有一台晶体管收音机的输出端要求最佳负载阻抗为 800 Ω，即可输出最大功率。现负载阻抗为 8 Ω 的扬声器，问输出变压器采用多大的变比？

6-22 有一信号电源，输出电压 2.4 V，内阻为 600 Ω，欲使负载获得最大功率，必须在电源和负载之间接一匹配变压器，若此时负载电阻的电流为 4 mA，问负载电阻为多少？

6-23 有一台 220 V/110 V 的变压器，$N_1=2 000$ 匝，$N_2=1 000$ 匝，有人想节省铜线，将匝数减为 400 匝和 200 匝，是否可行？

第 7 章 动态电路的时域分析

教学要求：掌握电路的瞬态过程的概念及换路定律，一阶电路的初始值计算，理解并熟练掌握一阶（RC、RL）电路的时域分析。

不论电阻电路还是动态电路，电路中的各支路电流和各支路电压都分别受 KCL 和 KVL 的约束，只有在动态电路中来自元件性质的约束，除了电阻元件和电源元件的 VAR（伏安关系，Volt Ampere Relation）外，还有电容和电感等动态元件的 VAR。后者需用微分或积分的方式来表述。我们常遇到只含一个动态元件的线性、非时变电路，这种电路是用线性、常系数一阶常微分方程描述的。用一阶微分方程来表述的电路称为一阶电路。

7.1 电路的瞬态过程与换路定律

7.1.1 电路的瞬态过程

一阶电路可看成由两个单口网络组成，其一侧含所有的电源及电阻元件，另一侧只含一个动态元件。以电容为例，电路如图 7 - 1 所示。含源电阻网络部分 N1 用戴维南定理或诺顿定理化简后，电路如图 7 - 1 （b）或（c）所示。

由图（b）或（c），可以求得单口网络的端口电压，即电容电压 u_C。

以图（b）为例，由 KVL 可得

$$u_{R0}(t) + u_C(t) = u_{0C}(t)$$

$$(7 - 1)$$

由元件 VAR 得

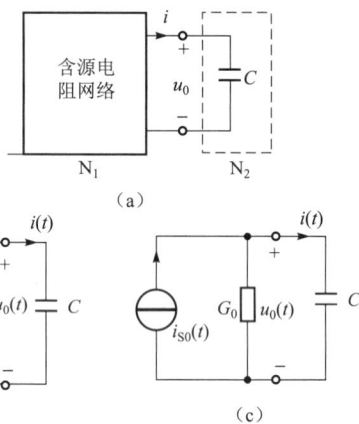

图 7 - 1 电容含源电路

（a）电路图；（b）用戴维南定理简化；
（c）用诺顿定理简化

$$u_{R0}(t) = R_0 i(t), i(t) = C\frac{du_C}{dt} \tag{7-2}$$

将式（7-2）代入式（7-1）可得

$$R_0 C\frac{du_c}{dt} + u_C = u_{0C}(t) \tag{7-3}$$

类似地，对图（c）电路，由 KCL 及元件 VAR 可得

$$C\frac{du_c}{dt} + G_0 u_C = i_{sc}(t) \tag{7-4}$$

当给定初始条件 $u_{C(t_0)}$ 以及 $t \geqslant t_0$ 时的 $u_{0C}(t)$、$i_{sc}(t)$ 便可由式（7-3）或式（7-4）解得 $t \geqslant t_0$ 时的 $u_{C(t)}$。

一旦求得 $u_{C(t)}$，便可根据置换定理以电压源 $u_C(t)$ 去置换电容，使原电路变换成为一个电阻电路，运用电阻电路的分析方法就可解得 $t \geqslant t_0$ 时所有的支路电流和电压。

对含电感 L 的一阶电路，在运用置换定理时可用电流为 $i_L(t)$ 的电流源去置换电感。$i_L(t)$ 为电感电流，可由微分方程

$$L\frac{di_L}{dt} + R_0 i_L = u_{0C}(t) \tag{7-5}$$

或

$$G_0 L\frac{di_L}{dt} + i_L = i_{sc}(t) \tag{7-6}$$

结合初始条件 $i_{L(t_0)}$ 求得。利用图 7-1（b）、（c），设想用电感 L 代替原来的电容 C，并令图中的电流 i 为 i_L 后得出上述微分方程。

因此，处理一阶电路最关键的步骤是求得 $u_C(t)$ 或 $i_L(t)$，我们将着重分析如图 7-1（b）、（c）所示的含电容（电感）的这类简单电路。

7.1.2 换路定律

电路理论中把电路结构或参数的改变称为换路。如图 7-2 所示，开关 S 由打开到闭合，假设开关动作瞬时完成，开关的动作改变了电路的结构，这就称为换路，开关动作的时刻选为计时时间的起点，记为 $t=0$。我们研究的就是开关动作后，即 $t=0$ 以后的电路响应。

在换路瞬间，电容元件的电流有限时，其电压 u_C 不能跃变；电感元件的电压有限时，其电流 i_L 不能跃变，这一结论叫做换路定律。把电路发生换路时刻取为计时起点 $t=0$，而以 $t=0_-$ 表示换路前的一瞬间，它和 $t=0$ 之间的间隔趋近于零；以 $t=0_+$ 表示换路后的一瞬间，它和 $t=0$ 之

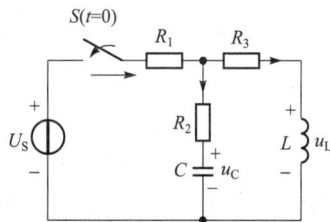

图 7-2 RLC 电路

间的间隔也趋近于零，则换路定律可表示为

$$\left.\begin{array}{c} u_C(0_+) = u_C(0_-) \\ i_L(0_+) = i_L(0_-) \end{array}\right\} \qquad (7-7)$$

电容上的电荷量和电感中的磁链也不能跃变，而电容电流、电感电压、电阻的电流和电压、电压源的电流、电流源的电压在换路瞬间是可以跃变的。它们的跃变不会引起能量的跃变，即不会出现无限大的功率。

例 7.1 求图 7-3 所示电路开关断开后各电压，电流的初始值。已知在开关断开前，电路已处于稳定状态。

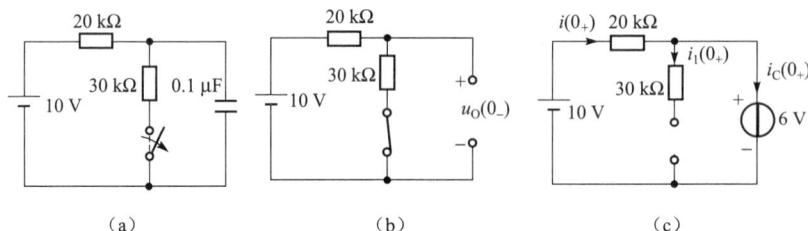

图 7-3 例 7.1 图

（a）电路；（b）$t = 0_-$ 等效电路；（c）$t = 0_+$ 等效电路

解 设开关打开前后瞬间的时刻为 $t = 0_-$ 和 $t = 0_+$，由换路定律

$$u_C(0_+) = u_C(0_-)$$

宜先作出 $t = 0_-$ 时的等效电路以求得 $u_C(0_-)$。根据已知条件，此时电路处于稳态，电容可看作开路，得 $t = 0_-$ 时的等效电路如图 7-3（b）所示。由此可知

$$u_C(0_-) = 10 \times \frac{30}{30+20} = 6 \text{ V}$$

故得 $u_C(0_+) = 6$ V

作 $t = 0_+$ 时的等效电路如图 7-3（c）所示，由此可求得

$$i_1(0_+) = 0$$

$$i(0_+) = i_C(0_+) = \frac{10-6}{20} = 0.2 \text{ mA}$$

$$u_R(0_+) = Ri(0_+) = 4 \text{ V}$$

例 7.2 求图 7-4（a）所示电路在开关闭合后，各电压、电流的初始值。已知在开关闭合前，电路已处于稳态。

解 先求出开关未闭合时电感的电流。根据已知条件，此时电路处于稳态，电感可看做短路，得 $t = 0_-$ 时的等效电路如图 7-4（b）所示。由此可知

$$i_L(0_-) = \frac{10}{1+4} = 2 \text{ A}$$

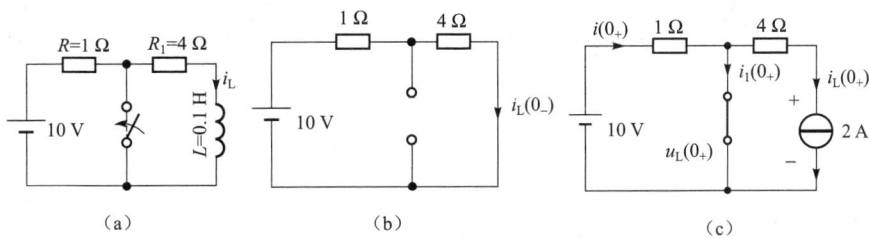

图7-4　例7.2图

(a) 电路；(b) $t=0_-$ 等效电路；(c) $t=0_+$ 等效电路

故得 $i_L(0_+)=2$ A

作 $t=0_+$ 时的等效电路，如图7-4（c）所示，运用直流电阻电路的分析方法，即可求出各电压、电流的初始值为

$$i_L(0_+)=2 \text{ A}, \qquad i(0_+)=\frac{10}{1}=10 \text{ A}$$

$$i_1(0_+)=i(0_+)-i_L(0_+)=8 \text{ A}$$

$$u_R(0_+)=Ri(0_+)=10 \text{ V}$$

$$u_{R1}(0_+)=R_1 i_L(0_+)=8 \text{ V}$$

$$u_L(0_+)=-u_{R1}(0_+)=-8 \text{ V}$$

7.2　一阶电路的零输入响应

电路在没有外加输入时的响应称为零输入响应（zero input response）。因此，零输入响应是仅仅由于非零初始状态所引起的。也就是说，是由初始时刻电容中电场的储能或电感中磁场的储能所引起的。如果在初始时刻储能为零，那么在没有电源作用的情况下，电路的响应也为零。

电路在初始时刻具有储能，这就意味着在初始时刻以前，电路一定有电源作用过。但我们研究的是初始时刻以后电路的响应，如果在初始时刻以后，电路内已无电源作用，那么，电路的响应就是零输入响应。在研究动态电路的响应时，都是指在某一具体的初始时刻以后的响应，这一初始时刻常选为计算时间的起点即 $t=0$。

1. RC 电路的零输入响应

设电路如图7-5所示。在 $t<0$ 时，开关 S_1 一直闭合，因而电容 C 被电压源充电到电压 U_0。

在 $t=0$ 时，开关 S_1 打开而开关 S_2 同时闭合，假定开关动作瞬时完成。这样，通过换路，我们便可得如图7-6所示的电路，其中只含一个电阻和一个已被充电的电容。于是，在电容初始储能的作用下，在 $t \geqslant 0$ 时电路中虽无电源，仍可以有电流，电压存在，构成零输入响应。在对这一换路后的电路进行数学分析之前，先从物理概念上对这一电路作些定性分析。

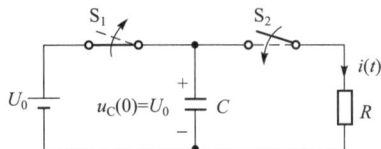

图 7-5　已充电的电容与电阻相连接

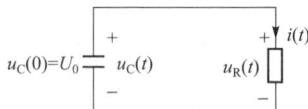

图 7-6　RC 电路的零输入响应

在 $t=0$ 的瞬间，电容与电压源脱离而改为与电阻相连接，在这一瞬间电容电压仍能维持原来的大小 U_0 吗？根据电容电流为有界时电容电压不能跃变的道理，可以判定在图 7-6 所示电路中电容电压是不能跃变的。这是因为：如果在换路瞬间电容电压立即由原来的 U_0 值改为其他数值，发生跃变，那么，流过电容的电流将为无限大，电阻电压也将为无限大，而在该电路中并无其他能提供无限大电压的电源，使得电路中的各个电压能满足 KVL。因而，电流只能为有界的，电容电压不能跃变。如用 $t=0_+$，表示刚换路后的瞬间，用 $t=0_-$ 表示刚要换路前的瞬间则 $u_C(0_+)=u_C(0_-)=u_C(0)=U_0$。在图 7-6 电路中，电容的电压也就是电阻的电压，因此，在 $t=0$ 时，电阻电压也应为 U_0，这就意味着在换路瞬间电流将由零一跃而为 U_0/R，电路中的电流发生了跃变，换路后，电容通过 R 放电，电压将逐渐减小，最后降为零，电流也相应的从 U_0/R 值逐渐下降，最后也为零。在这过程中，在初始时刻电压为 U_0 的电容所存储的能量逐渐被电阻所消耗，转化为热能。

下面进行数学分析。我们研究的是 $t \geqslant 0$ 时电路的情况，因此应按图 7-6 所示电路来列方程，得 $U_C-U_R=0$，而 $U_R=R_i$，$i=-C\dfrac{\mathrm{d}u_C}{\mathrm{d}t}$，（负号电容电压，和电流参考方向不一致）

故
$$RC\frac{\mathrm{d}u_C}{\mathrm{d}t}+u_C=0 \qquad (t \geqslant 0) \tag{7-8}$$

根据电容电压的参考方向结合初始电压 U_0 的实际方向，初始电压可记为
$$u_C(0)=U_0 \tag{7-9}$$

我们任务是要找到满足一阶齐次微分方程式（7-8）和初始条件式（7-9）的 $u_C(t)$。

解一阶齐次微分方程，得
$$u_C(t)=U_0 \mathrm{e}^{-\frac{1}{RC}t} \qquad (t \geqslant 0) \tag{7-10}$$

式中，$S=-\dfrac{1}{RC}$ 为特征方程
$$RCS+1=0 \tag{7-11}$$

的根。

式（7-10）是一个随时间衰减的指数函数。注意在 $t=0$ 时，即开关动作进行换路时，u_C 是连续的，没有跃变。u_C 求得后，电流为

$$i(t) = -C\frac{\mathrm{d}u_C}{\mathrm{d}t} = \frac{U_0}{R}\mathrm{e}^{-\frac{1}{RC}t} \qquad (t \geqslant 0) \qquad\qquad (7-12)$$

它也是一个随时间衰减的指数函数。波形如图 7-7 所示。注意，在 $t=0$ 换路时，$i(0_-)=0, i(0_+)=U_0/R$，即电流由零一跃而为 U_0/R，发生了跃变。

由此可见，RC 电路的零输入响应是随时间衰减的指数曲线。R 和 C 的乘积具有时间的量纲，我们以 τ 来表示，并称之为时间常数（time constant）。当 C 用法拉、R 用欧姆为单位时，RC 的单位为秒，这是因为：欧·法＝欧·库/伏＝欧·安·秒/伏＝欧·秒/欧＝秒。

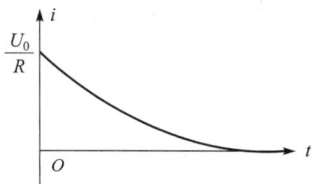

图 7-7　RC 电路电容放电时电流随时间变化的曲线

电压、电流衰减的快慢取决于时间常数 τ 的大小。以电压为例，当 $t=\tau$ 时，$u_C(\tau)=U_0\mathrm{e}^{-1}=0.368U_0$，电压下降到约为初始值 U_0 的 37%；当 $t=4\tau$ 时，$u_C(4\tau)=U_0\mathrm{e}^{-4}=0.0183U_0$，电压已下降到约为初始值 U_0 的 18%，一般可认为已衰减到零（从理论上说，$t=\infty$ 时才能衰减到零）。因此，时间常数 τ 越小，电压、电流衰减越快；反之则越慢。RC 电路的零输入响应是由电容的初始电压 U_0 和时间常数 $\tau=RC$ 所确定。

2. RL 电路的零输入响应

另一种典型的一阶电路是 RL 电路。我们来研究它的零输入响应，设在 $t<0$ 时电路如图 7-8 所示，开关 S_1 与 a 端相接，S_2 打开，电感 L 由电流源 I_0 供电。

设在 $t=0$ 时，S_1 迅速投向 c 端，S_2 同时闭合。这样，电感 L 便与电阻相连接，且由于电感电流不能跃变，电感虽已与电流源脱离，但仍具有初始电流 I_0，该电流将在 RL 回路中逐渐下降，最后为零。在这一过程中，初始时刻电感存储的磁场能量逐渐被电阻消耗，转化为热能。

为求得这一零输入响应，我们把 $t \geqslant 0$ 时的电路重绘如图 7-9 所示，并列出

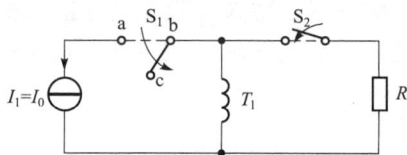

图 7-8　具有初始电流 I_0 电感和
　　　　　电阻相连接

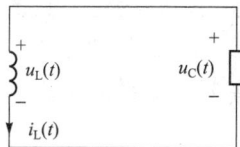

图 7-9　RL 电路的零输入响应

$$L\frac{\mathrm{d}i_C}{\mathrm{d}t} + Ri_L = 0 \qquad (t \geqslant 0) \qquad\qquad (7-13)$$

及

$$i_L(0) = I_0 \qquad\qquad (7-14)$$

解微分方程，得

$$i_L(t) = I_0 e^{-t/\tau} \qquad (t \geqslant 0) \qquad\qquad (7-15)$$

其中，$\tau = L/R$ 为该电路的时间常数。电感电压 u_L 则为

$$u_L = L\frac{di_L}{dt} = -RI_0 e^{t/\tau} \qquad t \geqslant 0 \qquad\qquad (7-16)$$

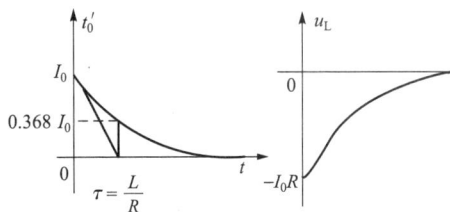

图 7-10　RL 电路 i_L 及 u_L
随时间变化的曲线

电流 i_L 及电压 u_L 的波形如图 7-10 所示。它们都是随时间衰减的指数曲线。

由式（7-15）及式（7-16）可知，时间常数 τ 越小，电流、电压衰减越快；反之则越慢。这一结论和以上对 RC 电路分析所得结论相同。只是具体对 RL 电路来说 $\tau = L/R$，这就是说 L 越小，R 越大则电流、电压衰减越快。我们可以从物理概念上来理解这一结论。对同样的初始电流，L 越小就意味着储能越小，因而供应电阻消耗的时间就越短。对同样的初始电流，R 越大，电阻的功率也越大，因而储能也就较快地被电阻消耗掉。

从以上分析可知：零输入响应是在输入为零时，由非零初始状态产生的，它取决于电路的初始状态和电路的特性。因此在求解这一响应时，首先必须掌握电容电压或电感电流的初始值，至于电路的特性，对一阶电路来说，则是通过时间常数 τ 来体现的。不论 RC 电路还是 RL 电路，零输入响应都是随时间按指数规律衰减的，这是因为在没有外施电源的条件下，原有的储能总是要逐渐衰减到零的。在 RC 电路中，电容电压 u_C 总是由初始值 $u_C(0)$ 单调地衰减到零的，其时间常数 $\tau = RC$；在 RL 电路中 i_L 总是由初始值 $i_L(0)$ 单调地衰减到零的，其时间常数 $\tau = \dfrac{L}{R}$。掌握了 $u_C(t)$、$i_L(t)$ 后，便可求得其他各个电压、电流。

初始状态可以认为是电路的激励，不难看出：若初始状态增大 α 倍，则零输入响应也相应地增大 α 倍。这种初始状态和零输入响应的正比关系称为零输入比例性，是线性电路激励与响应呈线性关系的反映。

7.3　一阶电路的零状态响应

零状态响应（zero state response）即零初始状态响应，这是在零初始状态下，由在初始时刻施加于电路的输入所产生的响应。显然，这一响应与输入有关。今以直流一阶电路为例来说明。

1. **RC 电路的零状态响应**

设直流一阶 RC 电路如图 7-11 所示。

在开关打开之前，电流源的电流全部流经短路线。在 $t=0$ 时开关打开，电流源即与 RC 电路接通。显然，$t \geq 0$ 时，三个元件的电压是一样的，表示为 u_C。以 u_C 表示的方程为

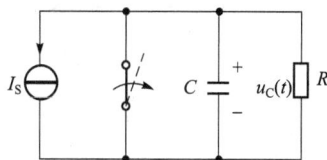

图 7-11 RC 电路的零状态响应

$$C \frac{\mathrm{d}u_C}{\mathrm{d}t} + \frac{1}{R}u_C = I_S \qquad (t \geq 0) \qquad (7-17)$$

其中 I_S 为常量。因为初始状态为零，由此得微分方程的初始条件

$$u_C(0) = 0$$

求解方程式（7-17）便可得到 u_C (t)。在求解之前，先从物理概念上定性阐明开关打开后 u_C 变化的趋势。由于流过电容的电流只能为有界的，因此电容电压不能跃变，在 $t=0_-$ 时电容电压既然为零，那么在 $t=0_+$ 时电容电压仍然为零，这就决定了在 $t=0_+$ 时电阻电流必然为零，因为电阻的电压与电容的电压是相等的。因此，$t=0_+$ 时电流源的全部电流将流向电容，使电容充电。这时电容电压的变化率，从式（7-17）可知应为

$$\frac{\mathrm{d}u_C}{\mathrm{d}t}\Big|_{0_+} = \frac{I_s}{C}$$

以后，随着电容电压的逐渐增长，流过电阻的电流 u_C/R 也在逐渐增长，但流过电容的电流却逐渐减少，因为总电流是一定的。到后来几乎所有的电流都流过电阻，电容如同开路，充电停止，电容电压几乎不再变化，$\frac{\mathrm{d}u_C}{\mathrm{d}t} \approx 0$，这时电容电压

$$u_C \approx RI_S$$

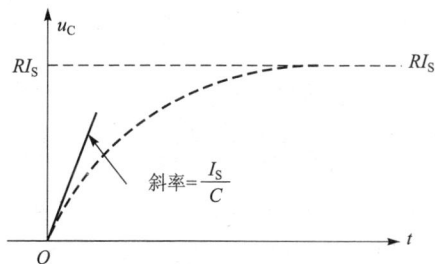

图 7-12 电容电压从起始到稳定变化情况

当直流电路中各个元件的电压和电流都不随时间变化时，我们说电路进入了直流稳态（dc steady state）。图 7-12 表明电容电压在初始时刻以及最后到达直流稳态的情况，至于整个过程按怎样的规律变化，则要通过数学分析才能解决。

式（7-17）是一阶非齐次微分方程，它的通解为

$$u_C = u_{ch} + u_{cp} \qquad (7-18)$$

其中 u_{ch} 为对应齐次微分方程的通解，u_{cp} 为非齐次微分方程的任一特解。

对应的齐次方程的通解为

$$u_{ch} = K\mathrm{e}^{-\frac{1}{RC}t} \qquad (t \geq 0) \qquad (7-19)$$

特解可认为具有和输入函数相同的形式，令此常量为 Q，则

$$u_{cp} = Q$$

代入式（7-17），得

$$u_{cp} = Q = RI_S \qquad (t \geq 0) \tag{7-20}$$

式（7-17）的通解为

$$u_C(t) = u_{ch} + u_{cp} = Ke^{-\frac{1}{RC}t} + RI_S \qquad (t \geq 0) \tag{7-21}$$

为了满足初始条件 $u_C(0) = 0$，可令式（7-21）中 $t = 0$，且以式（7-18）代入，得

$$u_C(0) = K + RI_S = 0$$

因此

$$K = -RI_s$$

所以，在零初始状态时电容电压的求解，即零状态解为

$$u_C(t) = u_{ch} + u_{cp} = Ke^{-\frac{1}{RC}t} + RI_S \qquad t \geq 0 \tag{7-22}$$

由此可知电容电压随时间变化的全貌：它从零值开始按指数规律上升趋向于稳态值 RI_S，其时间常数 τ 仍为 RC；在 $t = 4\tau$ 时，电容电压与其稳态值相差仅为稳态值 RI_S 的 1.8%，一般可以认为已充电完毕电压已达到 RI_S 值，如图 7-13 所示。因此，τ 越小，电容电压达到稳态值就越快。

2. RL 电路的零状态响应

对图 7-14 所示 RL 电路，其电流的零状态解也可作类似的分析，设开关在 $t = 0$ 时闭合，由电路 KCL 可知，由于电感电流不能跃变，所以在 $t = 0_+$ 时电流仍然为零，电阻的电压也为零，此时全部外施电压 U_S 出现于电感两端，因此电流的变化率必须满足。

$$L\frac{di_L}{dt} + Ri_L = U_S \qquad\qquad L\frac{di_L}{dt}\bigg|_{0+} = U_S$$

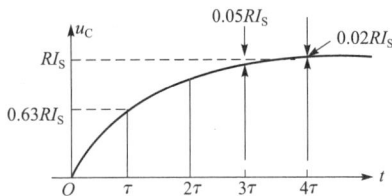

图 7-13　RC 电路的零状态响应曲线

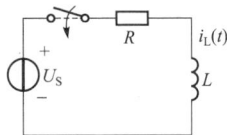

图 7-14　RL 电路的零状态响应

这说明电流是要上升的。随着电流的逐渐上升，电阻电压也逐渐增大，因而电感电压应逐渐减小，因为总电压是一定的。电感电压减小，意味着电流变化率 $\frac{di_L}{dt}$ 的减小，因此电流的上升将越来越缓慢，到后来 $\frac{di_L}{dt} \approx 0$，电感电压几乎为零，电感如同短路。这时，全部电源

电压将施加于电阻两端，电流应为

$$i_L \approx \frac{U_S}{R}$$

电流几乎不再变化，电路到达了直流稳态。

类似以上 RC 电路零状态响应的求解步骤可求得

$$i_L(t) = \frac{U_S}{R}(1 - e^{-\frac{R}{L}t}) \quad (t \geq 0) \tag{7-23}$$

这一响应是由零值开始按指数规律上升趋向于稳态值 U_S/R 的。

以上讲述了在直流电流或电压作用下电路的零状态响应。这时电路内的物理过程，实质上是电路中动态元件的储能从无到有逐渐增长的过程。因此，电容电压或电感电流都是从它的零值开始按指数规律上升到它的稳态值的。时间常数 τ 仍与零输入响应时相同。当电路到达稳态时，电容相当于开路，而电感相当于短路，由此可确定电容或电感的稳态值。掌握了 $u_C(t)$ 或 $i_L(t)$ 后，根据置换定理就可求出其他各个电压和电流。

不论从式（7-22）或式（7-23）都可见到：若外施激励增大 a 倍，则零状态响应也增大 a 倍，这种外施激励和零状态响应之间的正比关系称为零状态比例性，是线性电路激励与响应呈线性关系的反映。如果有多个独立电源和用于电路，则可以运用叠加定理求出零状态响应。

最后，还需说明几个概念。微分方程通解中的齐次方程解又称为固有响应（natural response）分量，它的模式与输入无关。也就是说，不论是什么样的输入，这一分量一般具有 Ke^{st} 的形式，只是系数 K 的具体数值一般与输入有关。这一分量的变化方式（如指定指数规律变化，变化的快慢等）完全由电路本身所确定，具体说，是由特征根 s 所确定的，输入仅仅影响这一分量的大小。在有损耗的电路中，这一分量是随着时间的增长而衰减到零的，在这种情况下，这一分量又可称为暂态响应（transient response）分量。

微分方程通解中的特解又称为强制响应（forced response）分量，其形式一般与输入形式相同。如强制响应为常量或周期函数，则这一分量又可称为稳态响应（steady state response）。

在以上所讲述的有损耗的直流动态电路中，固有响应即暂态响应，因而随着时间的增长，零状态响应即趋近于稳态响应。从理论上说，当 t 趋于无限大时进入直流稳态，但实际上，当 $t = 4\tau$ 时，电路一般认为即进入直流稳态，零状态响应即等于稳态响应。在进入直流稳态之前，电路处于过渡状态。

7.4　一阶电路的全响应

多个独立电源作用于线性动态电路，零状态响应为各个独立电源单独作用时所产生的零状态响应的代数和。对于已掌握线性电阻电路叠加定理的读者来说，这是很容易理解的，然而，

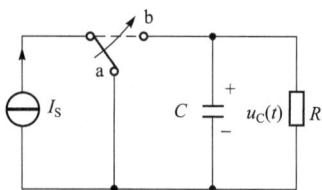

图 7-15 RC 电路的全响应

动态电路毕竟与电阻电路有所不同，动态电路的响应还与初始状态有关。

先请看一例，图 7-15 所示为一 RC 电路，设在 $t=0$ 时开关由 a 投向 b，电路与电流源 I_S 接通，并设 $u_{C(0)} = U_0 \neq 0$。因此，在 $t \geq 0$ 时，该 RC 电路既有输入作用，初始状态又不为零，为求得响应 $u_C(t)$，可列出方程

$$C \frac{du_C}{dt} + \frac{1}{R} u_C = I_S \quad (t \geq 0) \qquad (7-24)$$

由初始状态得初始条件为

$$u_C(0) = U_0 \qquad (7-25)$$

式（7-24）系一非齐次微分方程，且与式（7-17）完全相同，因此，它们的求解过程也完全相同。由微分方程的通解即可确定电路的响应。通解可表示为

$$u_C(t) = K e^{-\frac{1}{RC} t} + R I_s \quad (t \geq 0) \qquad (7-26)$$

为了满足初始条件式（7-25），要求

$$u_C(0) = K + R I_S = U_0$$

因此

$$K = U_0 - R I_S$$

故得所求响应为

$$u_C(t) = R I_S + (U_0 - R I_S) e^{-t/\tau} \quad (t \geq 0) \qquad (7-27)$$

其中 $\tau = RC$。

如果在图 7-15 所示电路中，$I_S = 0$，则可求得

$$u_{C1}(t) = U_0 e^{-t/\tau} \qquad (7-28)$$

此即为该电路电容电压的零输入响应。如果在图 7-15 所示电路中，$U_0 = 0$，则可求得

$$u_{C2}(t) = R I_S (1 - e^{-t/\tau}) \qquad (7-29)$$

此即为该电路电容电压的零状态响应。

显然

$$u_{C1}(t) + u_{C2}(t) = U_0 e^{-t/\tau} + R I_S (1 - e^{-t/\tau}) = R I_S + (U_0 - R I_S) e^{-t/\tau} = u_C(t)$$

$$(7-30)$$

这就是说

$$u_C(t) = U_0 e^{-t/\tau} + R I_S (1 - e^{-t/\tau}) \quad (t \geq 0) \qquad (7-31)$$

我们把初始状态和输入共同作用下的响应称为完全响应（complete response），由上例可见，完全响应为零输入响应和零状态响应之和。对线性动态电路来说，这是一个普遍的规律。零输入响应是由非零初始状态产生的，相应地，电容的非零初始电压和电感的非零初始

电流也可看成是一种"输入"。因此，线性动态电路的完全响应是由来自电源的输入和来自初始状态输入分别作用时所产生的响应的代数和。也就是说，完全响应是零输入响应和零状态响应之和。这一结论来源于线性电路的叠加性而又为动态电路所独有，称为线性动态电路的叠加定理。

图 7-16 表明图 7-15 所示 RC 电路中响应 $u_C(t)$ 的曲线及其分解为零输入响应（曲线 1）和零状态响应（曲线 2）的情况。

我们应注意到电路的完全响应也可以从另一种观点进行分析——分解为暂态响应和稳态响应。基于这两种不同观点的分解方式，所得的分量并非一一对应，不要混淆。仍以图 7-15 所示 RC 电路的完全响应 $u_C(t)$ 为例，式（7-27）本来就是由对应齐次方程解（固有响应）和特解（强制响应）组成的，即

图 7-16 完全响应 u_C 的两种
分解方式

$$u_C(t) = \underline{(U_0 - RI_S)\,\mathrm{E}^{-t/\tau}} + \underline{RI_S}$$

固有响应　　　（强制响应）

（暂态响应）　（稳态响应）　　　　　　　　　（7-32）

其中第一项是按指数规律衰减的，即暂态响应，如图 7-16 中曲线 3 所示，第二项则是常量，即稳态响应，如图 7-16 中水平直线 4 所示。这两条曲线相加也得曲线 $u_c(t)$。由此可见：在有损耗的动态电路中，在恒定输入作用下，一般可分为两种工作状态——过渡状态和直流稳态。暂态响应尚未消失的期间就属于过渡时期，这时电路中的响应由曲线 3 和曲线 4 相加来表示。这是一个电路从初始状态到输入响应的阶段。恒定的激励要求产生与之相适应的恒定响应，但是，由于动态元件的储能性质，这种局面一般不能在输入作用到电路的瞬间就可以立即实现。暂态响应起着调整作用。由式（7-32）可见这一响应既与输入也与初始状态有关，具体说，它与初始状态和稳态量的初始值之差有关。只有在这差值不为零时，才存在暂态响应，它起着调整这一差距的作用，这一调整过程自然是与电路本身固有的特性有关的，因而取决于电路的时间常数 τ。实际上，暂态响应一般可以认为在 $t = 4\tau$ 时消失，此后电路的响应全由稳态响应所决定，电路进入了直流稳态。这就是说，直流线性动态电路在换路后，通常要经过一段过渡时期才能进入稳态。把完全响应分解为暂态响应和稳态响应，正是为了反映这两种工作状态，把完全响应分解为零输入响应和零状态响应则是着眼于电路中的因果关系。不是所有的线性电路都能分出暂态和稳态这两种工作状态的，例如，如果固有响应不是随时间衰减的，则不能区分出这两种状态。但是，只要是线性电路，完全响应总是可以分解为零输入响应和零状态响应的。

例 7.3 在 $t = 0$ 时，恒定电压 $U_S = 12$ V 施加于 RC 电路，如图 7-17 所示。

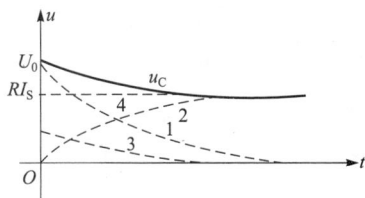

已知 $u_C(0) = 4 \text{ V}$、$R = 1 \ \Omega$、$C = 5 \text{ F}$，求 $t \geqslant 0$ 时的 $u_C(t)$ 及 $i_C(t)$。

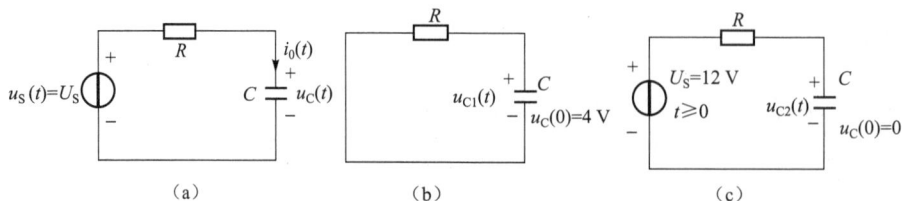

图 7-17 例 7.3 图

(a) 求零输入响应；(b) 求零状态响应；(c) 电路

解： 先求 $u_C(t)$。完全响应 $u_C(t)$ 可认为是由零输入响应 $u_{C1}(t)$ 和零状态响应 $u_{C2}(t)$ 组成。

零输入响应：在零值输入时电路如图 7-17 (a) 所示，电容的初始储能逐渐衰减为零。因此，u_C 由初始值 4 V 开始按指数规律逐步衰减趋向于零。零输入响应为

$$u_{C1}(t) = 4e^{-t/\tau}$$

其中 $\tau = RC = 5 \text{ s}$。

零状态响应：12 V 电源接入后电路如图 7-17 (b) 所示，电容的储能从无到有逐渐增长，因此 u_C 由零值开始按指数规律逐步上升趋向于稳态值。直流稳态时，电容相当于开路，电容电压稳态值为 12 V。故得零状态响应为

$$u_{C2}(t) = 12(1 - e^{-t/\tau})$$

其中 $\tau = RC = 5 \text{ s}$。

因此，完全响应

$$u_C(t) = u_{C1}(t) + u_{C2}(t) = 4e^{-0.2t} + 12(1 - e^{-0.2t}) = 12 - 8e^{-0.2t} \text{ V} \qquad t \geqslant 0$$

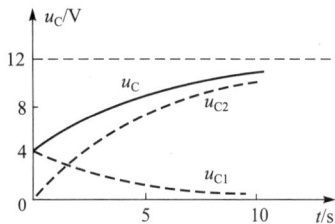

图 7-18 电路的零输入响应、零状态响应和完全响应

波形如图 7-18 所示。

完全响应 $u_C(t)$ 也可认为是由稳态响应 $u_{C3}(t)$ 和暂态响应 $u_{C4}(t)$ 组成。直流稳态响应

$$u_{C3}(t) = u_C(\infty) = 12 \text{ V}$$

至于暂态响应则为齐次方程的解答，其形式为

$$u_{C4}(t) = Ke^{-0.2t}$$

而 $\qquad K = u_C(0) - u_{C3}(0) = 4 - 12 = -8$

因此，完全响应

$$u_C(t) = u_{C3}(t) + u_{C4}(t) = 12 - 8e^{-0.2t} \text{ V} \qquad (t \geqslant 0)$$

在求得 $u_C(t)$ 后，电压电流可求得为

$$i_C(t) = C\frac{du_C}{dt} = 5 \times 1.6e^{-0.2t} = 8e^{-0.2t} \text{ A} \qquad (t \geqslant 0)$$

或

$$i_C(t) = \frac{U_S - u_C(t)}{R} = \frac{8e^{-0.2t}}{1} = 8e^{-0.2t} \text{ A} \quad t \geq 0$$

我们注意到：零输入响应与暂态响应变化模式是相同的，都是按同一指数规律衰减的，但具有不同的常数。暂态响应是齐次方程的通解，其常数 K 是在得出完全响应后再行确定的，因而它既与初始状态有关，也与输入有关。根据定义，零输入响应与输入无关，它的常数只与初始条件有关。

例 7.4 电路如图 7-19 所示，已知电压源 $u_s = 2e^{-t}$ V、电流源 $i_S = 1$ A，两电源均在 $t=0$ 时开始作用于电路，又电容电压初始值 $u(0) = 1$ V，试求 $u(t)$ $t \geq 0$。若 u_S 改为 e^{-t} V，求 $u(t)$，$t \geq 0$。

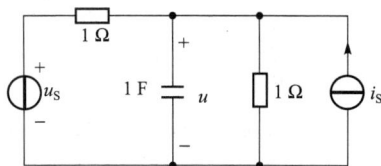

解： 运用动态电路的叠加定理求解。

图 7-19 例 7.4 图

零输入响应：

对电容而言，戴维南等效电阻为 $\frac{1}{2}$ Ω，故电路的时间常数 τ 为 $\frac{1}{2} \times 1 = \frac{1}{2}$ s。故知 $u(t)$ 的零输入响应

$$u_1(t) = u(0)e^{-t/\tau} = e^{-2t} \quad (t \geq 0)$$

零状态响应：

先求电流源单独作用的响应 $u_2'(t)$。稳态值为 $\frac{1}{2}$ V，故知

$$u_2'^{\text{v}}(t) = \frac{1}{2}(1 - e^{-2t}) \quad (t \geq 0)$$

再求电压源单独作用的响应 $u_2''(t)$，此时需要求解微分方程。电流源置零，求得对电容而言的戴维南等效电路后，可得

$$R_0 C \frac{du_2''}{dt} + u_2'' = e^{-t}$$

R_0 为戴维南等效电阻，其值为 $\frac{1}{2}$ Ω，故得

$$\frac{1}{2}\frac{du_2''}{dt} + u_2'' = e^{-t}$$

齐次方程通解可求得为

$$u_{2h}''(t) = Ke^{-2t}$$

求特解时，设特解为 Qe^{-t}，代入原方程，运用待定系数可得

$$u_{2p}''(t) = 2e^{-t}$$

故得

$$u''_2(t) = Ke^{-2t} + 2e^{-t}$$

根据初始条件 $u(0) = 0$，可得 $K = -2$。因此

$$u''_2(t) = -2e^{-2t} + 2e^{-t}$$

零状态响应为

$$u_2(t) = u'_2(t) + u''_2(t)$$

$$= \frac{1}{2}(1 - e^{-2t}) - 2e^{-2t} + 2e^{-t}$$

$$= \frac{1}{2} - \frac{5}{2}e^{-2t} + 2e^{-t} \text{ V} \quad (t \geq 0)$$

完全响应为

$$u(t) = u_1(t) + u_2(t) = e^{-2t} + \frac{1}{2} - \frac{5}{2}e^{-2t} + 2e^{-t} = \frac{1}{2} - \frac{3}{2}e^{-2t} + 2e^{-t} \text{ V} \quad (t \geq 0)$$

若 u_S 改为 e^{-t} V，则由零状态比例性可知

$$u''_2(t) = -e^{-2t} + e^{-t}$$

因而

$$u(t) = u_1(t) + u_2(t) = u_1(t) + u'_2(t) + u''_2(t)$$

$$= e^{-2t} + \frac{1}{2}(1 - e^{-2t}) - e^{-2t} + e^{-t}$$

$$= \frac{1}{2} - \frac{1}{2}e^{-2t} + e^{-t} \text{ V} \quad (t \geq 0)$$

7.5 一阶电路的三要素分析法

本节将介绍适用于直流输入情况下的三要素法，分析一阶电路的全响应。

当输入为直流时，图 7-1（b）及（c）中的 $u_{OC}(t)$ 及 $i_{SC}(t)$ 均为常数。如以图（b）为例，且令 $u_{OC}(t) = U$，则由式（7-3）式可得该电路以 u_C 为未知量的微分方程为

$$\frac{du_C}{dt} = -\frac{u_C}{\tau} + \frac{U}{\tau} \tag{7-33}$$

其中 $\tau = R_0 C$，为电路的时间常数。其解为

$$u_C(t) = Ke^{-t/\tau} + U \tag{7-34}$$

如设 $u_C(0)$ 及 $u_C(\infty)$ 分别为电压 u_C 的初始值及稳态值，由式（7-34）得出下列关系式，即

$$u_C(0) = K + U, \qquad u_C(\infty) = U \tag{7-35}$$

由此可知

$$K = u_C(0) - u_C(\infty) \tag{7-36}$$

于是，式（7－34）可写为

$$u_C(t) = [u_C(0) - u_C(\infty)]e^{-t/\tau} + u_C(\infty) \tag{7-37}$$

为便于记忆，式（7－37）也可写作

$$u_C(t) - u_C(\infty) = [u_C(0) - u_C(\infty)]e^{-t/\tau} \tag{7-38}$$

上式表明：$u_C(t)$ 是由 $u_C(0)$、$u_C(\infty)$ 和 τ 等三个参量所确定的。这就是说，只要求得这三个参量就可由式（7－37）或式（7－38）把求解结果直接写出，不必求解微分方程。对于 RL 电路中的电感电流，也不难得出类似于式（7－37）或式（7－38）的解析式。实际上，在前面几节中就已经根据类似的思路，直接写出在直流作用下以及在零状态下的电容电压和电感电流的表示式。

因此，在直流激励的一阶电路中所有电压、电流均可在求得它们的初始值、稳态值和时间常数后，直接写出电压、电流的解析式。这一求解方法称为三要素法。

三要素法求解的步骤如下：

（1）设电容电压初始值为 $u_C(0)$、电感电流初始值为 $i_L(0)$，用电压为 $u_C(0)$ 的直流电压源置换电容，用电流为 $i_L(0)$ 的直流电流源置换电感，所得等效电路为直流电阻电路，称为 $t=0$ 时的等效电路，由此电路可求得任一电压、电流的初始值，即 $u(0)$ 或 $i(0)$。

（2）用开路代替电容，用短路代替电感，所得的直流电阻电路，称为 $t=\infty$ 时的等效电路，由此电路可求得任一电压或电流的稳态值，即 $u(\infty)$ 或 $i(\infty)$。

（3）求电路的戴维南或诺顿等效电路，以计算电路的时间常数 $\tau = R_0 C$ 或 $\tau = L/R_0$，R_0 为戴维南或诺顿等效电路的等效电阻。

根据求得的三要素，依照

$$f(t) - f(\infty) = [f(0) - f(\infty)]e^{-t/\tau} \tag{7-39}$$

的形式，直接写出电压 $u(t)$ 或电流 $i(t)$ 的解析式。

式（7－39）中的 f 泛指电压或电流。也可根据求得的三要素先绘出求解电压或电流的按指数规律变化的波形图，由波形图写出对应的解析式。

例 7.5　图 7－20（a）所示电路，在 $t=0$ 时开关 S 闭合，S 闭合前电路已达稳态。求 $t \geq 0$ 时 $u_C(t)$、$i_C(t)$ 和 $i(t)$。

解　（1）求初始值 $u_C(0_+)$、$i_C(0_+)$、$i(0_+)$。作 $t=0_-$ 等效电路如图7－20（b）所示。则有

$$u_C(0_+) = u_C(0_-) = 20 \text{ V}$$

作 $t=0_+$ 等效电路如图7－20（c）所示。由 KVL 列出网孔电压方程

$$8i(0_+) - 4i_C(0_+) = 20$$
$$-4i(0_+) + 6i_C(0_+) = -20$$

联立求解可得

$$i_C(0_+) = -2.5 \text{ mA}$$

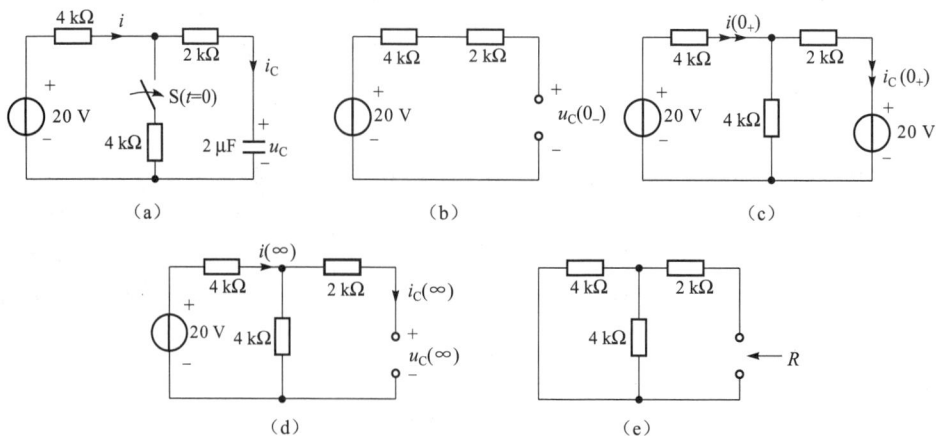

图 7-20 例 7.5 图

$$i(0_+) = 1.25 \text{ mA}$$

（2）求稳态值 $u_C(\infty)$、$i_C(\infty)$、$i(\infty)$。作 $t=\infty$ 时稳态等效电路如图 7-20（d）所示，则有

$$u_C(\infty) = \frac{4}{4+4} \times 20 = 10 \text{ V}$$

$$i_C(\infty) = 0$$

$$i(\infty) = \frac{20}{4+4} = 0.5 \text{ mA}$$

（3）求时间常数 τ。将电容元件断开，电压源短路，如图 7-20（e）所示，求得等效电阻

$$R = 2 + \frac{4 \times 4}{4+4} = 4 \text{ k}\Omega$$

$$\tau = RC = 4 \times 10^3 \times 2 \times 10^{-6} = 8 \times 10^{-3} \text{ s}$$

（4）根据式（7-39）得出电路的响应电压、电流分别为

$$u_C(t) = 10 + (20-10)e^{-125t} = 10(1 + e^{-125t}) \text{ V} \quad (t \geqslant 0)$$

$$i_C(t) = -2.5 e^{-125t} \text{ mA} \quad (t \geqslant 0)$$

$$i(t) = 2.5 + (1.25 - 2.5)e^{-125t} = 2.5 - 1.25 e^{-125t} \text{ mA} \quad (t \geqslant 0)$$

阅读与应用 12　瞬态过程的应用

电路的瞬态过程虽然短暂（5τ），但在工程上的应用却相当普遍。下面举例说明瞬态过程的应用。

一、阻容保护电路

RC 串联电路能吸收能量，工程上常常利用这个特性做成阻容保护电路。

在电力电子技术中，常用晶闸管元件的可控单向导电性把数值较大的正弦交流电整流后变为可控的直流电。在可控整流电路中，晶闸管时而短路导通，时而断路切断电流。晶闸管断开的瞬间，由于电流的急剧变化会使电感元件感应高压，使晶闸管因过电压而损坏，所以要对晶闸管进行保护。保护的方法之一，是把 *RC* 串联电路并到晶闸管与二极管旁，利用阻容电路吸收能量的特性吸收电感元件突然释放的能量，电路如图 7-21 所示。当晶闸管突然断开瞬间时，因电容 *C* 相当于短路，电感元件感应的高压就不会加到晶闸管与二极管上，转而加到电路的电阻上，从而保护了晶闸管与二极管不被击穿。

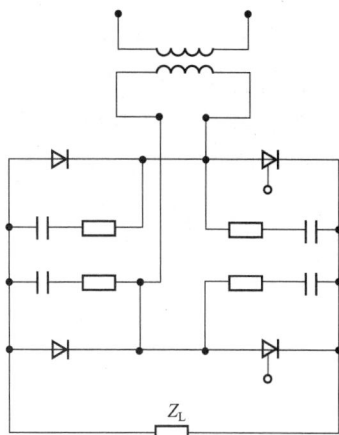

图 7-21 瞬态过程的应用——阻容保护电路

二、避雷器的测试电路

避雷器是一种真空或空气放电管，在正常状态下，呈现高阻断路特征，当它两端的电压达到一定数值时，管内开始放电，使其两端导通，这时避雷器呈现低阻短路状态，保护设备免遭雷击。

避雷器要定期进行测试，其中一项是测试避雷管实际开始放电电压。例如氧化锌避雷器，当外加电压使其流过电流达到 1 mA 时，就认为避雷器已开始放电，这个电压称为临界动作电压 U_C，测试电路如图 7-22 所示。该电路核心是 *RC* 充放电电路，电源接通，电容 *C* 开始充电，电压慢慢升高。过临

图 7-22 瞬态过程的应用——避雷器的测试电路

界点后，避雷器呈现低阻短路状态，电容的电压通过避雷器迅速放掉。T_1 是调压器，测试时调节 T_1 可获得所需的实验电压，T_1 输出电压经 T_2 升压后，经二极管 VD 整流后，变为直流电压，对电容 *C* 充电。

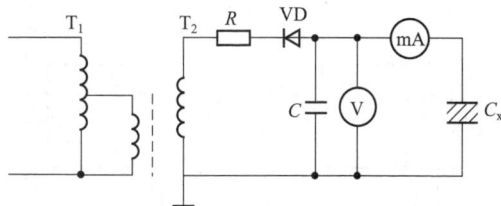

三、加速电路

一个未充过电的电容器在换路瞬间相当于短路，利用电容器这一特性可以设计成加速电路。如图 7-23（a）所示，电源未接通时，电容器上电压为零，电源接通瞬间，电容器相

当于短路，电源电压全部加在继电器 J 线圈上，使继电器工作电流加大，促使吸合时间缩短。当继电器吸合后，进入正常工作状态，电容器充满了电荷相当于断开，此时流过线圈 J 的电流由于 R 串入而减少，保证线圈在正常工作电流下工作而不至于发热。当电源断开后，电容器通过 R 放电，为下一次电源接入做准备。

图 7 – 23（b）中 BG 是个晶体管开关，外加反向电压可使 BG 关断，此时电容器电压与外加电压串联，加大了晶体管关断电压，使 BG 加速关断。

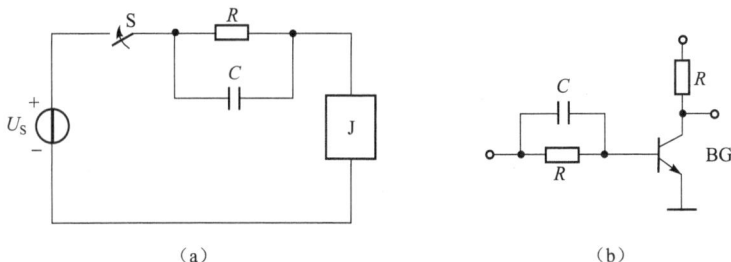

（a）   （b）

图 7 – 23   瞬态过程的应用——加速电路

（a）加速电路；（b）晶体管开关

四、波形变换电路

电子技术中常用 RC 充放电路在瞬态过程中的特性来进行波形变换，如脉冲信号发生器、三角波信号发生器等。

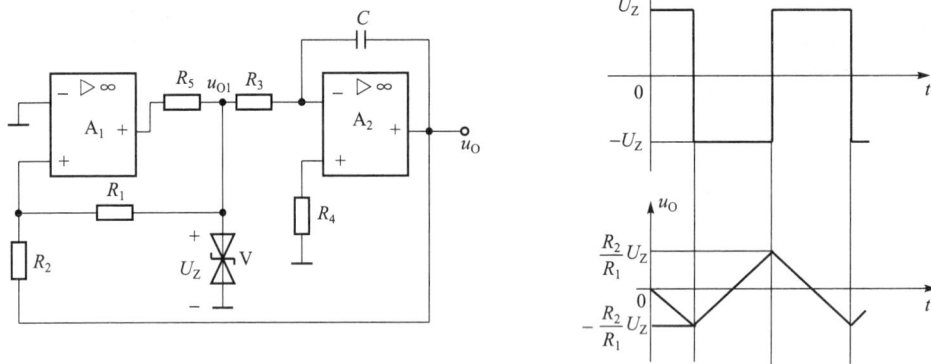

图 7 – 24   瞬态过程的应用——三角波发生器

如图 7 – 24 所示电路为三角波发生器，集成运放 A_2 构成一个积分器，集成运放 A_1 构成滞回电压比较器，其反相端接地，集成运放 A_1 同相端的电压由 u_O 和 u_{O1} 共同决定，为

$$u_+ = u_{O1} - \frac{u_{O1} - u_O}{R_1 + R_2}R_1 = u_{O1}\frac{R_2}{R_1 + R_2} + u_O\frac{R_1}{R_1 + R_2}$$

当 $u_+ > 0$ 时，$u_{O1} = +U_Z$；当 $u_+ < 0$ 时，$u_{O1} = -U_Z$。

在电源刚接通时，假设电容器初始电压为零，集成运放 A_1 输出电压为正饱和电压值 $+U_Z$，积分器输入为 $+U_Z$，电容 C 开始充电，输出电压 u_O 开始减小，u_+ 值也随之减小，当 u_O 减小到 $u_O = -\dfrac{R_2}{R_1}$ 时，u_+ 由正值变为零，滞回比较器 A_1 翻转，集成运放 A_1 的输出 $u_{O1} = -U_Z$。

当 $u_{O1} = -U_Z$ 时，积分器输入负电压，输出电压 u_O 开始增大，u_+ 值也随之增大，当 u_O 增加到 $u_O = \dfrac{R_2}{R_1}$ 时，u_+ 由负值变为零，滞回比较器 A_1 翻转，集成运放 A_1 的输出 $u_{O1} = +U_Z$。

此后，前述过程不断重复，便在 A_1 的输出端得到幅值为 U_Z 的矩形波，A_2 输出端得到三角波，可以证明其频率为 $f = \dfrac{R_1}{4R_2R_3C}$。

可以通过改变 R_1、R_2、R_3 的值来改变频率。

本 章 小 结

1. 电路结构或参数的改变称为换路。换路定律告诉我们：在换路瞬间，电容元件的电压 u_C 不能跃变；电感元件的电流 i_L 不能跃变，即

$$\left.\begin{array}{l} u_C(0_+) = u_C(0_-) \\ i_L(0_+) = i_L(0_-) \end{array}\right\}$$

利用换路定律和 0_+ 等效电路，可求得电路中各电流、电压的初始值。

2. 一阶电路的零输入响应是由储能元件的初值引起的响应，都是由初始值衰减为零的指数衰减函数。

$$f(t) = f(0)e^{-t/\tau} \quad (t \geqslant 0)$$

$f(0_+)$ 是响应的初始值，τ 是表示电路衰减快慢的时间常数，RC 电路的 $\tau = RC$，RL 电路的 $\tau = L/R$；R 为与动态元件相连的一端口电路的等效电阻。

3. 一阶电路的零状态响应是电路初始状态为零时由输入激励产生的响应。其形式为

$$f(t) = f(\infty)(1 - e^{-t/\tau}) \quad (t \geqslant 0)$$

$f(\infty)$ 是响应的稳态值。

4. 全响应是电路的初始状态不为零，同时又有外加激励源作用时电路中产生的响应。可分解为

$$f(t) = f(0)e^{-t/\tau} + f(\infty)(1 - e^{-t/\tau}) \quad (t \geqslant 0)$$

$$\text{（零输入响应）（零状态响应）}$$

$$f(t) = [f(0) - f(\infty)]e^{-t/\tau} + f(\infty) \quad (t \geq 0)$$
$$\text{（暂态响应）} \qquad \text{（稳态响应）}$$

5. 一阶电路的响应 $f(t)$ 由初始值 $f(0_+)$、稳态值 $f(\infty)$ 和时间常数 τ 三要素所确定，利用三要素公式可以简便地求解一阶电路在直流电源作用下的电路响应。三要素公式为

$$f(t) = [f(0) - f(\infty)]e^{-t/\tau} + f(\infty)$$

习 题 7

7-1 电路如图 7-25 所示，已知 $u_C(0) = -2\ \text{V}$，求 $t \geq 0$ 时 $u_C(t)$ 及 $u_R(t)$。

7-2 电路如图 7-26 所示，在 $t=0$ 时开关闭合。已知在 $t=1\ \text{s}$ 及 $t=2\ \text{s}$ 时，$u_R(1) = 10\ \text{V}$，$u_R(2) = 5.25\ \text{V}$；$C = 20\ \mu\text{F}$。试求电路的时间常数 τ 以及 R、$u_R(0_+)$。

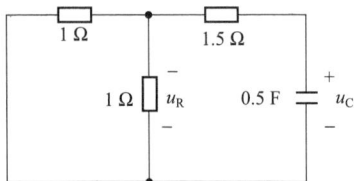

图 7-25 题 7-1 图

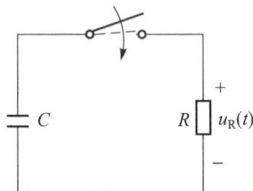

图 7-26 题 7-2 图

7-3 如图 7-27 所示电路，开关在 $t=1\ \text{s}$ 时打开。(1) 求 $u(1_+)$；(2) 求 $u(t)$、$w_c(t)$，$t \geq 1$。

7-4 如图 7-28 所示电路，求 $u(0_+)$ 和 $i(0_+)$。开关闭合前电路已达稳定状态。

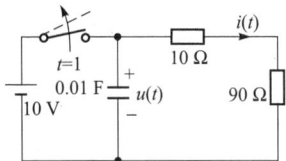

图 7-27 题 7-3 图

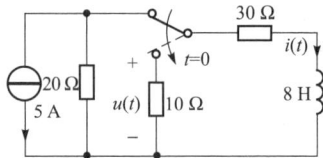

图 7-28 题 7-4 图

7-5 如图 7-29 所示电路中，N 内部只含电源及电阻，若 1 V 的直流电压源于 $t=0$ 时作用于电路，输出端所得零状态响应为

$$u_O(t) = \frac{1}{2} + \frac{1}{8}e^{-0.25t}\ \text{V} \quad t \geq 0$$

若把电路中的电容换以 2 H 的电感，输出端的零状态响应 $u_O(t)$ 将如何？

7-6 如图 7-30 所示电路中电源 $u_1(t)$ 系一脉冲电压，该电压于 $t=0$ 时作用于电路，

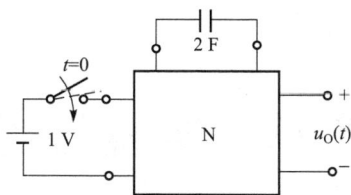

图 7-29 题 7-5 图

持续 1 ms，在持续期间脉冲幅度为 30 V，试求 $i(t)$。

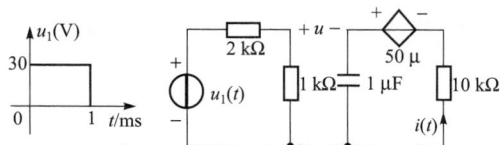

图 7-30 题 7-6 图

7-7 电路如图 7-31 所示，输入为单位阶跃电流，已知 $u_C(0_-) = 1$ V，$i_L(0_-) = 2$ A。求输出电压 $u(t)$。

7-8 如图 7-32 所示电路，在 $t=0$ 时开关 S 打开，设 S 打开前电路已处于稳态，已知 $U_S = 24$ V、$R_1 = 8$ Ω、$R_2 = 4$ Ω、$L = 0.6$ H。求 $t \geq 0$ 时的 $i_L(t)$ 和 $u_L(t)$。

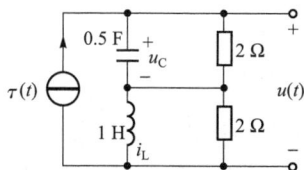

图 7-31 题 7-7 图

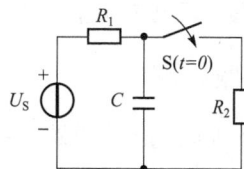

图 7-32 题 7-8 图

第8章 实验与实训

教学要求：掌握常用电工工具及电工测量仪表的使用及读数方法，掌握电路参数的一般测量方法及数据处理方法，提高动手能力和分析问题、解决问题的能力。

实验实训1 认识实验

一、实验目的

（1）熟悉实验装置上各类测量仪表的布局。
（2）熟悉实验装置上各类电源的布局及使用方法。
（3）掌握电压表、电流表内阻的测量方法。
（4）熟悉仪表测量误差的计算方法。

二、实验原理

（1）为了准确地测量电路中的实际电压和电流，必须保证仪表接入电路后不会改变被测电路的工作状态，这就要求电压表的内阻为无穷大；电流表的内阻为零。而实际使用的电工仪表都不能满足上述要求。因此，当测量仪表一旦接入电路，就会改变电路原有的工作状态，这就导致仪表的读数值与原有的实际值之间出现误差，这种测量误差值的大小与仪表本身内阻大小密切相关。

（2）本实验测量电流表的内阻采用"分流法"，如图 8 – 1 所示。

A 为被测内阻（R_A）的直流电流表，测量时先断开开关 S，调节直流恒流源的输出电流 I 使 A 表指针满偏转，然后合上开关 S，并保持 I 值不变，调节电阻箱的阻值，使电流表的指针指在 1/2 满偏转位置，此时有 $I_A = I_S = 1/2$。

所以 $$R_A = R_B // R_1$$

R_1 为固定电阻之值，R_B 由可调电阻箱的刻度盘上读得。R_1 与 R_B 并联，且 R_1 选用小阻值电阻，R_B 选用较大电阻，则阻值调节可比单只电阻箱更为细微、平滑。

（3）测量电压表的内阻采用"分压法"，如图 8 – 2 所示。

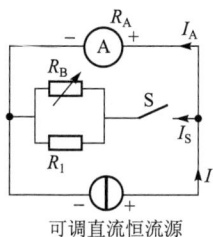

图 8-1 分流法测量电流表
内阻电路图

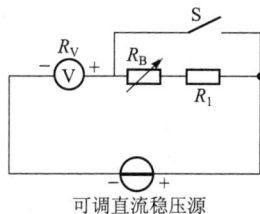

图 8-2 分压法测量电压表
内阻电路图

V 为被测内阻（R_V）的电压表，测量时现将开关 S 闭合，调节直流稳压电源的输出电压，使电压表 V 的指针为满偏转。然后断开开关 S，调节 R_B 阻值使电压表 V 的指示值减半。此时有

$$R_V = R_B + R_1$$

电压表的灵敏度为

$$S = R_V / U \ (\Omega/V)$$

（4）仪表内阻引入的测量误差（通常称为方法误差，而仪表本身构造上引起的误差称为仪表本身的基本误差）的计算。

以图 8-3 所示电路为例，R_1 上的电压为 $U_{R1} = \dfrac{R_1}{R_1 + R_2} U$，

若 $R_1 = R_2$，则 $U_{R1} = \dfrac{1}{2} U$。

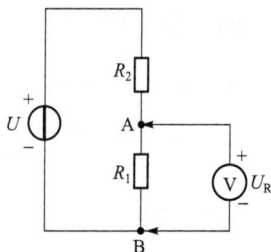

图 8-3 仪表测量
误差电路图

现用一内阻为 R_V 的电压表来测量 U_{R1} 值，当 R_V 与 R_1 并联后，$R_{AB} = \dfrac{R_V R_1}{R_V + R_1}$，以此来代替 $U_{R1} = \dfrac{R_1}{R_1 + R_2} U$ 式中的 R_1，则得

$$U'_{R1} = \frac{\dfrac{R_V R_1}{R_V + R_1}}{\dfrac{R_V R_1}{R_V + R_1} + R_2} U$$

绝对误差为

$$\Delta U = U'_{R1} - U_{R1} = U \left(\frac{\dfrac{R_V R_1}{R_V + R_1}}{\dfrac{R_V R_1}{R_V + R_1} + R_2} - \frac{R_1}{R_1 + R_2} \right)$$

化简后得

$$\Delta U = \frac{-R_1^2 R_2 U}{R_V \left(R_1^2 + 2R_1R_2 + R_2^2 \right) + R_1R_2 \left(R_1 + R_2 \right)}$$

若 $R_1 = R_2 = R_V$，则得

$$\Delta U = -\frac{U}{6}$$

相对误差

$$\Delta U\% = \frac{U'_{R1} - U_{R1}}{U_R} \times 100\% = \frac{-U/6}{U/2} \times 100\% = -33.3\%$$

三、实验仪器与设备

（1）可调直流稳压电源一台。

（2）可调直流恒流源一台。

（3）万用表一块。

（4）可调电阻箱一个。

（5）电阻器若干。

四、实验内容

（1）根据"分流法"原理测定万用表直流毫安 0.5 mA 和 5 mA 挡量程的内阻，线路如图 8 - 1 所示。所测量的结果记入表 8 - 1。

表 8 - 1　分流电路的测量

被测电流表量程	S 断开时电流表读数 /mA	S 闭合时电流表读数 /mA	R_B /Ω	R_1 /Ω	计算内阻 R_A/Ω
0.5 mA					
5 mA					

（2）根据"分压法"原理按图 8 - 2 接线，测量万用表直流电压 2.5 V 和 10 V 挡量程的内阻。所测量的结果记入表 8 - 2。

表 8 - 2　分压电路的测量

被测电压表量程	S 断开时电压表读数/V	S 闭合时电压表读数/V	R_B/kΩ	R_1/kΩ	计算内阻 R_V/Ω	S/（Ω·V^{-1}）
2.5 V						
10 V						

（3）用万用表直流电压 10 V 挡测量图 8-3 电路中 R_1 上的电压 U'_{R1} 之值，并计算测量的绝对误差与相对误差，将结果记入表 8-3。

表 8-3　计算测量的绝对误差与相对误差

U	R_2	$R_{10V}/k\Omega$	计算值 U'_{R1}/V	实测值 U'_{R1}/V	绝对误差	相对误差
10 V	10 kΩ					

五、思考题

（1）根据实验内容（1）和（2），若已求出 0.5 mA 挡和 2.5 V 挡的内阻，可否直接计算得出 5 mA 挡和 10 V 挡的内阻？

（2）用量程为 10 A 的电流表测实际值为 8 A 的电流表时，实际读数为 8.1 A，求测量的绝对误差和相对误差。

六、实验报告

（1）列表记录实验数据，并计算各被测仪表的内阻值。
（2）计算实验内容（3）的绝对误差与相对误差。
（3）心得体会及其他。

实验实训 2　电阻的伏安特性测量

一、实验目的

（1）学会识别常用电路元件的方法。
（2）掌握线性电阻、非线性电阻元件伏安特性的逐点测试法。
（3）掌握实验装置上直流电子仪表和设备的使用方法。

二、实验原理

任何一个二端元件的特性可用该元件上的端电压 U 与通过该元件的 I 之间的函数关系 $I = f(U)$ 来表示，即用 $I-U$ 平面上的一条曲线来表征，这条曲线称为该元件的伏安特性曲线。

（1）线性电阻器的伏安特性曲线是一条通过坐标原点的直线，如图 8-4 中曲线所示，该直线的斜率等于该电阻器的电阻值。

（2）一般的白炽灯在工作时灯丝处于高温状态，其灯丝电阻随着温度的升高而增大，通过白炽灯的电流越大，其温度越高，阻值也越大，一般灯泡的"冷电阻"与"热电阻"的阻值可相差几倍至十几倍，所以它的伏安特性如图 8-4 中 b 曲线所示。

（3）一般的半导体二极管是一个非线性电阻元件，其特性如图 8-4 中 c 曲线。正向压降很小（一般的锗管约为 $0.2 \sim 0.3$ V，硅管约为 $0.5 \sim 0.7$ V）。正向电流随正向压降的升高而急剧上升，其反向电压从零一直增加到十多伏至几十伏时，其反向电流增加很小，粗略地可视为零。可见，二极管具有单向导电性，但反向电压加得过高，超过管子的极限值，则会导致管子击穿损坏。

（4）稳压二极管是一种特殊的半导体二极管，其正向特性与普通二极管类似，但其反向特性较特别，如图 8-4 中 d 曲线。在反向电压开始增加时，其反向电流几乎为零，但当反向电压增加到某一数值时（称为管子的稳压值，有各种不同稳压值的稳压管）电流将突然增加，以后它的端电压将维持恒定，不再随外加的反向电压升高而增大。

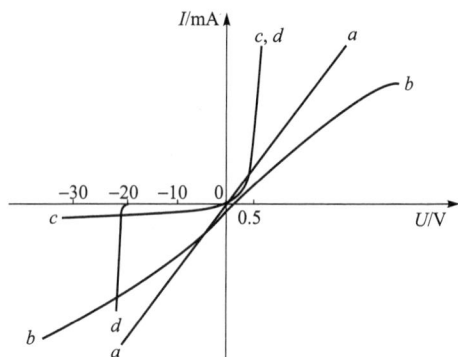

图 8-4　元件伏安特性曲线图

三、实验仪器与设备

（1）可调直流稳压电源一台。

（2）直流数字毫安表一块。

（3）直流数字电压表一块。

（4）二极管 2CP15 一只。

（5）稳压管 2CW51 一只。

（6）白炽灯泡 12 V/0.1 A 一只。

（7）线性电阻器 200 Ω，1 kΩ 各一只。

四、实验内容

1. 测定线性电阻器的伏安特性

按图 8-5 接线，调节直流稳压电源的输出电压 U，从 0 V 开始缓慢地增加，一直到 10 V，记下相应的电压表和电流表读数，记入表 8-4 中。

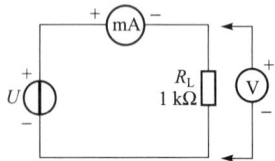

图 8-5　测定线性电阻器伏安特性电路

表8-4 线性电阻器伏安特性测量值

U/V	0	2	4	6	8	10
I/mA						

2. 测定非线性白炽灯泡的伏安特性

将图8-5中的 R_L 换成一只12 V的小灯泡,重复实验内容(1)的步骤,将结果记入表8-5中。

表8-5 测定非线性白炽灯泡

U/V	0	2	4	6	8	10
I/mA						

3. 测定半导体二极管的伏安特性

按图8-6接线,R 为限流电阻,测二极管 VD 的正向特性时,其正向电流不得超过25 mA,正向压降可在0～0.75 V之间取值。特别是在0.5～0.75 V之间更应多取几个测量点。做反向特性实验时,只需将图8-6中的二极管 VD 反接,且其反向电压可加到30 V。将测量结果分别记入表8-6、表8-7中。

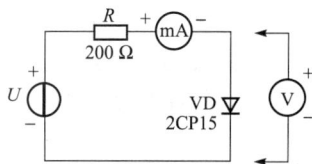

图8-6 测定二极管伏安特性电路

表8-6 正向特性实验数据

U/V	0	0.2	0.4	0.5	0.55	…	0.75
I/mA							

表8-7 反向特性实验数据

U/V	0	-5	-10	-15	-20	-25	-30
I/mA							

4. 测量稳压二极管的伏安特性

只要将图8-6中的二极管换成稳压二极管,重复实验内容(3)的测量,将测量结果分别记入表8-8、表8-9中。

表8-8 正向特性实验数据

U/V	0	0.2	0.4	0.5	0.55	…	0.75
I/mA							

表 8-9　反向特性实验数据

U/V	0	-5	-10	-15	-20	-25	-30
I/mA							

五、思考题

（1）线性电阻与非线性电阻的概念是什么？电阻器与二极管的伏安特性有何区别？

（2）稳压二极管与普通二极管有何区别？其用途如何？

六、实验报告

（1）根据各实验结构数据，分别在方格纸上绘制出光滑的伏安特性曲线。（其中二极管和稳压二极管的正、反向特性均要画在同一张图中）

（2）根据实验结果，总结、归纳被测各元件的特性。

（3）必要的误差分析。

（4）心得体会及其他。

实验实训 3　基尔霍夫定律及叠加原理

一、实验目的

（1）验证基尔霍夫定律的正确性，加深对基尔霍夫定律的理解。

（2）验证线性电路叠加原理的正确性，从而加深对线性电路的叠加性和齐次性的认识和理解。

（3）学会用电流插头、插座测量各支路电流的方法。

二、实验原理

（1）基尔霍夫定律是电路的基本定律。测量某电路的各支路电流及多个元件两端的电压，应能分别满足基尔霍夫电流定律和电压定律，即对电路中的任一节点而言，应有 $\sum I = 0$；对任何一个闭合回路而言，应有 $\sum U = 0$。（运用上述定律时必须注意电流的正方向，此方向可预先任意假定）

（2）叠加原理指出：在有几个独立源共同作用下的线性电路中，通过每一个元件的电流或其两端的电压，可以看成是由每一个独立源单独作用时在该元件上所产生的电流或电压的代数和。

（3）线性电路的齐次性是指当激励信号（某独立源的值）增加或减小 K 倍时，电路的响应（即在电路其他各电阻元件上所建立的电流和电压值）也将增加或减小 K 倍。

三、实验设备

（1）可调直流稳压电源一块。

（2）直流数字电压表一块。

（3）直流数字毫安表一块。

（4）实验电路板一块。

四、实验内容

实验电路如图 8 - 7 所示。

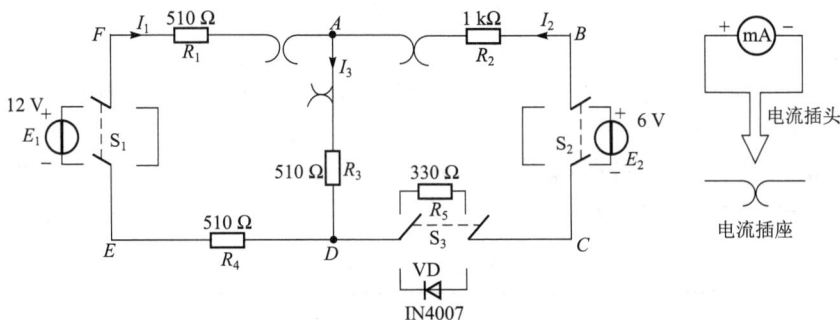

图 8 - 7　基尔霍夫定律实验电路图

（1）实验前先任意设定三条支路的电流参考方向，如图 8 - 7 中的 I_1、I_2、I_3 所示。

（2）分别将两路直流稳压电源（一路调到 6 V，另一路调到 12 V）接入电路，令 $E_1 = 12$ V，$E_2 = 6$ V。

（3）将电流插头的两端接至直流毫安表的"＋"、"－"两端，再将电流表插头分别插入三条支路的三个电流插座中，将电流值记入表 8 - 10 中。

（4）用直流数字电压表分别测量两路电源及电阻元件上的电压值，记入表 8 - 10 中。

表 8 - 10　基尔霍夫定律测量

被测量	I_1/mA	I_2/mA	I_3/mA	E_1/V	E_2/V	U_{FA}/V	U_{AB}/V	U_{AD}/V	U_{CD}/V	U_{DE}/V
测量值										
计算值										
相对误差										

（5）令 E_1 电源单独作用时（将开关 S_1 投向 E_1 侧，开关 S_2 投向短路侧），用直流数字电压表和毫安表（接电流插头）测量各支路电流及各电阻元件两端电压，将数据记入表8－11中。

表8－11　S_3 接 R_5

测量项目　　　　　　　实验内容	E_1/V	E_2/V	I_1/mA	I_2/mA	I_3/mA	U_{FA}/V	U_{AB}/V	U_{AD}/V	U_{CD}/V	U_{DE}/V
E_1 单独作用										
E_2 单独作用										
E_1、E_2 共同作用										

（6）令 E_2 电源单独作用时（将开关 S_1 投向短路侧，开关 S_2 投向 E_2 侧），重复实验内容（5）的测量，将数据记入表8－11中。

（7）令 E_1 和 E_2 共同作用时（将开关 S_1 和 S_2 分别投向 E_1 和 E_2 侧），重复上述的测量，将数据记入表8－11中。

（8）将 R_5 换成一只二极管IN4007（将开关 S_3 投向二极管VD侧）重复实验内容(5)～(7)的测量过程，将数据记入表8－12中。

表8－12　S_3 接 VD

测量项目　　　　　　　实验内容	E_1/V	E_2/V	I_1/mA	I_2/mA	I_3/mA	U_{FA}/V	U_{AB}/V	U_{AD}/V	U_{CD}/V	U_{DE}/V
E_1 单独作用										
E_2 单独作用										
E_1、E_2 共同作用										

五、思考题

（1）根据图8－7的电路参数，计算出待测电流 I_1、I_2、I_3 和各电阻上电压值记入表8－10中，以便实验测量时，可正确选定毫安表和电压表的量程。

（2）实验中，若用万用表直流毫安挡测各支路电流，什么情况下可能出现毫安表指针反偏？应如何处理？在记录数据时应注意什么？若用直流数字毫安表进行测量时，则会有什么显示呢？

（3）叠加原理中 E_1、E_2 分别单独作用，实验中应如何操作？可否直接将不作用的电源（E_1 或 E_2）置零（短接）？

（4）实验电路中，若有一个电阻器改为二极管，试问叠加原理的叠加性与齐次性还成立吗？为什么？

六、实验报告

（1）根据实验数据，选定实验电路中的任一个节点，验证 KCL 的正确性。

（2）根据实验数据，选定实验电路中的任一个闭合回路，验证 KVL 的正确性。

（3）根据实验数据验证线性电路的叠加性与齐次性。

（4）通过实验内容（8）及分析表格中数据，你能得出什么样的结论？

实验实训 4　电压源和电流源的等效变换

一、实验目的

（1）掌握电源外特性的测试方法。

（2）验证电压源与电流源等效变换的条件。

二、实验原理

（1）一个直流稳压电源在一定的电流范围内，具有很小的内阻，故在实用中，常将它视为一个理想的电压源，即其输出电压不随负载电流而变，其外特性，即其伏安特性 $U = f(I)$ 是一条平行于 I 轴的直线。

一个恒流源在实用中，在一定的电压范围内，可视为一个理想的电流源，即其输出电流不随负载的改变而改变。

图 8 - 8（a）、（b）为理想电压源、理想电流源电路图。

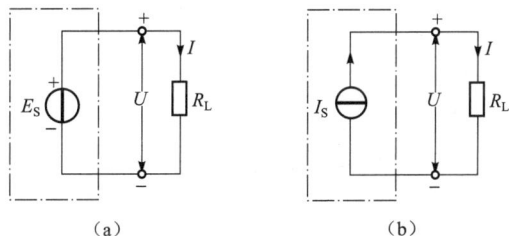

（a）　　　　　（b）

图 8 - 8　理想电压源、电流源电路

（2）一个实际的电压源（或电流源），其端电压（或输出电流）不可能不随负载而变，因为它具有一定的内阻值。故在实验中，用一个小阻值的电阻（或大电阻）与理想电压源（或理想电流源）相串联（或并联）来模拟一个电压源（或电流源）的情况。

（3）一个实际的电源，就其外部特性而言，既可以看成是一个电压源，又可以看成是一个电流源。若视为电压源，则可用一个理想的电压源 E_S 与一个电阻 R_0 相串联的组合来表示；若视为电流源，则可用一个理想电流源 I_S 与一电导 g_0 相并联的组合来表示，若它们向同样大小的负载供应同样大小的电流和端电压，则称这两个电源是等效的，即具有相同的外特性。

一个电压源与一个电流源等效变换的条件为

$$I_S = \frac{E_S}{R_0},\ g_0 = \frac{1}{R_0}$$

或

$$E_S = \frac{I_S}{g_0},\ R_0 = \frac{1}{g_0}$$

如图 8-9 所示。

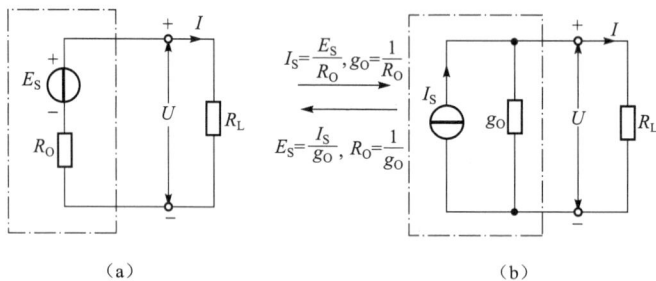

（a）　　　　　　　　　（b）

图 8-9　电流源等效变换电路

三、实验设备

（1）可调直流稳压电源一台。

（2）可调直流恒流源一台。

（3）直流数字电压表一块。

（4）直流数字电流表一块。

（5）电阻器（51 Ω、1 kΩ、200 Ω 各一支）。

（6）可调电阻箱一个。

四、实验内容

1. 测定电压源的外特性

（1）按图 8-10（a）接线，E_S 为 +6 V 直流稳压电源，视为理想电压源，R_L 为可调电阻箱，调节 R_L 阻值，记录电压表和电流表读数，并记入表 8-13 中。

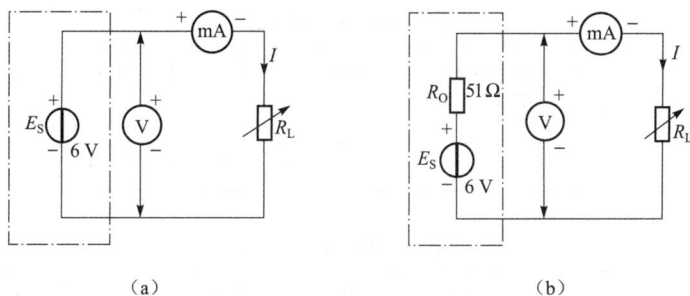

（a）　　　　　　　　　　　　　　（b）

图 8 – 10　电压源等效变换电路

表 8 – 13　理想电压源的外特性测量

R_L/Ω	∞	2 000	1 500	1 000	800	500	300	200
U/V								
I/mA								

（2）按图 8 – 10（b）接线，点线框可模拟为一个实际的电压源，调节 R_L 阻值，记录两表读数，并记入表 8 – 14 中。

表 8 – 14　实际电压源的外特性测量

R_L/Ω	∞	2 000	1 500	1 000	800	500	300	200
U/V								
I/mA								

2. 测量电流源的外特性

按图 8 – 11 接线，I_S 为直流恒流源，视为理想电流源，调节其输出为 5 mA，令 R_O 分别为 1 kΩ 和 ∞，调节 R_L 阻值，记录这两种情况下的电压表和电流表的读数，并分别记入表 8 – 15、表 8 – 16 中。

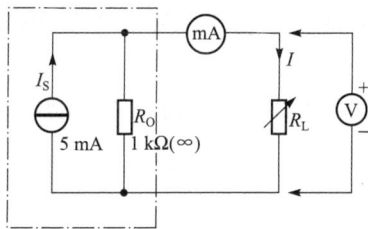

图 8 – 11　测定电流源的外特性电路

表 8-15 $R_0 = 1 \text{ k}\Omega$

R_L/Ω	0	200	400	600	800	1 000	2 000	5 000
U/V								
I/mA								

表 8-16 $R_0 = \infty$

R_L/Ω	0	200	400	600	800	1 000	2 000	5 000
U/V								
I/mA								

3. 测定电源的等效变换条件

按图 8-12 电路接线，首先读取图 8-12（a）电路两表的读数，然后调节图 8-12（b）电路中恒流源 I_S（取 $R'_0 = R_0$），令两表的读数与图 8-12（a）的数值相等，记录 I_S 之值，验证等效变换条件的正确性。

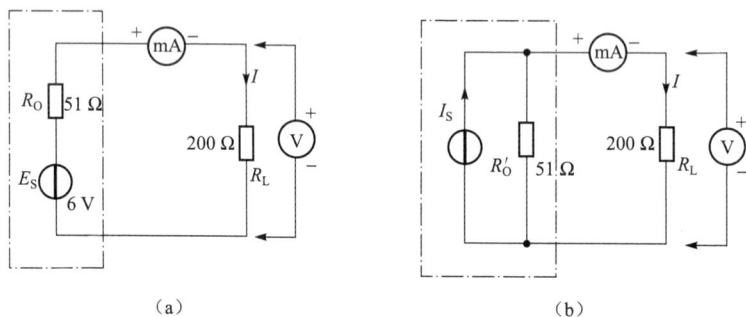

图 8-12 测定电源等效变换电路

五、思考题

（1）分析理想电压源和电压源（理想电流源和电流源）输出短路（或开路）情况时，对电源的影响。

（2）电压源与电流源的外特性为什么呈下降变换趋势，理想电压源和理想电流源的输出在任何负载下是否保持恒值？

六、实验报告

（1）根据实验数据绘出电源的 4 条外特性，并总结、归纳各类电源的特性。

（2）从实验结果，验证电源等效变换的条件。

实验实训 5　戴维南定理

一、实验目的

（1）验证戴维南定理的正确性。
（2）掌握测量有源二端网络等效参数的一般方法。

二、实验原理

（1）任何一个线性含源网络，如果仅研究其中一条支路的电压和电流，则可将电路的其余部分看做是一个有源二端网络（或称为含源一端口网络）。

戴维南定理指出：任何一个线性有源网络，总可以用一个等效电压源来代替，此电压源的电动势 E_S 等于这个有源二端网络的开路电压 U_{OC}，其等效内阻 R_0 等于该网络中所有独立源均置零（理想电压源视为短路，理想电流源视为开路）时的等效电阻。

U_{OC} 和 R_0 称为有源二端网络的等效参数。

（2）有源二端网络等效参数的测量方法。有源二端网络等效参数的测量方法有很多，在这里将介绍"开路电压、短路电流法"。

在有源二端网络输出端开路时，用电压表直接测其输出端的开路电压，然后再将其输出端短路，用电流表测其短路电流 I_{SC}，则内阻为

$$R_0 = \frac{U_{OC}}{I_{SC}}$$

三、实验设备

（1）可调直流稳压电源一台。
（2）可调直流恒流源一台。
（3）直流数字电压表一块。
（4）直流数字毫安表一块。
（5）万用表一块。
（6）可调电阻箱一个。
（7）电位器（1 kΩ/1 W）一个。
（8）戴维南定理实验电路板一块。

四、实验内容

被测有源二端网络如图 8 – 13（a）所示。

（1）用开路电压、短路电流法测定戴维南等效电路的 U_{OC} 和 R_O。

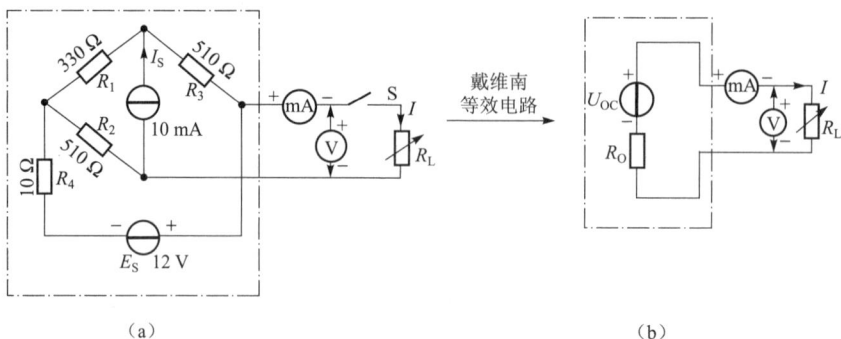

图 8-13 测定戴维南等效电路

① 按图 8-13（a）电路接入稳压电源 $E_S = 12$ V，恒流源 $I_S = 100$ mA，将开关 S 投向左边测定 I_{SC}，结果记入表 8-17 中。

② 不接电阻箱 R_L，将开关投向右边测定 U_{OC}，结果记入表 8-17 中。

表 8-17 测量 U_{OC} 和 I_{SC}

U_{OC}/V	I_{SC}/mA	$R_O = U_{OC}/I_{SC}/\Omega$

（2）负载实验。按图 8-13（a）电路接入稳压电源 E_S 和恒流源 I_S 及可变电阻箱 R_L，改变 R_L 阻值，测量有源二端网络的外特性。并记入表 8-18 中。

表 8-18 测量有源二端网络的外特性

R_L/Ω	0						∞
U/V							
I/mA							

（3）验证戴维南定理。用一只 1 kΩ 的电位器，将其电阻值调整到等于实验内容（1）所得的等效电阻 R_O 之值，然后令其与直流稳压电源（调整实验内容（1）时所测得的开路电压 U_{OC} 之值）相串联，如图 8-13（b）所示，仿照实验内容（2）测其外特性，对戴维南定理进行验证。将测量结果记入表 8-19 中。

表 8 - 19　验证戴维南定理

R_L/Ω	0		∞
U/V			
I/mA			

五、思考题

在求戴维南等效电路时，做短路实验，测 I_{SC} 的条件是什么？在本实验中可否直接做负载短路实验？请实验前对电路图 8 - 13（a）预先做好计算，以便调整实验电路及测量时可准确地选取电表量程。

六、实验报告

根据实验内容（2）和（3），分别绘出曲线，验证戴维南定理的正确性，并分析产生误差的原因。

实验实训 6　日光灯电路安装与测试

一、实验目的

（1）掌握日光灯电路的接线。
（2）理解改善电路功率因数的意义并掌握其方法。

二、实验原理

日光灯电路如图 8 - 14 所示，图中 A 是日光灯管；L 是镇流器；S 是启辉器；C 是补偿电容器，用以改善电路功率因数（$\cos\varphi$ 值）。

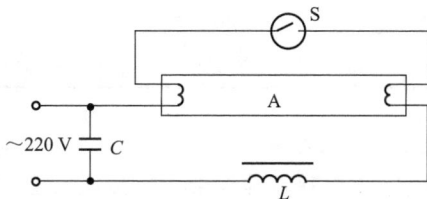

图 8 - 14　日光灯电路图

三、实验设备

（1）单向交流电源一台。

（2）交流电压表一块。

（3）交流电流表一块。

（4）日光灯灯管、镇流器、电容器、启辉器各一个。

四、实验内容

1. 日光灯电路接线与测量

按图 8 – 15 组成实验电路，经指导教师检查后，接通市电 220 V，调节自耦调压器的输出，使输出电压缓慢增大，直到日光灯刚启辉点亮为止，记下三表的指示值。然后将电压调至 220 V，测量功率 P，电流 I，电压 U、U_L、U_A 等值，记入表 8 – 20 中，验证电压、电流相量关系。

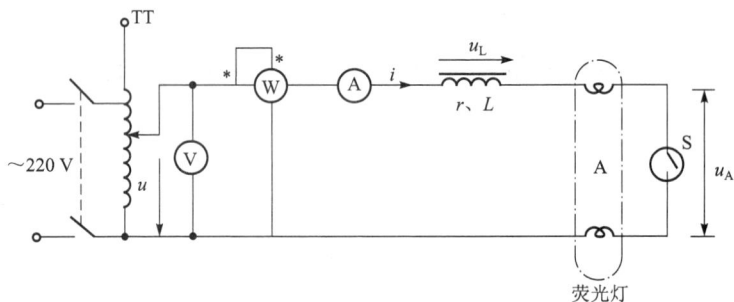

图 8 – 15　日光灯实验图

表 8 – 20　日光灯线路的测量

测量内容	P/W	$\cos\varphi$	I/A	U/V	U_L/V	U_A/V
启辉值						
正常工作值						

2. 并联电路——电路功率因数的改善

按图 8 – 16 组成实验电路，经指导教师检查后，接通市电 220 V 电源，将自耦调压器的输出调至 220 V，记录功率表、电压表度数，通过一只电流表和三个电门插座分别测量三条支路的电流，改变电容值，进行重复测量，将测量数据记入表 8 – 21 中。

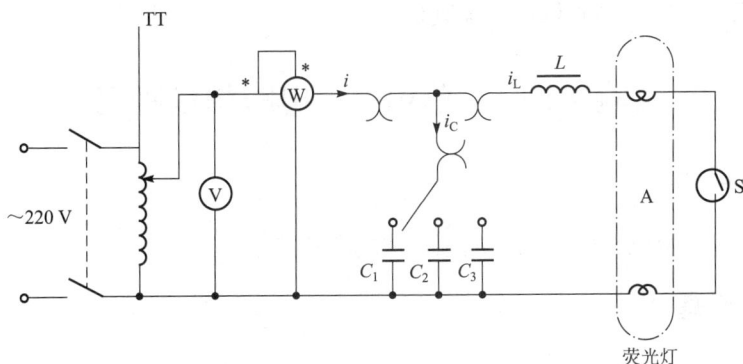

图 8-16　日光灯并联电容电路

表 8-21　日光灯并联电容电路的测量

电容值	测量数值				计算值			
$C/\mu F$	P/W	U/V	I/A	I_L/A	I_C/A	$\cos\varphi$	I'/A	$\cos\varphi$
0								
1								
2.2								
4.7								

五、思考题

（1）参阅课外资料，了解日光灯的启辉原理。

（2）在日常生活中，当日光灯上缺少了启辉器时，人们常用一根导线将启辉器的两端短接一下，然后迅速断开，使日光灯点亮；或使用一只启辉器去点亮多只同类型的日光灯，这是为什么？

（3）为了提高电路的功率因数，常在感性负载上并联电容器，此时增加了一条电流支路，试问电路的总电流是增大还是减小，此时感性元件上的电流和功率是否改变？

（4）提高电路功率因数为什么只采用并联电容法，而不用串联法？所并的电容器是否越大越好？

六、实验报告

（1）完成数据表格中的计算，进行必要的误差分析。

（2）讨论改善电路功率因数的意义和方法。

（3）装接日光灯电路的心得体会及其他。

实验实训7 单相交流电路相量研究

一、实验目的

研究正弦稳态交流电路中电压、电流相量之间的关系。

二、实验原理

（1）在单相正弦交流电路中，用交流电流表测得各支路的电流值，用交流电压表测得回路各元件两端的电压值，它们之间的关系应满足相量形式的基尔霍夫定律，即

$$\sum \dot{I} = 0 \quad \text{和} \quad \sum \dot{U} = 0$$

（2）如图 8-17 所示的 RC 串联电路，在正弦稳态信号 u 的激励下，$\dot{U}_R$ 与 $\dot{U}_C$ 有 90° 的相位差，即当阻值 R 改变时，$\dot{U}_R$ 的相量轨迹是一个半圆，$\dot{U}$、$\dot{U}_R$ 与 $\dot{U}_C$ 三者形成一个直角形的电压三角形。R 值改变时，可改变 φ 角的大小，从而达到移相的目的。

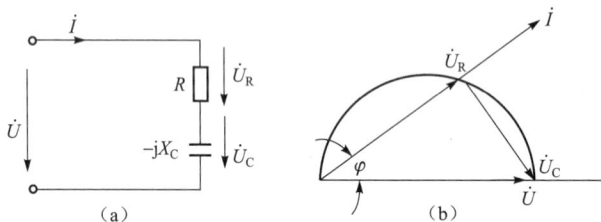

图 8-17 RC 串联电路图

三、实验设备

（1）单相交流电源一台。
（2）交流电压表一块。
（3）交流电流表一块。
（4）白炽灯一个。

四、实验内容

RC 串联电路电压三角形测量：

（1）用两只 220 V、15 W 的白炽灯泡和 4.7 μF/450 V 电容器组成如图 8-17 所示实验电路，经指导教师检查后，接通市电 220 V 电源，将自耦调压器输出调至 220 V。测量 $\dot{U}$、

$\dot{U}_R$、$\dot{U}_C$ 值，验证电压三角形关系，并将测量数据记入表 8 – 22 中。

（2）改变 R 阻值（用一只灯泡）重复（1）的内容，将测量数据记入表 8 – 22 中，验证 $\dot{U}_R$ 相量轨迹。

表 8 – 22　RC 串联电路电压三角形测量

白炽灯盏数	测量值			计算值	
	U/V	U_R/V	U_C/V	U'/V	φ
2					
1					

五、思考题

用测量出的结果直接进行端口电压的计算，是否满足基尔霍夫电压定律？为什么？

六、实验报告

（1）完成数据表格中的计算，进行必要的误差分析。

（2）根据实验数据，分别绘出电压、电流相量图，验证相量形式的基尔霍夫定律。

实验实训8　单相交流电路功率的测量

一、实验目的

学习使用功率表测量单相交流电路的功率。

二、实验原理

1. 单相交流电路的功率计算

设正弦电流为 $i = I_m \sin \omega t$，则该电路的功率为

（1）瞬时功率

$$p = ui = U_m \sin \omega t \times I_m \sin \omega t = UI[\cos \varphi - \cos(2\omega t + \varphi)]$$

（2）有功功率

$$P = U_R I = UI \cos \varphi$$

式中，$\cos \varphi$ 称为功率因数，φ 称为功率因数角。

2. 功率表的使用

单相交流电路的功率可以使用功率表来测量，如图 8-18 所示。

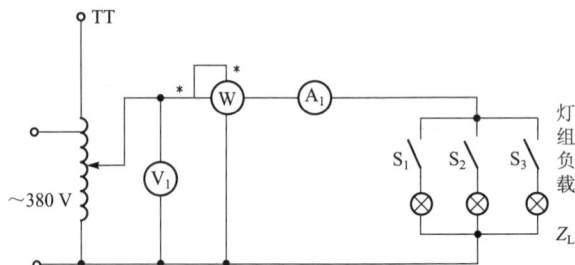

图 8-18 功率表接线及实验电路图

在测量功率的时候要注意以下几点：

（1）正确选择功率表的量程。选用功率表时，要求被测负载电流不能超过功率表电流量程，而被测负载电压也不能超过功率表电压量程。例如，一只功率表的电流量程为 2 A、电压量程为 150 V，则它最大可测量的负载功率为 150 V × 2 A = 300 W。

（2）正确接线。功率表在接入被测线路时，应遵循：电流线圈支路和电压线圈支路标有特殊标记"＊"、"±"或"↑"的一端必须接到电源的同一级。这样，可以保证测量时指针按正向偏转。即按照图 8-18 接线。

（3）正确读数。功率表的各量程共用一条刻度线，这条刻度线均匀分成若干分格。每一个分格代表一定的功率值，称为分格常数"C"（W/格），即

$$C = \frac{U_{max}I_{max}}{D_{max}}$$

式中，U_{max} 为功率表的电压量程；I_{max} 为功率表的电流量程；D_{max} 为功率表刻度尺的满刻度格数。

可见，不同的电流、电压量程下，功率表的分格常数不同。

测量时，根据指针偏转的个数，就可以求出被测功率值：

$$P = CD$$

式中，D 为指针偏转格数。

在本实验中测量的是单相交流电路的有功功率，因此选用有功功率表进行测量。

三、实验仪器和设备

（1）交流电流表 1 只。

（2）交流电压表 1 只。

（3）有功功率表 1 只。

（4）白炽灯（25 W/220 V）3 只。

（5）三相自耦调压器 1 台。

四、实验内容

按照图 8 - 18 连接电路，调节三相自耦调压器，在额定电压时，用交流电压表、交流电流表、功率表分别测出负载（接通不同的白炽灯数目）两端的电压 U 和电路中的电流 I、有功功率 P。将测量数据记入表 8 - 23 中。

表 8 - 23　单相交流电路功率的测量

白炽灯盏数	测量值			计算值
	U_1/V	I_1/A	P/W	P/W
1				
2				
3				

五、思考题

若将白炽灯改为日光灯，结果会怎样？

六、实验报告

分析测量数据、比较测量值和计算值。总结此次实验所得。

实验实训 9　互感线圈同名端的识别与测试

一、实验目的

（1）观察互感现象。

（2）学习确定两互感耦合线圈同名端的方法。

二、实验原理

两个或两个以上具有互感的线圈中，感应电动势极性相同的端定义为同名端。同名端可以通过实验的方法来识别，常用的方法有以下两种。

（1）直流法。如图 8 - 19 所示，当开关 S 合上瞬间，$di_1/dt > 0$，在线圈 1 - 1 ′中产生感应电压 $u_1 = L_1 di_1/dt$；此时如果电压表朝正向偏转，则说明 $u_2 = di_1/dt > 0$；线圈 2 - 2 ′的 2

端与线圈 1 – 1′ 中的 1 端均为感应电压的正极性端，则可确认这两端为互感线圈的同名端。反之，若电压表朝负向偏转，则线圈 2 – 2′ 的 2 端与线圈 1 – 1′ 的 1 端为同名端。

同样地，如果在开关 S 打开时，$di_1/dt < 0$，也可以使用相同的原理来确定互感线圈内感应电压的极性，从而确定同名端。

（2）交流法。如图 8 – 20 所示，将两线圈的 1′ 和 2′ 两端用一根导线连接起来，在线圈 1 – 1′ 上加交流电源。分别测量 $\dot{U}_1$、$\dot{U}_2$ 和 $\dot{U}_{12}$ 的有效值，若 $U_{12} = U_1 - U_2$，则 1 和 2 端为同名端；若 $U_{12} = U_1 + U_2$，则 1 和 2′ 端为同名端。

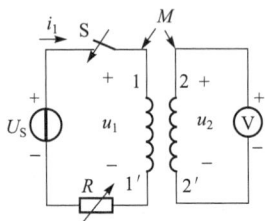

图 8 – 19　直流法测同名端

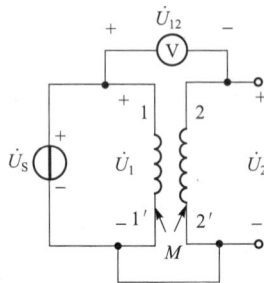

图 8 – 20　交流法测同名端

三、实验仪器和设备

（1）低频信号发生器 1 台。
（2）电子毫伏表 1 台。
（3）万用表 1 只。
（4）直流稳压电源 1 台。
（5）互感耦合线圈 1 组。
（6）电阻箱 2 只。

四、实验内容

1. 直流法测定两互感耦合线圈的同名端

按图 8 – 19 所示电路接好线路和仪表，当开关 S 合上瞬间，检查电压表指针的偏转方向，并作记录：电压表指针偏转方向＿＿＿＿＿＿，说明线圈 2 – 2′ 的 2 端与线圈 1 – 1′ 中的 1 端为互感线圈的＿＿＿＿＿端。

在使用直流法时，如果电压表指针偏转不明显，可以在两线圈中插入一个公共铁芯用以增强耦合的程度。

2. 交流法测定两互感耦合线圈的同名端

将线圈的一端和另一线圈一端用一根导线连接起来，如两线圈的 1′ 和 2′ 端用一根导线连接起来,按图 8 - 20 所示电路接好线路和仪表,用电子毫伏表测量,并作记录: $U_1 =$ _____, $U_2 =$ _____, $U_{12} =$ _____, 即满足关系_____,说明线圈的_____端和线圈的_____端为同名端。

五、思考题

图 8 - 19 所示电路中,电压表能否用电流表代替? 为什么?

六、实验报告

根据实验测量数据,判别两互感耦合线圈的同名端。总结此次实验所得。

实验实训 10 单相变压器的性能测试

一、实验目的

(1) 了解单相变压器的结构,熟悉单相变压器铭牌数据的意义。
(2) 测定变压器的空载电流和变化。
(3) 测定变压器的输出特性。

二、实验原理

(1) 单相变压器的主要部件为铁芯和绕组,按绕组在铁芯上安放位置的不同,变压器可分为心式和壳式两种。

(2) 单相变压器的铭牌上,有原绕组的额定电压和额定电流,副绕组的额定电压和额定电流,额定容量和额定频率等。额定容量是指副绕组的额定电压和额定电流的乘积,如果变压器有好几个副绕组,额定容量是指这些副绕组额定电压和额定电流乘积的总和。

(3) 变压器的空载电流是指变压器原绕组加上额定电压,副绕组开路时原绕组的电流,通常约为原绕组额定电流的 3% ~ 8%。小容量变压器空载电流要大一些。

(4) 变压器的变比 $n = \dfrac{U_1}{U_2} = \dfrac{N_1}{N_2}$,式中 U_1 为原绕组的额定电压,U_2 为当原绕组是额定电压时副绕组的开路电压,N_1 和 N_2 分别为原副绕组的匝数。变压器原副绕组电流之比为 $\dfrac{I_1}{I_2} = \dfrac{N_2}{N_1} = \dfrac{1}{n}$,式中 I_2 为副绕组的额定电流,I_1 为原绕组的电流。

(5) 变压器的输出特性是指当原绕组为额定电压时,副绕组的输出电压 U_2 和输出电流 I_2 的关系。

三、实验仪器和设备

（1）多绕组单相变压器 1 台。

（2）万用表 1 只。

（3）交流电流表 1 只。

（4）可变电阻器 1 个。

（5）单相耦合变压器 1 台。

（6）直流稳压电源 1 台。

（7）电流插座 2 个。

（8）电流插头 1 个。

（9）表笔 1 副。

（10）双刀开关 1 个。

四、实验内容

（1）记录变压器铭牌上的各额定数据。

（2）测量空载电流。

按图 8-21 接线，自耦调压器手柄置于零位。合上电源开关 S_1，调节自耦调压器输出电压，使变压器的原绕组加上额定电压，各副绕组均开路，测得原绕组的空载电流 $I_0 =$ _____ A。

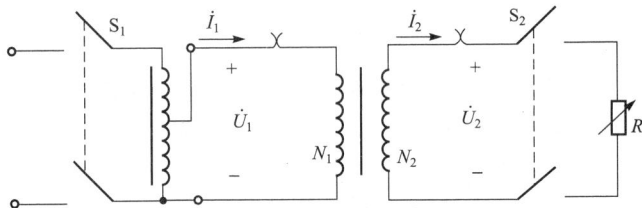

图 8-21 单相变压器的性能测试实验线路

（3）测定变比 n。选定一组变压器副绕组，按图 8-21 接线，在原绕组上加上额定电压，测得副绕组的开路电压，求得原副绕组电压之比。

$U_1 =$ _____ V；$U_2 =$ _____ V；$n =$ _____

（4）测定负载的额定电流和电压。选定一组变压器副绕组，仍按图 8-21 接线，在原绕组上加上额定电压，副绕组接通可变负载电阻 R_L，改变 R_L 使副绕组输出额定电流，分别测得原副绕组的电压和电流值。

$U_1 =$ _____ V；$U_2 =$ _____ V；$I_1 =$ _____ A；$I_2 =$ _____ A

（5）选定一组变压器副绕组，仍按图 8－21 接线，在原绕组上加上额定电压，改变负载电阻 R_L，使副绕组电流由零逐渐增加至额定值，测得 8 组副绕组电压 U_2 和电流 I_2，记入表 8－24 中。

表 8－24　测得 8 组副绕组 U_2 和 I_2 值　　　　（$U_1 =$ ＿＿＿＿＿＿ V）

U_2/V								
I_2/A								

五、思考题

为什么在测定变压器的输出特性时，将原绕组加上不变的额定电压？

六、实验报告

根据实验数据，绘制变压器的输出特性曲线。总结实验心得。

实验实训 11　三相负载的星形联结及电流电压测量

一、实验目的

（1）熟悉三相负载作星形联结时的接线方法。
（2）验证三相星形电路的线电压和相电压、线电流和相电流的关系。
（3）了解三相四线制电路中中性线的作用。

二、实验原理

三相负载的星形联结如图 8－22 所示。

（1）当电源电压对称、负载也对称时，不论采用三相四线制还是三相三线制，负载上的线电压 U_1 和相电压 U_p、线电流 I_1 和相电流 I_p 之间有如下关系：

$$U_1 = \sqrt{3}U_p$$

$$I_1 = I_p$$

$$\dot{I}_A + \dot{I}_B + \dot{I}_C = \dot{I}_N = 0$$

此时如果采用三相四线制，由于中性线电流为 0，也可以省去中性线。

（2）当电源电压对称、负载不对称时，如果采用三相四

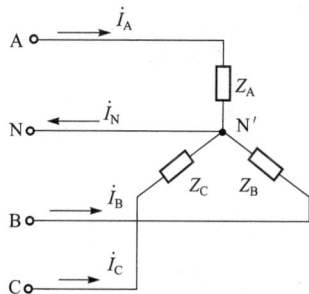

图 8－22　三相负载的星形联结

线制，仍有 $U_l = \sqrt{3}U_p$，$I_l = I_p$。但是此时

$$\dot{I}_A + \dot{I}_B + \dot{I}_C = \dot{I}_N \neq 0$$

三相电流不对称，中性线不可以省略。

此时如果电路采用三相三线制，则负载上的 $U_l \neq \sqrt{3}U_p$，将出现中性点位移现象。由于各相负载上电压不同，电压过高将使负载过载，电压过低将使负载无法正常工作。因此三相不对称负载作星形联结时，必须连接中线。

三、实验仪器和设备

（1）三相电路实验板 1 块。
（2）交流电压表 1 只。
（3）交流电流表 2 只。
（4）三相自耦调压器 1 台。
（5）灯泡 6 只。

四、实验内容

（1）按图 8 - 23 接线，检查无误经指导教师同意后，合上电源开关，调节三相自耦调压器使其输出三相电压为 ~220 V；合 S_A、S_B、S_C，测量对称负载、有中性线和无中性线时的线电压、线电流、相电压、相电流及在无中性线时两中性点间的电压、有中性线时中性线电流的值，填入表 8 - 25 中。

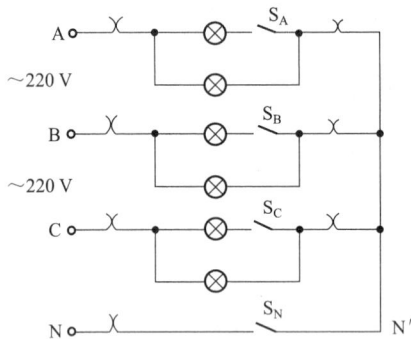

图 8 - 23　负载为星形联结时的实验电路

（2）断开 S_A，测量不对称负载在有中性线和无中性线两种情况下的各电压及电流值，填入表 8 - 25 中。

（3）将 A 相负载全部断开，在有中性线和无中性线两种情况下，测量各电压及电流值，填入表 8 - 25 中。

表 8 - 25　在两种情况下测量的 *U* 和 *I* 值

测量项目		U_{AB}	U_{PC}	U_{CA}	U_A	U_B	U_C	I_A	I_B	I_C	$U_{NN'}$	I_N
单位												
有中性线	负载对称											
	负载不对称											
	A 相开路											
无中性线	负载对称											
	负载不对称											
	A 相开路											

五、思考题

（1）实验中，为什么要通过三相自耦调压器使其输出三相电压为 220 V？

（2）为什么实际的低压供电系统的负载都采用三相负载的星形联结？

六、实验报告

（1）根据实验数据，总结电压之间、电流之间存在的数量关系。

（2）总结三相四线制电路中性线的作用。

实验实训 12　一阶电路研究

一、实验目的

（1）测定一阶 *RC* 电路的响应和时间常数 τ。

（2）用示波器观察一阶电路的响应，并研究元件参数改变时对响应的影响。

二、实验原理

1. 零输入响应

一阶电路在没有信号激励时，由电路中储能元件所存储的能量引起的电压或电流称为电路的零输入响应，如图 8 - 24 所示。

当开关 S 置于 1 之前，电容 *C* 上已充有电压 U_0，当 S 置于 1 时，电容器立即对电阻 *R* 进行放电，放电开始时电流为 U_0/R，放电电流的实际方向与充电时相反，放电时的电流 *I* 与电容电压 U_C 随时间均按指数规律衰减。衰减的速度取决于时间常数 τ，τ 值越小衰减越

快，反之越慢。电压和电流的表达式为

$$U_C = U_0 e^{-t/\tau}$$

$$i = \frac{U_0}{R} e^{-t/\tau}$$

式中，U_0 为电容器的初始电压，$\tau = RC$ 为电路的时间常数，放电时 I 和 U_C 的变化曲线如图 8-25 所示。

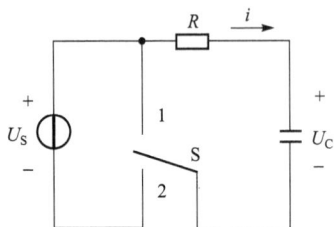

图 8-24　一阶 RC 电路

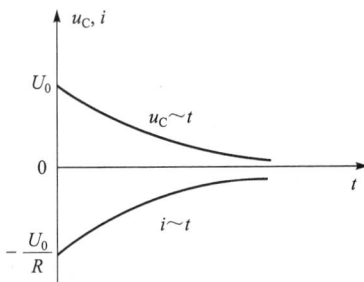

图 8-25　RC 放电时电压和电流的变化曲线

2. 零状态响应

一阶电路在储能元件初始储能为零时，由于是外加激励引起的响应，因此为一阶电路零状态响应（如图 8-24 所示）。

当开关 S 置于 2 之前，电容 C 上初始电压为零。当 S 合向 2 瞬间，由于电容电压 U_C 不能跃变，电路中的电流为最大，$i = U_S/R$，此后，电容电压随时间逐渐升高，直至 $U_C = U_s$。过程中的电压 U_C 和电流 i 均随时间按指数规律变化。电压和电流的表达式为

$$U_C = U_S(1 - e^{-t/\tau}) , \quad i = \frac{U_S}{R} e^{-t/\tau}$$

理论上要经无限长的时间电容器充电才能完成，实际上当 $t = 5\tau$ 时，u_C 达到 $99.3\% U_s$，充电过程以近似结束，充电时 i 和 u_C 的变化曲线如图 8-26 所示。可见，电容电压是随时间的增长按指数规律上升，上升的速度取决于时间常数 τ。

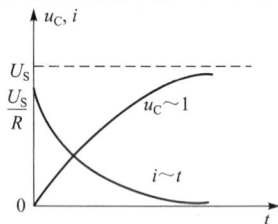

图 8-26　RC 充电时电压
和电流的变化曲线

（1）测定时间常数 τ

RC 电路的时间常数用 τ 表示，$\tau = RC$。τ 可以根据电路参数计算，也可以用实验的方法从响应的变化规律中求得。τ 的大小取决于电路充、放电的时间的快慢，其物理意义是电路零输入响应衰减到初始值的 36.8% 所需要的时间，或电路零状态响应上升到稳定值的 63.2% 所需要的时间。

（2）RC 电路充、放电过程中电容电压的波形图

将周期性方波电压加于 RC 串联电路，当方波电压的幅度上升为 U 时，相当于一直流电压源 U 对该电路中的 C 充电；当方波电压下降为零时，相当于 C 对 R 放电。图 8 – 27 所示即为方波电压与电容电压的波形图。

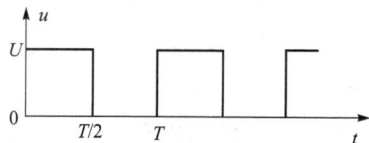

三、实验设备

（1）直流稳压电源一台。

（2）MF – 47 型万用表一块。

（3）秒表一块。

（4）电阻箱一台。

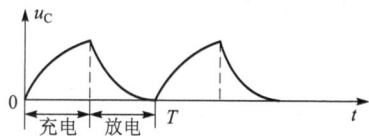

图 8 – 27　RC 充、放电电压波形图

四、实验内容

1. 测量 RC 电路充、放电过程中电容电压的变化规律

（1）按图 8 – 28 连接电路，电源电压为 10 V，首先用导线将电容 C 短接，以保证电容初始电压为零，然后将开关 S 合向"1"位置，电容 C 开始充电，同时立即用秒表计时，读取不同时刻的电容电压 u_C，并记入表 8 – 26 中。

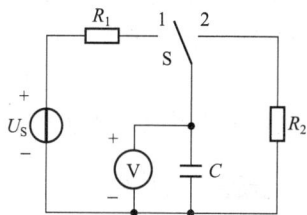

（2）充电结束后，将开关 S 合向"2"位置，电容 C 开始放电，同时立即用秒表重新计时，读取不同时刻 U_C 的值，记入表 8 – 26 中，并记下电压表的内阻 R_V。

（3）更换电阻 R_1 和 R_2，重复上述测量。将测量结果记入表 8 – 27 中。

图 8 – 28　一阶 RC 实验电路

表 8 – 26　测得不同时刻的 U_C 值

$R_1 = R_2 = 10 \text{ k}\Omega$				$C = 1\,000\ \mu\text{F}$				$R_V =$	
T/s	0	5	10	15	20	30	50	80	120	150
充电 U_C/V										
放电 U_C/V										

表 8 – 27　更换电阻后测得的 U_C 值

$R_1 = R_2 = 18 \text{k}\Omega$				$C = 1\,000 \mu\text{F}$				$R_V =$	
T/s	0	5	10	15	20	30	50	80	120	150
充电 U_C/V										
放电 U_C/V										

2. 时间常数的测量

⑴ 电路如图 8-28 所示，测量 u_C 从零上升到 63.2% U_s 所需的时间，即为充电时间常数 τ_1。

⑵ 测量 u_C 从 U_0 下降至 36.8% U_0 所需的时间，即为放电时间常数 τ_2，将 τ_1、τ_2 记录在表8-28 中。

表 8-28　测 τ_1、τ_2 值

$R_1 = R_2 = 10 \text{ k}\Omega$	$C = 1\ 000\ \mu\text{F}$
充电时间常数	$\tau_1 =$
放电时间常数	$\tau_2 =$

⑶ 观测 RC 电路充、放电时电容电压 u_C 的波形变化。

线路如图 8-29 所示，R 由电阻箱取得，阻值为 15 kΩ，C 取 0.01 μF，电源频率为 1 000 Hz、幅度为 1 V 的方波电压。用示波器观看电压波形，电容电压 u_C 由示波器 Y_A 通道输入，方波电压由 Y_B 通道输入。调整示波器旋钮，观测 u 和 u_C 的波形，并描下波形图。改变电阻箱的阻值，观察电压 u_C 波形的变化，分析其变化原因。

五、思考题

(1) 改变电源电压 U_S 对充、放电速度有何影响？

(2) 说明电路参数 C、R 的变化对过渡过程有何影响。

六、实验报告

(1) 完成数据表格中的计算，进行必要的误差分析。

(2) 根据实验数据，绘制充、放电电压 u_C - t 曲线。

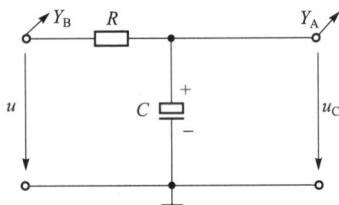

图 8-29　观察 RC 充、放电电流和电压波形的线路

参考答案

第1章

1-1 （a）U、I 为关联参考方向 （b）U、I 为非关联参考方向
P 为吸收功率；P 为吸收功率；P 为发出功率；P 为发出功率

1-2 （a）20 W 吸收功率 （b）-20 W 发出功率 （c）-6 W 发出功率
（d）6 W 吸收功率 （e）12 W 吸收功率 （f）12 W 吸收功率

1-3 $R=4\ \Omega$ $U_{ab}=50\ V$ $I=-0.4\ A$

1-4 20 V 0 V -20 V

1-5 （a）$P_R=20\ W$ $P_U=30\ W$ $P_I=10\ W$
（b）$P_R=45\ W$ $P_I=30\ W$ $P_U=15\ W$

1-6 （a）$U=16\ V$，满足 $P_R=P_I+P$
（b）$U=8\ V$，满足 $P_R=P_I+P$
（c）$U=-6\ V$，满足 $P_R=P_I+P$
（d）$U=8\ V$，满足 $P_R=P_I+P$

1-7 $P_A=300\ W$（发出功率） $P_B=60\ W$（吸收功率） $P_C=120\ W$（吸收功率）
$P_D=80\ W$（吸收功率） $P_E=40\ W$（吸收功率）
$P=P_B+P_C+P_D+P_E=300\ W$
元件 A 发出的总功率等于其余元件吸收的总功率，满足功率平衡。

1-8 0.1 A 50 V

1-9 （1）-2 A （2）1 A，4 A，2 A

1-10 1 A，2 A，3 A

1-11 $I_1=11\ A$，$I_2=23\ A$

1-12 $R=8\ \Omega$，$P_U=-9.6\ W$

1-13 $I=3\ A$，$U=15\ V$，$U_1=17\ V$，$U_2=17\ V$

1-14 （1）S 打开 $U_a=4\ V$，$U_b=4\ V$
（2）S 闭合 $U_a=U_b=4\ V$，R_5 中电流为 0

1-15 （a）$U_{ab}=11\ V$ （b）$U_{ab}=4\ V$

1-16 3 V

1-17　$I = -1$ A，$U_S = 4$ V

1-18　不行，实际电压大于额定电压，灯泡会烧坏。

　　　不行，实际电压低于额定电压，灯泡不能正常工作。

1-19　$U = 9$ V

1-20　不能

1-21　(1) $U_a = 14$ V，$I = 0$ A　(2) $U_a = 4$ V，$I = 2.5$ A

1-22　(1) $U_A = 15$ V，$U_B = 15$ V　(2) $U_A = 5$ V，$U_B = 5$ V　(3) $U_A = 2.5$ V，$U_B = 5$ V

第2章

2-1　(a) $R_{ab} = 14$ Ω

　　　(b) $R_{ab} = 9.5$ Ω

　　　(c) $R_{ab} = 4$ Ω

2-2　(a) $R_{ab} = 4$ Ω　(b) $R_{ab} = 2$ Ω　(c) $R_{ab} = 1$ Ω　(d) $R_{ab} = 5$ Ω

2-4　(a) $i = 0.8$ A，$u_{ab} = 3.6$ V

　　　(b) $i = 1.5$ A，$u_{ab} = 3$ V，$R = 3$ Ω

2-5　$i = 1.2$ mA

2-6　$i = 3$ A，$u_s = 3$ V

2-7　(1) $I_1 = -6$ A，$I_2 = -2$ A，$I_3 = -4$A

　　　(2) 电阻 R_1 吸收的功率 $P_1 = (-6)^2 \times 7 = 252$ W

　　　电阻 R_2 吸收的功率 $P_2 = (-2)^2 \times 11 = 44$ W

　　　电阻 R_3 吸收的功率 $P_3 = (-4)^2 \times 7 = 112$ W

2-8　$U_{ab} = 1$ V

2-9　$U_{ab} = -4$ V

2-10　$I_S = 9$ A　　　$I_o = -3$ A

2-11　$P_1 = UI = 27 \times (-7) = -189$ W，发出 189 W 功率

　　　$P_2 = UI = U_{n2} \times 6 = -20 \times 6 = -120$ W，发出 120 W 功率

2-12　$I_X = -0.3$ A

　　　$U_X = -1.5$ V

2-13　当 $u_S = 9$ V，$i_S = -1$ A 时，$u = 2$ V

2-14　$i = i' + i'' = 7$ A，$u = -5$ V

2-15　$U = 8.4$ V

2-16　$U = 1$ V，$I = 5$ A

2-17　$U = 6$ V，$I = 0.2$ A

2-18　(a) $U_{OC} = 17$ V，$R_0 = 3$ Ω，(b) $U_{OC} = 79$ V，$R_0 = 11$ Ω （c）无，（d）$U_{OC} = 14$ V，$R_0 = 4$ Ω

2 - 19　（a）$I = 1$ A，（b）$I = 2.5$ A

2 - 20　$I = 0.75$ A

2 - 21　（1）$I = 1.67$ A，（2）$I = 1.67$ A

2 - 22　$I = 3.67$ A

2 - 23　（1）$R = \dfrac{12}{7}$ Ω，（2）$\eta = 20\%$，（3）$\eta = 50\%$

2 - 24　（1）$I = 1.2$ A，（2）$R = 3$ Ω，$P_{max} = 27$ W

2 - 25　$R_L = 9$ Ω，$P_{max} = 16$ W

第3章

3 - 9　100 Ω；$2.2\sqrt{2}\sin314t$A

3 - 10　$5\sqrt{2}$ V，感性；0 V，阻性；5 V，阻性

3 - 12　$10 - \text{j}10$ Ω；$10\sqrt{2}\,\underline{/45°}$ A；$100\sqrt{2}\underline{/-45°}$ V

3 - 13　31.8 Ω；6.92 A

3 - 14　$16.75\underline{/-90°}$ A；$11.2\,\underline{/90°}$ A；$5.58\underline{/-90°}$ A

3 - 15　50 mA

3 - 16　25 Ω；0.138 H

3 - 17　（1）$2\sqrt{5}$A；（2）1 kW；$\dfrac{2\sqrt{5}}{5}$

3 - 18　10 A；0 A

3 - 20　$i(t) = 4\cos(2t + 45°)$ A

3 - 21　$I = 3.75$ A

3 - 22　$i(t) = 0.929\cos(10^6t - 21.8°)$ mA

　　　　$u_R(t) = 9.29\cos(10^6t - 21.8°)$ V

　　　　$u_L(t) = 4.65\cos(10^6t + 68.2°)$ V

　　　　$u_C(t) = 0.929\cos(10^6t - 111.8°)$V

3 - 23　$i(t) = 3.18\sqrt{2}\cos(5\,000t + 58°)$ mA

　　　　$i_L(t) = 1.5\sqrt{2}\cos(5\,000t - 77°)$ mA

　　　　$i_C(t) = 4.37\sqrt{2}\cos(5\,000t + 72°)$ mA

3 - 24　$P = 40$ W

　　　　$Q = 20$ V · A

　　　　$P_s = |S| = 44.8$ V · A

　　　　$\cos\varphi_z = 0.89$

$3-25$ $\dot{I}_1 = 6.95\angle{-49.28°}$ A

$\dot{I}_2 = 6.69\angle{52.1°}$ A

$3-26$ $V_1 = 3\angle{0°}$ $V_2 = 2.24\angle{26.6°}$ V $V_3 = 3.6\angle{-33.7°}$ V

$3-27$ $I_1 = 9.89$ A $I_2 = 9.8$ A $I_3 = 17.6$ A

$3-29$ $\dot{I} = 13.7\angle{-30°}$ A

$3-30$ $\dot{I}_C = \dfrac{50\,(3+j\,4)}{7}$ A

第 4 章

$4-1$ 分三组, 并联接在相线和中性线之间, 形成三相对称负载; 线电流为 18.1 A; 中性线电流为 0;

$4-2$ （1）三相电流分别为 22 A、11 A、$\dfrac{22}{3}$ A；中性线电流为$\dfrac{11\sqrt{3}}{3}$ A；

（2）U 相断路时, V、W 相相电压不变为 220 V, 相电流不变;

（3）两相电流大小相等, 为 7.6 A; V、W 相相电压分别为 152 V、228 V;

（4）V、W 相负载相电压等于线电压, 为 380 V; 相电流分别为 19 A、$\dfrac{38}{3}$ A。

$4-3$ （1）对称负载, 相电流大小相等为$\dfrac{26\sqrt{3}}{3}$ A；（2）U、V 相电流不变;

（3）$W_{UV} = 380$ V 不变, 该相相电流不变, 另两相相电流为原来的一半, 即$\dfrac{13\sqrt{3}}{3}$ A。

$4-4$ $R = 15\ \Omega$; $X_L = 34.9\ \Omega$

$4-5$ $P_Y = 14.44$ kW; $P_\Delta = 43.32$ kW

$4-6$ $\dot{I}_V = 22\angle{-36.9°}$ A

$\dot{I}_U = 44\angle{-66.9°}$ A

$\dot{I}_W = 22\angle{120°}$ A

$\dot{I}_N = 42\angle{-55.4°}$ A

$4-7$ 负载各相电流

$\dot{I}_{UV} = 38\angle{-53.1°}$ A

$\dot{I}_{VW} = 38\angle{-173.1°}$ A

$\dot{I}_{WU} = 38\angle{66.9°}$

线电流为

$$\dot{I}_U = 66\underline{/-83.1°}\ A$$

$$\dot{I}_V = 66\underline{/156.9°}$$

$$\dot{I}_W = 66\underline{/36.9°}$$

4－8　（1）负载为星形联结时

$$P = 1.16\ kW \qquad Q = 0.87\ kvar$$

（2）负载为三角形联结时

$$P = 3.48\ kW \qquad Q = 2.61\ kvar$$

4－9　$I_U = 40\ A$；$I_V = 10\ A$；$I_W = 22\ A$；$I_N = 16\ A$

4－10　（1）V、W 两相能正常工作；（2）不对称负载，中线断开，不能正常工作；（3）V
相、W 相工作电压为 261 V、119 V，灯组 V 相亮，甚至可能烧毁，W 相灯组暗。

4－11　（1）负载三角形联结；（2）$I_P = 5.37\ A$；$I_L = 9.31\ A$

第5章

5－2　$12.7\left(\sin 314t + \dfrac{1}{3}\sin 942t + \dfrac{1}{5}\sin 1\ 570t + \dfrac{1}{7}\sin 2\ 198t\right)\ V$

5－4　（1）2.45 A；（2）112.9 A；（3）93.9 A

5－5　$U = 5\ V \qquad U_0 = 2.5\ V$

5－6　$P = 6\ 000\ W$

5－7　$U = 145.3\ V \qquad I = 51.96\ A \qquad P = 4\ 685.5\ W$

第6章

6－10　（1）$B = 4 \times 10^{-3}\ T$；$\Phi = 5 \times 10^{-4}\ Wb$；$H = 3.18 \times 10^3\ A/m$；

（2）$B = 1.2\ T$；$\Phi = 1.5\ Wb$；$H = 3.18 \times 10^3\ A/m$；

6－11　（1）$M = 3\ mH$；（2）$k = 0.67$；（3）$M = 6\ mH$

6－12　$N_2 = 24$

6－13　$I_1 = 0.45\ A$

6－14　二次绕组匝数　$N_2' = 85$

6－15　$N_1 = 1\ 667 \qquad N_2 = 64$

6－16　6.1；720 匝；

6－17　20；165 匝；2 475 匝

6－18　25

6－19　166 只；3 A；45.5 A

6－20　8.36 A；114 A

6－21　10

6-22　　150 Ω

6-23　　不行，匝数减少使通过的电流增大

第7章

7-1　　$u_C(t) = -2e^{-t}$；$u_R(t) = -0.5e^{-t}$

7-2　　1.55 s；77.5 kΩ；19.05 V

7-3　　10 V；$10e^{-(t-1)}$V；$0.5e^{-2(t-1)}$j

7-4　　20 V；-2 A

7-5　　$\dfrac{1}{2} + \dfrac{1}{8}$ $(1 - e^{-t})$ V

7-6　　$50e^{-5.1t}$mA　　$0 \leqslant t \leqslant 1$ ms　　　　$-50e^{-5.1(t-1)}$mA　　　$t > 1$ ms

7-7　　$2 - e^{-t} - 2e^{-2t}$V

7-8　　$i_L(t) = 2 + (6-2)e^{-\frac{1}{0.05}} = 2 + 4e^{20t}$ A　　　$(t \geqslant 0)$

　　　　$u_L(t) = 0 + (-48-0)e^{-20t} = -48e^{-20t}$ V　　　　$(t \geqslant 0)$

参 考 文 献

[1] 罗厚军. 电工电子技术（少学时）[M]. 北京：机械工业出版社，2006.

[2] 张继彬. 电工电子实验与实训 [M]. 北京：机械工业出版社，2006.

[3] 王慧玲. 电路基础 [M]. 北京：高等教育出版社，2004.

[4] 王建生，张益农. 电路分析与应用基础 [M]. 北京：北京邮电大学出版社，2007.

[5] 朱晓萍. 电路分析基础 [M]. 北京：电子工业出版社，2003.

[6] 吴青萍. 电路基础 [M]. 北京：北京理工大学出版社，2007.

[7] 周南星. 电工基础 [M]. 北京：中国电力出版社，2006.

[8] 焦俊生. 电路与电工技术 [M]. 北京：北京大学出版社，2006.

[9] 胡翔骏. 电路分析 [M]. 北京：高等教育出版社，2001.

[10] 张永瑞. 电路分析基础 [M]. 西安：西安电子科技大学出版社，2004.

[11] 薛涛. 电工基础 [M]. 北京：高等教育出版社，2001.

[12] 李翰逊. 电路分析基础（第三版）[M]. 北京：高等教育出版社，1993.

[13] 邱关源. 电路（修订本）（第二版）[M]. 北京：高等教育出版社，1982.

[14] 唐介. 电工学基础教程 [M]. 大连：大连理工大学出版社，1995.

[15] 张南. 电工学 [M]. 北京：高等教育出版社，1994.

[16] 张凤言. 电子电路基础 [M]. 北京：高等教育出版社，1995.

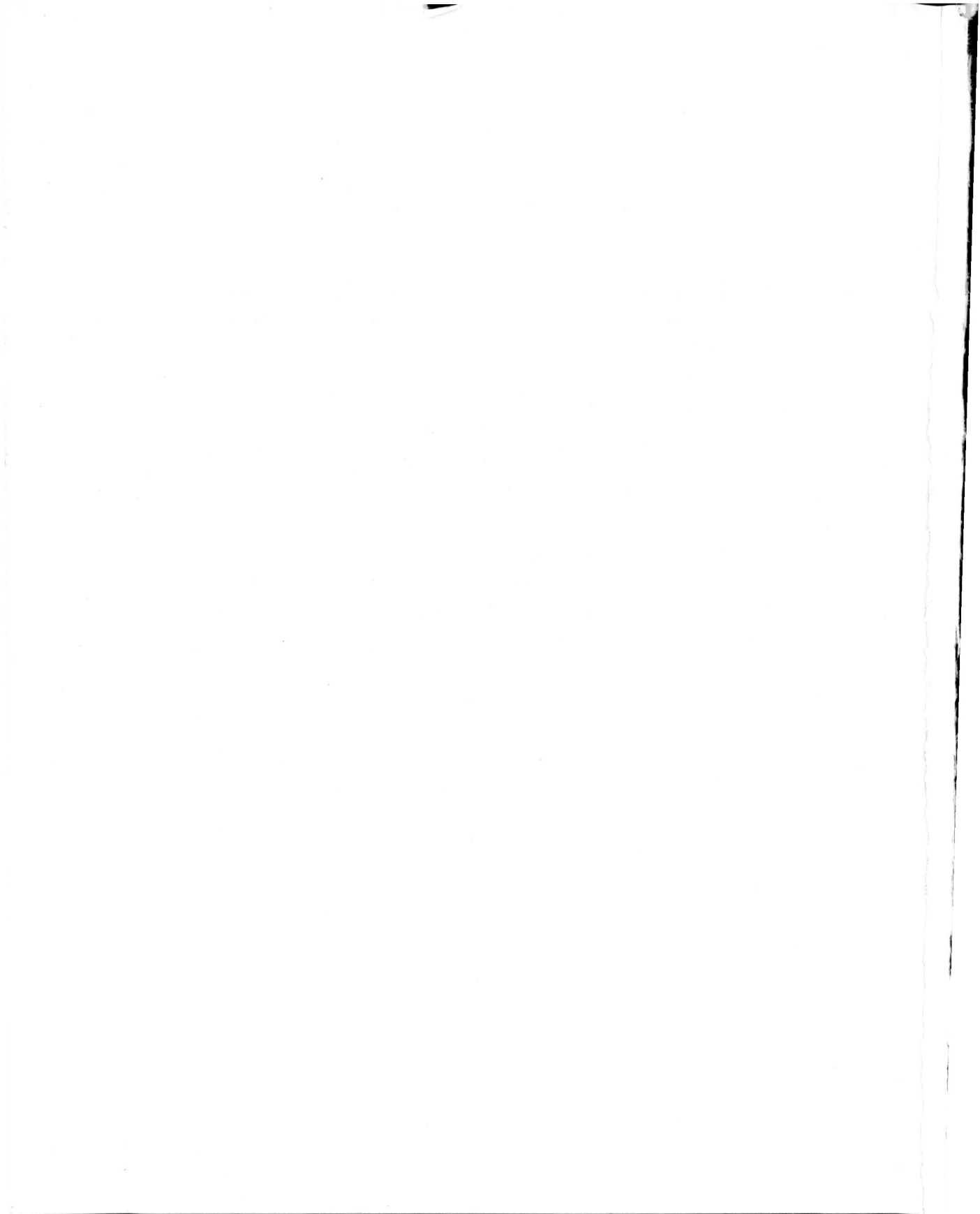